Wolfgang Keidel, Hubert Lämmerzahl

Fachmathematik Holz

3. Auflage

Bestellnummer 4612

Bildungsverlag EINS-Kieser

www.bildungsverlag1.de

Gehlen, Kieser und Stam sind unter dem Dach des Bildungsverlages EINS
zusammengeführt.

Bildungsverlag EINS
Sieglarer Straße 2, 53842 Troisdorf

ISBN 3-8242-**4612**-0

Inhalt Fachmathematik Holz

Vorwort

Das seit Jahren bewährte Standardwerk „Fachmathematik Holz" ist inhaltlich ergänzt und formal weitgehend überarbeitet und modernisiert worden. Wie seither ist dieses Werk konzipiert für die im Berufsfeld Holztechnik zusammengefassten Einzelberufe Tischler/in (Schreiner/in), Holzmechaniker/in, technische/r Zeichner/in sowie Glaser/in (Fachrichtung Fensterbau). Stoffauswahl und -umfang orientieren sich an den bundeseinheitlichen Rahmenlehrplänen und den Lehrplänen der Bundesländer mit einer berufsfeldbreiten Grund- und darauf aufbauenden Fachbildung.

Ziel des Buches ist es, bei den Auszubildenden berufliche Handlungs- und Fachkompetenz für die Anforderungen in Schule und Betrieb zu entwickeln. Auch soll die Bereitschaft zu permanenter Fort- und Weiterbildung geweckt werden. Die Auszubildenden sollen befähigt werden, Berechnungen selbstständig zu planen und zu lösen und die Ergebnisse zu beurteilen. Das mathematische Wissen und Können soll zu fachgerechten, d. h. zu produktions-, planungs-, konstruktions-, werkstoff- und fertigungsbezogenen Berechnungen qualifizieren.

Zur Aufteilung der Informationsseiten:
- In der **linken** Spalte stehen kurzgefasst und damit einprägsam und leicht verständlich dargestellt mathematische Erläuterungen. Erklärt werden technisch-physikalische Gesetzmäßigkeiten und deren Zusammenhänge. Formeln sind farbig unterlegt, in Worten und mit Formelzeichen angegeben und abgeleitet.
- Die **rechte** Spalte enthält – den mathematischen Erläuterungen gegenüber gestellt – Beispielaufgaben mit Berechnungen und Lösungen.

Die Gliederung der beruflichen Themenbereiche ermöglicht es, das Buch auch als Nachschlagewerk zu benutzen. Jedes Kapitel beginnt mit einer fachlich-mathematischen Einführung in das betreffende Stoffgebiet. Die zahlreichen Aufgaben mit unterschiedlichen Schwierigkeitsgraden geben dem Lernenden genügend Gelegenheit zum Üben.

„Fachmathematik Holz" kann an gewerblichen Berufsschulen eingesetzt werden: in Grundstufe, Berufsgrundbildungsjahr, Fachstufe I und II sowie in ein- oder zweijährigen Berufsfachschulen und in Meister- und Technikerschulen.

Konstruktive Kritik und Verbesserungsvorschläge werden gerne entgegengenommen.

Die Verfasser

1 Mathematische Grundlagen

1.1 Mathematische und physikalische Begriffe

Physikalische Größen und Gleichungen

Am Beispiel einer maschinentechnischen Berechnung werden hier physikalische Größen und Gleichungen vorgestellt.

Mit einem Vorschubgerät werden auf einer Abrichthobelmaschine 108 Meter Leisten in 12 Minuten gefügt. Wie groß ist die Vorschubgeschwindigkeit in Meter pro Minute?

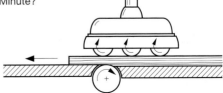

Größen beschreiben technische Vorgänge. Sie werden gemessen oder berechnet (s. S. 4), mit Formelzeichen abgekürzt und unterschieden nach:

- Beschaffenheit (qualitativ) → Welche Eigenschaft?
- Menge (quantitativ) → Welche Menge?

Weg (Strecke) s; Zeit t
108 Meter; 12 Minuten

Zahlenwerte sind reine Zahlen ohne Benennungen.

108; 12

Einheiten sind in den Normen als Bezugsgrößen festgelegt. Sie bestimmen den Wert der Größen und werden mit Einheitenzeichen angegeben.

s in m; t in min

Größenwerte ergeben sich aus dem Produkt von Zahlenwert und Einheit.

$s = 108 \cdot \text{m} = 108 \text{ m}$
$t = 12 \cdot \text{min} = 12 \text{ min}$

Größenwert = Zahlenwert · Einheit

Größengleichungen stellen die Beziehungen zwischen Größen in Formeln dar.
Die Größen können mit Formelzeichen abgekürzt werden.

$$\text{Vorschubgeschwindigkeit} = \frac{\text{Weg}}{\text{Zeit}}$$

$$u = \frac{s}{t}$$

Einheitengleichungen geben in Formeln die Beziehungen zwischen den Einheiten an. [ ] steht für eine frei wählbare Einheit.

$$[u] = \frac{\text{m}}{\text{min}}$$

Größenwertgleichungen bestehen aus Zahlenwerten und Einheiten.

$$u = \frac{108 \text{ m}}{12 \text{ min}}$$

Ergebnis:

$$u = 9 \frac{\text{m}}{\text{min}}$$

SI-Einheiten

Im international verbindlichen Einheitensystem, dem SI (Système International d'Unités), sind sieben **Basisgrößen** mit ihren **Basiseinheiten** festgelegt, denen entsprechende **Formelzeichen** und **Einheitenzeichen** zugeordnet sind. Die Vielzahl der Größen, die in der Physik und in der Technik vorkommen, lässt sich von diesen Basisgrößen und -einheiten ableiten.

SI-Basiseinheiten

Basisgröße	Formelzeichen, kursiv geschrieben	Basiseinheit	Einheitenzeichen
Länge	l, d, s, h	Meter	m
Masse	m	Kilogramm	kg
Zeit	t	Sekunde	s
Stromstärke	I	Ampere	A
Temperatur	T	Kelvin	K
Stoffmenge	n	Mol	mol
Lichtstärke	l_v	Candela	cd

Längen-, Flächen- und Volumenberechnungen nach DIN 1304 und DIN 1301

Größe	Länge	Breite	Höhe	Dicke	Durchmesser	Radius	Fläche	Volumen	Winkel	Umfang
Formelzeichen	l	b	h	$d\,(t)$	d, D	r	A	V	$\alpha, \beta, \gamma \dots$	U
Einheit	m	m	m	m	m	m	m^2	m^3	° Grad	
weitere	mm	mm	mm	mm	mm	mm	mm^2	mm^3	' Minute	mm
Einheiten	cm	cm	cm	cm	cm	cm	cm^2	cm^3	" Sekunde	cm
	dm	dm	dm	dm	dm	dm	dm^2	dm^3		dm
	km	km	km	km	km	km	km^2	km^3		km

Mechanische Berechnungen nach DIN 1301

Größe	Masse	Dichte	Kraft	Gewichtskraft	Drehmoment	Druck	Arbeit	Leistung
Formelzeichen	m	ρ (rho)	F (force)	G (F_G)	M	p (pressure)	W (work)	P (power)
Einheit	kg	kg/m^3	N (Newton)	N	Nm	Pa, N/m^2	J (Joule)	W (Watt)
weitere	g	g/cm^3	kN	kN	kNm	N/mm^2	Ws, Wh	Nm/s, kW
Einheiten	t	kg/dm^3	MN	MN	MNm	MN/m^2	kWh, kNm	MW, J/s
		t/m^3				bar	kJ, MJ	

Zeit- und Raumzeitberechnungen nach DIN 1301 und DIN 1304

Größe	Zeit	Geschwindigkeit (Schnitt-, Umfangs-, ...)	Vorschubgeschwindigkeit	Drehzahl (Umdrehungsfrequenz)	Fallbeschleunigung
Formelzeichen	t	v	u	n	g
Einheit	s	m/s	m/min (m min^{-1})	1/s (s^{-1})	m/s^2
weitere	min, h (Std)	m/min (m min^{-1})	m/s	1/min (min^{-1})	
Einheiten	d (Tag), a (Jahr)				

Elektrotechnische Berechnungen nach DIN 1301

Größe	Stromstärke	Spannung	Widerstand	el. Arbeit	el. Leistung	spezifischer el. Widerstand
Formelzeichen	I	U	R	W	P	e
Einheit	A (Ampere)	V (Volt)	Ω (Ohm)	J (Joule)	W (Watt)	Ωm (Ohm·Meter)
weitere	μA	μV, mV	kΩ	Ws, Wh	kW	$\Omega cm^2/cm$
Einheiten	mA	kV	MΩ	kWh, MWh	MW	$\Omega mm^2/m$

Wärmetechnische Berechnungen nach DIN 4108

Größe	Temperatur	Wärmemenge	Wärmeleitfähigkeit	Wärmedurchlasskoeffizient	Wärmedurchgangskoeffizient	Wärmeübergangskoeffizient
Formelzeichen	t	Q	λ	Λ	k	α
Einheit	K (Kelvin)	J (Joule), Ws	W/mK	W/m^2K	W/m^2K	W/m^2K
weitere	°C (Celsius)	kJ, MJ, Wh	kW/mK	W/cm^2K	W/cm^2K	
Einheiten		kWh, MWh	kJ/hmK	kJ/hKm^2	kJ/hKm^2	

Zusammenhang zwischen SI-Basiseinheiten und abgeleiteten SI-Einheiten

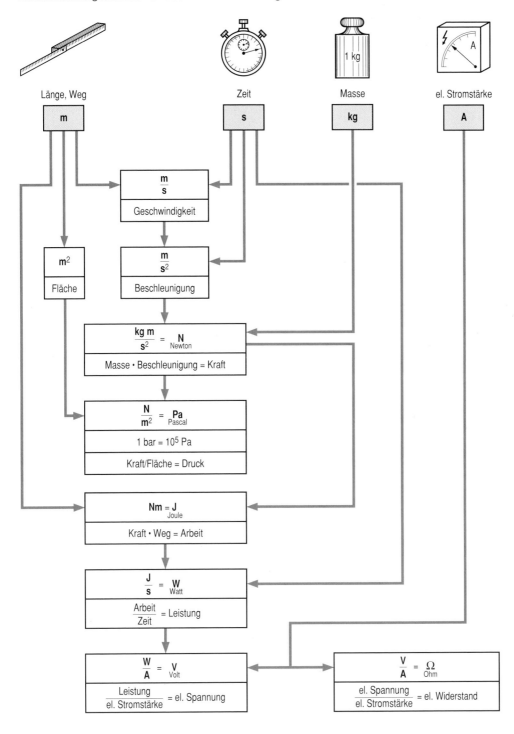

Numerische Vorsatzzeichen

Zur besseren Vorstellung und Übersichtlichkeit eines Größenwertes ist es zweckmäßig, numerische Vorsatzzeichen zusammen mit Einheitenzeichen zu schreiben, wenn der Zahlenwert kleiner als 0,1 oder größer als 1000 ist; beide ergeben das Zeichen der Einheit.

Beispiel:

1 µm (Mikrometer)	= 1 millionstel Meter	= 0,000001 m
1 dg (Dezigramm)	= 1 zehntel Gramm	= 0,1 g
1 mW (Milliwatt)	= 1 tausendstel Watt	= 0,001 W
1 daN (Dekanewton)	= zehn Newton	= 10 N
1 km (Kilometer)	= tausend Meter	= 1000 m
1 hpa (Hektopascal)	= hundert Pascal	= 100 pa

Vorsatzzeichen für dezimale Teile von Einheiten

Vorsatzzeichen	Vorsatz	Dezimale Teile	Faktor
d	Dezi-	Zehntel	10^{-1}
c	Zenti-	Hundertstel	10^{-2}
m	Milli-	Tausendstel	10^{-3}
µ	Mikro-	Millionstel	10^{-6}
n	Nano-	Milliardstel	10^{-9}
p	Pico-	Billionstel	10^{-12}

Vorsatzzeichen für dezimale Vielfache von Einheiten

Vorsatzzeichen	Vorsatz	Dezimale Vielfache	Faktor
da	Deka-	Zehnfache	10^{1}
h	Hekto-	Hundertfache	10^{2}
k	Kilo-	Tausendfache	10^{3}
M	Mega-	Millionenfache	10^{6}
G	Giga-	Milliardenfache	10^{9}
T	Tera-	Billionenfache	10^{12}

Mathematische Zeichen und griechische Buchstaben

Gleichheit und Ungleichheit nach DIN 1302 (Auszug)

Zeichen	=	≡	≠	≙	≈	≤	≥	<	>
Bedeutung	gleich	kongruent	ungleich (identisch)	entspricht	etwa, rund	kleiner oder gleich	größer oder gleich	kleiner	größer

Geometrische Darstellungen nach DIN 1302 (Auszug)

Zeichen	∥	∦	⊥	∢	⌐	$\overline{AB}$	$\overset{\frown}{AB}$
Bedeutung	parallel	nicht parallel	rechtwinklig auf	Winkel	rechtwinklig	Strecke	Bogen

Griechisches Alphabet

Sprechweise	Alpha	Beta	Gamma	Delta	Epsilon	Zeta	Eta	Theta	Jota	Kappa	Lambda	My
Zeichen	A α	B β	Γ γ	Δ δ	E ε	Z ζ	H η	Θ ϑ	I ι	K κ	Λ λ	M µ
Sprechweise	Ny	Xi	Omikron	Pi	Rho	Sigma	Tau	Ypsilon	Phi	Chi	Psi	Omega
Zeichen	N ν	Ξ ξ	O o	Π π	P ρ	Σ σ	T τ	Y υ	Φ φ	X χ	Ψ Ψ	Ω ω

Griechische Buchstaben werden für Größen und mathematische Zeichen verwendet, z. B:

- Dichte ρ (klein Rho)   → Werkstoffdichte
- Elektrischer Widerstand Ω (groß Omega)   → Elektrotechnik
- Celsiustemperatur ϑ (klein Theta)   → °C (Grad Celsius)
- Kreis-Konstante π (klein Pi)   → 3,14
- Normalspannung σ (klein Sigma)   → Zug-, Druckspannung
- Schubspannung τ (klein Tau)   → Scherfestigkeit
- Summe Σ (groß Sigma)   → Summenzeichen
- Differenz Δ (groß Delta)   → Temperaturdifferenz in °C oder K
- Wärmeleitfähigkeit λ (klein Lambda)   → Wärmeschutz
- Wirkungsgrad η (klein Eta)   → Maschinentechnik

1.2 Zahlbegriffe

Ziffern sind Zahlzeichen, mit denen Zahlen dargestellt werden. Die zehn „arabischen" Ziffern, die ursprünglich aus Indien stammen, wurden im 7. Jahrhundert von den Arabern übernommen und kamen im 12. Jahrhundert nach Europa.

Statt 5 Punkte (.....) zu setzen, schreibt man 5.

1; 2; 3; 4; 5; 6; 7; 8; 9; 0

Die **Zahl** ist ein Grundbegriff der Mathematik. Reine Zahlen sind ohne Benennung und abstrakt. Mit ihnen bezeichnet man, was mehrfach vorhanden ist. Zahlen bestehen aus Ziffern. Der Wert der Ziffern hängt davon ab, an welcher Stelle sie in der geschriebenen Zahl stehen.

1...10...100...1000...

12; 345; 1058; 11289 usw.

Im **dekadischen Stellenwertsystem** (Dezimalsystem) mit der Grundzahl 10 werden zehn Einheiten zu einer Stufe zusammengefasst. Das Zehnfache einer Einheit ist immer die nächsthöhere Einheit.

Dezimalzahlen ohne Komma haben von rechts nach links die Stellen:
- Einer (E),
- Zehner (Z),
- Hunderter (H),
- Tausender (T),
- Zehntausender (ZT),
- Hunderttausender (HT) usw.

```
423209
      └──────────── 9  E
      └──────────── 0  Z
      └──────────── 2  H
      └──────────── 3  T
      └──────────── 2  ZT
      └──────────── 4  HT
```

Dezimalzahlen mit Komma haben zusätzlich rechts vom Komma die Stellen:
- Zehntel (z),
- Hundertstel (h),
- Tausendstel (t),
- Hunderttausendstel (ht) usw.

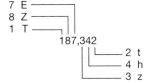

```
7  E ─────┐
8  Z ─────┤
1  T ─────┤
        187,342
          └── 2  t
          └── 4  h
          └── 3  z
```

Natürliche Zahlen (Grundzahlen) sind positive ganze Zahlen:
- gerade Zahlen sind durch zwei teilbar,
- ungerade Zahlen sind nicht durch zwei teilbar.

2; 4; 6; 8; 10 ....
1; 3; 5; 7; 9; 11 ....

Die Zahl **Null** wird den natürlichen Zahlen zugeordnet. Sie ändert den Wert einer Zahl nicht, wenn sie addiert oder subtrahiert wird. Sie ändert aber den Wert auf null, wenn sie multipliziert wird. Durch null kann nicht dividiert werden.

$3 + 0 = 3$
$3 - 0 = 3$
$3 \cdot 0 = 0$
$3 : 0 =$ nicht zulässig

Ganze Zahlen können sein:
- positiv (natürliche Zahlen) mit dem Vorzeichen (+), das auch weggelassen werden kann,
- negativ mit dem Vorzeichen (–), das nicht entfallen darf.

$(+3) = 3$

$(-3) = (-3)$

Auf der Zahlengeraden können positive und negative Zahlen als Pfeile mit Fußpunkt und Spitze dargestellt werden.

Vom Nullpunkt aus werden nach links bis unendlich $(-\infty)$ die negativen Zahlen, nach rechts bis unendlich $(+\infty)$ die positiven Zahlen als Strecken im einheitlichen Maßstab abgetragen. Die Größe der Zahl markieren Fußpunkt und Pfeilspitze.

negative   positive
Zahlen   Zahlen

$-\infty$ ← -4 -3 -2 -1 0 1 2 3 4 → $+\infty$

$+3$

Fuß-   Pfeil-
punkt   spitze

Relative Zahlen sind positive und negative, reelle Zahlen. Sie beziehen sich auf den Nullpunkt der Zahlengeraden.

Rationale Zahlen sind:
- Brüche (gebrochene Zahlen), bei denen Zähler und Nenner positive oder negative Zahlen sein können,

$$\frac{3}{5}; \quad \frac{-4}{6}; \quad \frac{5}{-8}$$

- Dezimalzahlen, die man erhält, indem man den Zähler eines Bruches durch den Nenner dividiert. Sie können endlich oder periodisch sein.

$$\frac{3}{4} = 0{,}75; \qquad \frac{-4}{6} = -0{,}666\ldots$$

Irrationale Zahlen sind nicht rationale Zahlen. Sie lassen sich nicht als Brüche zweier ganzer Zahlen darstellen, sondern nur als Dezimalzahlen mit unendlich vielen Stellen.

$$\sqrt{2} = 1{,}4142\ldots$$

$$\pi = 3{,}1415\ldots$$

Reelle Zahlen umfassen die rationalen und die irrationalen Zahlen.

$$4; -7; \frac{3}{4}; \sqrt{2}; \pi; \lg 4$$

Variable (allgemeine Zahlen) schreibt man mit Kleinbuchstaben. Mit ihnen werden mathematische Gesetze und Regeln in Formeln kurz und leicht verständlich dargestellt. Man nennt sie Variable (Veränderliche), weil an ihre Stelle beliebige Zahlen treten können.

$l; b; d; \alpha; \beta; \gamma \ldots$

$a + b = c$, wobei: $a = 7$, $b = 9$, $c = ?$
mit bestimmten Zahlen: $7 + 9 = 16$

Algebraische Zahlen entstehen durch Multiplikation (oder Division) einer relativen Zahl, auch **Vorzahl** oder **Koeffizient** genannt, mit einer allgemeinen Zahl (bzw. durch eine allgemeine Zahl). Der Wert der allgemeinen Zahl kann geändert werden, jedoch nicht innerhalb einer Aufgabe. Das Malzeichen zwischen Vorzahl und Variable kann weggelassen werden.

$$-(7 \cdot a) = (-7a)$$

$$\frac{12}{a} = \frac{1}{2}$$

Die Variable ist 24.

$$\frac{12}{24} = \frac{1}{2}$$

Benannte Zahlen sind reelle Zahlen mit einer Benennung.

8,00 €; 2 kg; 45 mm; 26 min

Unbenannte Zahlen sind reelle Zahlen ohne Benennung.

8,00; 2; 45; 26

Aufgaben

1. Um welche Zahlbegriffe handelt es sich bei:

a) $+37$;   b) (-684);   c) $-\dfrac{11}{3}$;

d) $13\dfrac{8}{7}$;   e) π;   f) 8;

g) 19 mm;   h) $0{,}473$;   i) $\dfrac{1}{100}$;

k) $-6\dfrac{2}{5}$;   l) d?

1.3 Rechenarten

Bei den verschiedenen **Rechenarten** wird nach bestimmten Regeln und Gesetzen aus zwei oder mehreren Zahlen eine neue Zahl bestimmt.

$35 + 42 + 17 = 95$
$21 \cdot 3 = 63$

Rechenzeichen geben an, welche Rechenart durchzuführen ist.

$+; \ -; \ \cdot; \ :$

Rechenarten

Rechenart	Beispiele und Benennungen	Rechenzeichen nach DIN 1302	Sprechweise	Ergebnis	Zusammen-fassung
Addieren	$6 + 3 = 9$ 6 und 3 heißen Summanden oder Glieder	+	plus	Summe	Rechnen mit + und − bezeichnet man als „Strichrechnen"
Subtrahieren	$6 - 3 = 3$ 6 heißt Minuend, 3 heißt Subtrahend	−	minus	Differenz	
Multiplizieren	$6 \cdot 3 = 18$ 6 und 3 heißen Faktoren, 6 heißt Multiplikand, 3 heißt Multiplikator	· x	mal	Produkt	Rechnen mit · und : (auch mit dem Bruchstrich) bezeichnet man als „Punktrechnen"
Dividieren	$6 : 3 = 2$ 6 heißt Dividend, 3 heißt Divisor	: — /	dividiert durch	Quotient	
Potenzieren	$3^4 = 81$ 3 heißt Basis 4 heißt Exponent	a^n	a hoch n	Potenzwert	
Radizieren	$\sqrt[3]{81}$ 81 heißt Radikand 3 heißt Wurzelexponent	$\sqrt{}$	Wurzel aus	Wurzelwert	

Addieren von unbenannten Zahlen

| Summand + Summand = Summe |

Auf der Zahlengeraden wird der Fußpunkt der zweiten Zahl an die Pfeilspitze der ersten Zahl gesetzt.

$(+5) + (+2) = \underline{\underline{(+7)}}$
$5 + 2 = \underline{\underline{7}}$

Bei **positiven Zahlen** kann das Vorzeichen (+) weggelassen werden. Das Rechenzeichen + bleibt bestehen. Auf der Zahlengeraden werden die Zahlen als Pfeile im gleichen Maßstab rechts vom Nullpunkt aus angetragen.

positive Zahlen

Bei **negativen Zahlen** wird das Vorzeichen (–) beibehalten. Auf der Zahlengeraden werden die Zahlen als Pfeile im gleichen Maßstab links vom Nullpunkt aus angetragen.

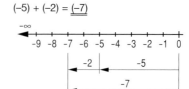

$(-5) + (-2) = \underline{\underline{(-7)}}$

Bei **positiven und negativen Zahlen** werden auf der Zahlengeraden die Summanden in entgegengesetzten Richtungen angetragen.

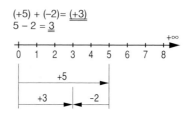

$(+5) + (-2) = \underline{\underline{(+3)}}$
$5 - 2 = \underline{\underline{3}}$

Subtrahieren von unbenannten Zahlen

Minuend – Subtrahend = Differenz

Minuend und Subtrahend dürfen nicht vertauscht werden. Auf der Zahlengeraden wird der zweite Pfeil umgekehrt und der Fußpunkt wird an die Pfeilspitze der ersten Zahl gesetzt.

Bei **positiven Zahlen** kann das Vorzeichen (+) weggelassen werden.
Ist der Subtrahend größer als der Minuend, wird die Differenz negativ.

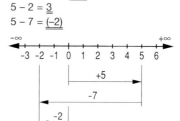

$(+5) - (+2) = \underline{\underline{(+3)}}$
$5 - 2 = \underline{\underline{3}}$
$5 - 7 = \underline{\underline{(-2)}}$

Bei **negativen Zahlen** muss das Vorzeichen (–) beibehalten werden. Wird von einer größeren negativen Zahl (–5) eine kleinere negative Zahl (–2) subtrahiert, ist das Ergebnis negativ (–3).

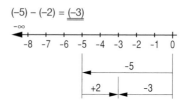

$(-5) - (-2) = \underline{\underline{(-3)}}$

Wird von einer kleineren negativen Zahl (–5) eine größere negative Zahl (–8) subtrahiert, ist das Ergebnis positiv (+3).

$(-5) - (-8) = \underline{\underline{(+3)}}$

Addieren und Subtrahieren von benannten und algebraischen Zahlen

Benannte und algebraische Zahlen können nur dann addiert oder subtrahiert werden, wenn die Einheiten bzw. Variablen gleich sind. Verschiedene Einheiten müssen in gleiche überführt werden.

$5\,a + 2\,a = \underline{\underline{7\,a}}$
$4\,kg + 13\,kg = \underline{\underline{17\,kg}}$
$4\,kg + 13\,000\,g = $ so nicht lösbar
$(-5\,b) + (-2\,b) = \underline{\underline{(-7\,b)}}$
$(-12\,z) - (-8\,z) = \underline{\underline{(-4\,z)}}$

Multiplizieren von unbenannten Zahlen

Multiplikand · Multiplikator = Produkt oder: Faktor · Faktor = Produkt

$$5 + 5 + 5 + 5 + 5 + 5 = 6 \cdot 5 = \underline{\underline{30}}$$
$$4{,}0 \cdot 2{,}0 = \underline{\underline{8{,}00}}$$
$$2{,}0 \cdot 4{,}0 = \underline{\underline{8{,}00}}$$

Die Multiplikation ist eine verkürzte Addition. Die Faktoren können vertauscht werden.
Alle Zahlen mit positiven oder negativen Vorzeichen können multipliziert werden. Für die Vorzeichen gilt bei der Multiplikation:

$$(+9) \quad \cdot (+5) \quad = \underline{\underline{45}}$$
$$(-9) \quad \cdot (-5) \quad = \underline{\underline{45}}$$
$$(+0{,}42) \cdot (+13{,}1) = \underline{\underline{5{,}502}}$$
$$(-0{,}42) \cdot (-13{,}1) = \underline{\underline{5{,}502}}$$

- Gleichnamige Vorzeichen ergeben ein positives Produkt: $(+) \cdot (+) = (+)$ und $(-) \cdot (-) = (+)$.
- Ungleichnamige Vorzeichen ergeben ein negatives Produkt: $(+) \cdot (-) = (-)$ und $(-) \cdot (+) = (-)$.

$$(-9) \cdot (+5) = \underline{\underline{(-45)}}$$
$$(+9) \cdot (-5) = \underline{\underline{(-45)}}$$

$$(-14{,}2) \cdot (+0{,}6) = \underline{\underline{(-8{,}52)}}$$
$$(+14{,}2) \cdot (-0{,}6) = \underline{\underline{(-8{,}52)}}$$

Multiplizieren von benannten und allgemeinen Zahlen

Miteinander multipliziert werden können:
- unbenannte Zahlen mit physikalischen Einheiten (Meter, Kilogramm, Geschwindigkeit, Kraft, Stunde usw.),
- unbenannte Zahlen mit algebraischen Zahlen,
- algebraische Zahlen untereinander,
- physikalische Einheiten untereinander,
- Variable untereinander.

Im Produkt werden die Variablen alphabetisch angeordnet.

18 mal 1 Newton = $\underline{\underline{18\ N}}$
3,7 mal Breite = $\underline{\underline{3{,}7\ b}}$
$0{,}6\ e \cdot 0{,}9\ c \cdot 0{,}4\ f =$
$0{,}6 \cdot 0{,}9 \cdot 0{,}4 \cdot e \cdot c \cdot f = \underline{\underline{0{,}754\ cef}}$
W (Watt) · h (Stunden) = $\underline{\underline{Wh}}$
$d \cdot a \cdot k = \underline{\underline{adk}}$
$a \cdot a = aa = \underline{\underline{a^2}}$
$a(-b) = \underline{\underline{(-ab)}}$

Dividieren von unbenannten Zahlen

Dividend (Zähler) durch Divisor (Nenner) = Wert des Quotienten   ⏟   Quotient

$$5 \cdot 6 = \underline{\underline{30}}$$
$$5 = \frac{30}{6} \text{ oder } 6 = \frac{30}{5}$$

$$(+9) : (+5) = \frac{9}{5} = \underline{\underline{1{,}8}}$$

$$(-9) : (-5) = \frac{-9}{-5} = \underline{\underline{1{,}8}}$$

Die Division ist eine Umkehrung der Multiplikation. Dividend und Divisor dürfen nicht vertauscht werden. Für die Vorzeichen gilt:

$$(+0{,}12) : (+2) = \frac{0{,}12}{2} = \underline{\underline{0{,}06}}$$

$$(-0{,}12) : (-2) = \frac{-0{,}12}{-2} = \underline{\underline{0{,}06}}$$

- Bei gleichnamigen Vorzeichen wird der Quotient positiv: $(+) : (+) = (+)$ und $(-) : (-) = (+)$.
- Bei ungleichnamigen Vorzeichen wird der Quotient negativ: $(+) : (-) = (-)$ und $(-) : (+) = (-)$.

$$(+9) : (-5) = \frac{9}{(-5)} = \underline{\underline{(-1{,}8)}}$$

$$(-9) : (+5) = \frac{(-9)}{5} = \underline{\underline{(-1{,}8)}}$$

Dividieren von benannten und algebraischen Zahlen

Die Vorzeichenregeln der Division gelten auch für benannte und allgemeine Zahlen. Gleichbenannte und allgemeine Zahlen werden gekürzt.

$$7\ a : 2\ b = \frac{7\ a}{2\ b} = \underline{\underline{3{,}5\ \frac{a}{b}}}$$

$$3\ m^3 : 6\ m = \frac{3\ m^3}{6\ m} = \underline{\underline{0{,}5\ m^2}}$$

$$(-15\ a) : (+5\ a) = \frac{(-15\ a)}{(+5\ a)} = \underline{\underline{(-3)}}$$

Punkt- und Strichrechnung

Enthalten Rechnungen sowohl Punkt- als auch Strichrechnungen, gilt für die Lösung der Aufgaben:

Punktrechnen geht vor Strichrechnen.

$$25 + 3 - 2 \cdot 7 =$$
$$-2 \cdot 7 + 3 + 25 =$$
$$-14 + 28 = \underline{\underline{14}}$$

Aufgaben

Lösungen mit dem Taschenrechner. Auf höchstens
3 Stellen nach dem Komma runden.

Addieren

$30,75 + 48 + 0,26 = \underline{79,01}$

1. $3023 + 87 + 210 + 0,66 + 28,75 =$
2. $45,706 + 502,8 + 288 + 0,72 + 1,88 =$
3. $0,03 + 73,8 + 17,922 + 6824 + 2,39 =$
4. $(-39) + (-0,82) + (-217,17) + (-6,02) + (-88,88) =$
5. $(-1,9\ p) + (-33,4\ p) + (-15,1\ p) + (-1,15\ p)$
   $+ (-192,00\ p) =$
6. $16\ cm + 0,95\ m + 26\ mm + 3,7\ m + 0,6\ m = ?\ m$
7. $22\ kg + 151\ g + 681\ kg + 28\ g + 13,6\ kg = ?\ kg$
8. $(-1,42\ r) + (-0,02\ r) + (-4,7\ r) + (-20,2\ r)$
   $+ (-0,78\ r) =$
9. $50,09 + 9,22 + 82,01 + 1600,29 + 31,00 =$
10. $732\ a + 267\ a + 35\ a + 66\ a + 11\ a =$

Subtrahieren

$102,3 - 16,7 - 22,92 = \underline{62,68}$

11. $78,4 - 18,2 - 33,7 - 0,23 - 2,7 =$
12. $613 - 51,3 - 12,32 - 6,02 - 0,04 =$
13. $(+11,7) - (+0,39) - (+1,11) - (+7,22) - (2,15) =$
14. $(-92\ a) - (-56\ a) - (-20\ a) - (-4\ a) - (-7\ a) =$
15. $4291 - 2117 - 583 - 237 - 101 =$
16. $72,81 - 4,37 - 53,44 - 8,55 - 0,48 =$
17. $(-12,2\ t) - (-5,5\ t) - (-6,3\ t) - (-0,36\ t) - (-4,3\ t) =$
18. $96,3\ mm - 26,1\ mm - 3,5\ cm - 1,6\ cm - 8,2\ mm$
    $= ?\ cm$
19. $1,21\ m - 760\ mm - 6\ cm - 0,13\ m - 90\ mm$
    $= ?\ m$
20. $(-17) - (-8) - (-6) - (-4) =$

Addieren und Subtrahieren

$(+77,61) - (+12,25) + (+0,85) - (+29,28) + (+50,92) =$
Vorzeichen (+) weglassen:
$77,61 - 12,25 + 0,85 - 29,28 + 50,92 = \underline{87,84}$

21. $63,9 - 12,58 + 0,86 - 0,003 + 0,53 =$
22. $(+63,9) + (-12,58) + (+0,86) + (-0,003) + (+0,53) =$
23. $823,246 + 0,773 - 831,668 + 71,002 - 759,893 =$
24. $(-7,4\ z) - (+2,5\ z) + (-1,7\ z) - (+3,1\ z) + (+0,6) =$
25. $218\ kg - 3214\ g - 0,62\ kg + 2,83\ kg - 932\ g =$

26. $34,70\ m^2 - 6,200\ m^3 + 13,80\ m^2 - 0,500\ m^3$
    $+ 8,300\ m^3 =$
27. $(+1,818\ c) + (+2,423\ c) - (+6,321\ c) + (+5,239)$
    $- (+0,031\ c) =$
28. $46\ p + 23 - 0,02\ p + 1,60 + 1,8\ p - 33 =$
29. $(-50042\ f) + (-214\ f) + (+3177) - (+4282)$
    $+ (-692\ f) =$
30. $(-13,07\ xy) - (-5,97\ x) + (-10,22\ xy) + (-43,27\ x)$
    $- (-5,26\ xy) =$

Multiplizieren

$(+6,45\ a) \cdot (+2,82\ a) = 6,45\ a \cdot 2,82\ a = \underline{18,189\ a^2}$

31. $(+2,41\ cm) \cdot (+3,59\ cm) =$
32. $(-92,08\ b) \cdot (-0,042\ b) =$
33. $(-0,66\ k) \cdot (-0,52\ n) =$
34. $(+365\ z) \cdot (-12,20\ z) =$
35. $(-0,738\ p) \cdot (+0,321\ q) =$
36. $2,802 \cdot (-6,821\ x) =$
37. $17,11\ N \cdot 6,28\ m =$
38. $4,82\ f \cdot 2,21\ z \cdot 0,04\ a =$
39. $(-1,81\ m) \cdot (+6,52\ l) \cdot (-0) =$
40. $(-55,66\ b) \cdot (0,021\ a) \cdot (-80,57\ l) =$

Dividieren

$(-16,9\ n) : (0,32\ a) = \dfrac{(-16,9\ n)}{(+0,32\ a)} = \underline{-52,8125\ \dfrac{n}{a}}$

41. $(+78,8\ d) : (+0,22\ d) =$
42. $(-1,05\ x) : (-5,72\ z) =$
43. $(+37,201\ a) : (-612,3\ a) =$
44. $(-8,72\ i) : (+32,3\ m) =$
45. $(-1231) : (-2042\ b) =$
46. $(+2,17\ am) : (+43,2\ m) =$
47. $(-5,25\ b) : (-12,18) =$
48. $(+0,072\ y) : (+3,5\ y) =$
49. $(-382,17) : (-0,52\ x) =$
50. $(+22,801\ m^3) : (+6,62\ m^2) =$

Multiplizieren und Dividieren

- Zuerst die Zahlenwerte auf dem Bruchstrich (Zähler) multiplizieren, dann das Ergebnis durch die Zahlenwerte unter dem Bruchstrich (Nenner) dividieren.
- Mit benannten oder allgemeinen Zahlen ebenso verfahren. Wenn möglich kürzen.
- Sind die Vorzeichen im Zähler und Nenner gleich, wird das Ergebnis positiv. Bei ungleichen Vorzeichen wird das Ergebnis negativ.

$$\frac{(+33\ s) \cdot (-5,4\ t) \cdot (-8,8\ a)}{(+9,4\ s) \cdot (-6,3\ t) \cdot (-d)} =$$

$$\frac{(\cancel{+}33) \cdot (\cancel{-}5,4) \cdot (\cancel{-}8,8) \cdot a \cdot \cancel{s} \cdot \cancel{t}}{(\cancel{+}9,4) \cdot (\cancel{-}6,3) \cdot (\cancel{-}d) \cdot \cancel{s} \cdot \cancel{t}} =$$

$$\frac{1568,16\ a}{9,4 \cdot 6,3\ d} = 26,480\ \frac{a}{d}$$

51. $\dfrac{0,73\ m \cdot 2,91\ b \cdot 1,35\ g}{5,6\ m} =$

52. $\dfrac{66,06\ u \cdot 93,6\ u \cdot 1,77\ p}{1423,3\ u} =$

53. $\dfrac{523,7\ a \cdot 2,31\ z \cdot 62,77\ a}{16,11\ z \cdot 0,017\ a} =$

54. $\dfrac{19,2\ c \cdot 48,7\ f \cdot 76,7\ e}{32,6\ e \cdot 1,4\ c} =$

55. $\dfrac{(-8,41\ k) \cdot (-2,07\ m)}{(+9,55\ m) \cdot (+12,32)} =$

56. $\dfrac{(-773,22\ r) \cdot (-0,75\ m)}{(+0,068\ m) \cdot (+523\ r)} =$

57. $\dfrac{(+8,7\ u) \cdot (-31,34\ s)}{(-27,12\ s) \cdot (+2,83\ u)} =$

58. $\dfrac{(-0,05\ x) \cdot (-2,91\ y) \cdot (+8,25\ x)}{(-41,73\ y) \cdot (+7,01\ x)} =$

59. $\dfrac{(+5,58\ f) \cdot (-39,11\ g) \cdot (-0,82\ c)}{(+9,09\ g) \cdot (-17,81\ c)} =$

60. $\dfrac{13,44 \cdot 4,62\ a \cdot 0,68\ z \cdot 671\ d}{521\ a \cdot 7,11 \cdot 312,0} =$

Punkt- und Strichrechnen

$4301 - 16,7 \cdot 0,05 - 2,82 : 18,13 + 27,9 =$
$4301 - 0,835 - 0,1555433 + 27,9 = \underline{\underline{4327,9}}$

61. $319 + 17,27 + 36 - 1,7 : 0,7 =$

62. $2,02 \cdot 6,88 + 0,94 - 29,4 : 31,6 - 15,3 =$

63. $12,61 \cdot 7,9 - 511,02 + 341,2 - 6,18 \cdot 18,2 =$

64. $27,17 - 88,32 : 180,92 + 68,89 \cdot 0,071 - 5,83 =$

65. $0,91 + 4,81 \cdot 1,02 - 8267,05 + 33,89 : 6,15 =$

66. $14,72\ b + 237,82\ z \cdot 0,07 - 140,2\ b : 53,2$
$- 8,6\ z =$

67. $0,271 \cdot 11,3\ a - 0,94\ x - 6,1 \cdot 4,18\ a + 2,8\ a$
$: 1,72 =$

68. $(-57,2) \cdot (-31,2) - (+4710) : (68,35) + (+97,68) =$

69. $(+6273,3) : (-3136) + (+8,2) + (-0,32) \cdot (-0,485)$
$- (-0,64) =$

70. $(-0,015\ a) \cdot (-8843) - (+0,36) \cdot (47,73\ b)$
$+ (-24,82\ a) : (+13,32\ a) =$

Potenzieren

Das Potenzieren ist eine verkürzte Multiplikation. Eine Potenz ist das Produkt gleicher Faktoren. Die Basis (Grundzahl) wird mit sich selbst multipliziert. Der Exponent (Hochzahl) gibt an, wie viel mal die Basis mit sich selbst multipliziert wird. Exponenten schreibt man kleiner als die Basis und setzt sie rechts oben neben die Basis.

$$2 \cdot 2 \cdot 2 = 2^3 = 8$$

Basis   Exponent

$2^3 = 8$

Potenz   Potenzwert

Sprich: zwei hoch drei.

Ein **Produkt** muss beim Potenzieren eingeklammert werden.

$$3z \cdot 3z \cdot 3z = \underline{(3z)^3}$$
$$ab \cdot ab \cdot ab \cdot ab = \underline{(ab)^4}$$

Positive Potenzwerte erhält man aus Potenzen mit
- positiver Basis und geradem oder ungeradem Exponenten oder
- negativer Basis und geradem Exponenten.

$$(+4)^2 = (+4) \cdot (+4) = \underline{+16}$$
$$(+5)^3 = (+5) \cdot (+5) \cdot (+5) = \underline{+125}$$
$$(-3)^4 = (-3) \cdot (-3) \cdot (-3) \cdot (-3) = \underline{+81}$$

Negative Potenzwerte erhält man aus Potenzen mit
- negativer Basis und ungeradem Exponenten.

$$(-5)^3 = (-5) \cdot (-5) \cdot (-5) = \underline{-125}$$

Negative Exponenten sind eine andere Schreibweise für Potenzen mit positivem Exponenten im Nenner eines Bruches.

$$\frac{1}{3^2} = 3^{-2}$$

$$\frac{1}{n^3} = n^{-3}$$

Zehnerpotenzen haben als Basis die Zahl 10. Sehr große Zahlen schreibt man mit Hilfe von Zehnerpotenzen wie folgt:

10	=	10^1
100	=	10^2
1000	=	10^3
10 000	=	10^4
100 000	=	10^5 usw. (s. Tabelle S. 6)

Der Faktor vor der Zehnerpotenz liegt im Allgemeinen im Bereich zwischen 1 und 10. Bei sehr kleinen Zahlen verwendet man Zehnerpotenzen mit negativen Exponenten.

$$25\,000\,000 = 2{,}5 \cdot 10^7$$

$$\frac{1}{10} = 0{,}1 = 10^{-1}$$

$$\frac{1}{100} = 0{,}01 = 10^{-2}$$

$$\frac{1}{1000} = 0{,}001 = 10^{-3}$$

Die **Addition** oder **Subtraktion** ist nur bei Potenzen mit gleichen Basen und Exponenten möglich. Man addiert oder subtrahiert die Koeffizienten, ohne die Exponenten zu verändern.

$$5^3 + 5^3 + 5^3 = 3 \cdot 5^3 = 3 \cdot 125 = \underline{375}$$
$$a^3 + 3a^3 + 5a^3 = (1 + 3 + 5)a^3 = \underline{9a^3}$$

Bei der **Multiplikation** von Potenzen mit
- **gleicher Basis** wird die Basis beibehalten und die Exponenten werden addiert;
- **gleichen Exponenten** und **verschiedenen Basen** werden die Basen multipliziert und die Exponenten beibehalten.

$$2^4 \cdot 2^2 = 2^{4+2} = \underline{2^6}$$

$$2^2 \cdot 5^2 = (2 \cdot 5)^2 = \underline{10^2}$$

Bei der **Division** von Potenzen mit
- **gleichen Basen** und **verschiedenen Exponenten** werden die Basen beibehalten und die Exponenten subtrahiert;
- **gleichen Exponenten** werden die Exponenten beibehalten und die Basen dividiert.

$$\frac{2^4}{2^3} = 2^{(4-3)} = 2^1 = \underline{2}$$

$$\frac{15^3}{5^3} = \left(\frac{15}{5}\right)^3 = 3^3 = \underline{9}$$

$$\frac{a^5}{a^3} = a^{(5-3)} = \underline{a^2}$$

$$\frac{a^3}{b^3} = \left(\frac{a}{b}\right)^3$$

Wurzelziehen (Radizieren)

Das Wurzelziehen wird auch als Radizieren bezeichnet. Der **Radikand** ist die Zahl, aus der die Wurzel gezogen werden soll. Der **Wurzelexponent** (Wurzelgrad) gibt an, in wie viele gleiche Faktoren der Radikand zerlegt werden soll. Der **Wurzelwert** ist das Ergebnis des Wurzelziehens. Das Wurzelzeichen $\sqrt{}$ ist ein stilisiertes „r" und weist auf den Anfangsbuchstaben des lateinischen Wortes radix (= Wurzel) hin.
Wurzeln können auch als **Potenzen mit gebrochenen Hochzahlen** dargestellt werden.

Das Wurzelziehen ist die **Umkehrung des Potenzierens.** Beim Potenzieren wird eine Zahl mehrmals mit sich selbst multipliziert. Beim Wurzelziehen wird der Radikand in eine bestimmte Anzahl gleicher Faktoren zerlegt.

Quadratwurzeln werden bei Quadrat-, Kreis- oder Pythagorasberechnungen eingesetzt. Der Wurzelexponent 2 wird meist nicht geschrieben.

Wurzelexponent

$$\sqrt[3]{27} = 3$$

Radikand   Wurzelwert

Sprich: dritte Wurzel aus 27.

$$a^{\frac{1}{2}} = \sqrt{a}$$

Potenzieren
Gegeben: Quadratseite = 7 cm
Gesucht: Quadratfläche A = ? cm^2

Lösung:
$A = l \cdot l = l^2$
$A = 7\ \text{cm} \cdot 7\ \text{cm} = \underline{\underline{49\ \text{cm}^2}}$

Radizieren
Gegeben: Quadratfläche A = 49 cm^2
Gesucht: Quadratseite = ? cm

Lösung:
$l = \sqrt[2]{A}$

$l = \sqrt{49\ \text{cm}^2}$

$l = \sqrt{7\ \text{cm} \cdot 7\ \text{cm}} = \underline{\underline{7\ \text{cm}}}$

Probe: 7 cm · 7 cm = 49 cm^2

Kubikwurzeln, auch dritte Wurzeln genannt, werden bei Würfelberechnungen (alle Seiten gleich lang) eingesetzt.

$a = \sqrt[3]{125\ \text{cm}^3}$

$a = \sqrt[3]{5\ \text{cm} \cdot 5\ \text{cm} \cdot 5\ \text{cm}}$

$a = \sqrt[3]{5^3\ \text{cm}^3}$

$a = \underline{\underline{5\ \text{cm}}}$

Probe: 5 cm · 5 cm · 5 cm = 125 cm^3

Bei **Wurzeln aus Summen und Differenzen** wird wie beim Klammerrechnen zuerst addiert und subtrahiert. Aus dem Ergebnis wird die Wurzel gezogen.

$\sqrt{25 + 16 + 8} = \sqrt{49} = \underline{\underline{7}}$

Die **Addition oder Subtraktion von Wurzeln** ist nur bei gleichen Wurzelexponenten und gleichen Radikanden möglich. Die verschiedenen Koeffizienten (Beizahlen) werden addiert oder subtrahiert. Die Wurzelexponenten und Radikanden werden beibehalten.

$3\sqrt{4} + 6\sqrt{4} - 2\sqrt{4} = \underline{\underline{7\sqrt{4}}}$

Bei **Wurzeln aus Produkten** kann zuerst aus jedem Faktor die Wurzel gezogen werden. Dann werden die Wurzelwerte multipliziert.

$\sqrt{25 \cdot 16} = \sqrt{25} \cdot \sqrt{16}$
$5 \cdot 4 = \underline{\underline{20}}$

Bei **Wurzeln aus Brüchen** können zuerst aus Zähler und Nenner die Wurzeln gezogen werden. Dann werden die Wurzelwerte dividiert.

$\sqrt{\dfrac{64}{25}} = \dfrac{\sqrt{64}}{\sqrt{25}} = \dfrac{8}{5} = \underline{\underline{1,6}}$

Berufspraxis. Das Wurzelziehen wird im Berufsfeld Holztechnik selten angewendet. Deshalb kann auf das umständliche schriftliche Verfahren verzichtet werden. Mit dem Taschenrechner (s. S. 47 ff.) lässt sich das Wurzelziehen schnell und sicher durchführen.

Aufgaben

Lösungen bei einfachen Aufgaben im Kopf, sonst mit dem Taschenrechner. Auf höchstens 4 Stellen nach dem Komma runden.

Potenzen berechnen

$7 \cdot 7 \cdot 7 = 7^3 = \underline{343}$

71. $b \cdot b \cdot b \cdot b =$
72. $m \cdot m \cdot m =$
73. $cm \cdot cm =$
74. $a \cdot b \cdot a \cdot b \cdot a =$
75. $9{,}3 \cdot 9{,}3 \cdot 9{,}3 =$

76. $1000 =$
77. $6250 =$
78. $31\,000\,000 =$
79. $0{,}0001 =$
80. $0{,}0042 =$

Potenzwerte berechnen

$5^4 = 5 \cdot 5 \cdot 5 \cdot 5 = \underline{625}$

81. $2^1 =$
82. $4^3 =$
83. $(-5)^4 =$
84. $(-b)^3 =$
85. $10^5 =$

86. $2{,}3^2 =$
87. $6{,}32^3 =$
88. $0{,}4^2 =$
89. $0{,}027^2 =$
90. $25{,}60^3 =$

Addieren und Subtrahieren von Potenzen

$12a^2 + 4a^2 = (12 + 4)a^2 = \underline{16a^2}$

91. $ab^2 + ab^2 + ab^2 =$
92. $c^4 + c^4 + c^4 =$
93. $3d^3 + 4d^3 + 2b^4 + 6b^4 =$
94. $9y^6 + 12y^6 - 14y^6 =$
95. $24y^5 - 32y^5 - 3y^5 + 12y^5 =$

Multiplizieren von Potenzen

$4^3 \cdot 4^4 = 4^{(3+4)} = 4^7$
$2c^3 \cdot 5c^2 \cdot 3c = (2 \cdot 5 \cdot 3)c^{(3+2+1)} = \underline{30c^6}$

96. $3^3 \cdot 3^2 =$
97. $5^4 \cdot 5^3 =$
98. $(ax)^2 \cdot (ax)^6 =$
99. $3^9 \cdot a^9 =$
100. $3a^3 \cdot 4a^4 \cdot 5a =$
101. $6x^2 \cdot 3x^3 \cdot 2x =$
102. $4{,}7x^4 \cdot 1{,}3x^2 \cdot 0{,}7x^3 =$
103. $c^{2x} \cdot c^{3x} =$
104. $3^{5x} \cdot 3^{2x} \cdot 3^{6x} =$
105. $13{,}7x^3 \cdot 0{,}3x^5 \cdot 2{,}2x^4 =$

Dividieren von Potenzen

$\dfrac{3^4}{3^2} = 3^{(4-2)} = 3^2 = \underline{9}$

$\dfrac{9^3}{6^3} = \left(\dfrac{9}{6}\right)^3 = (1{,}5)^3 = 1{,}5 \cdot 1{,}5 \cdot 1{,}5 = \underline{3{,}375}$

106. $c^7 : c^5 =$
107. $a^6 : a^2 =$
108. $z^a : z^b =$
109. $ab^9 : a^4b =$
110. $(ax)^4 : a^2 =$
111. $7a^4b^2c : 2a^2x^4c^3 =$

Quadratwurzelziehen (mit Probe)

112. $\sqrt{2} =$
113. $\sqrt{4} =$
114. $\sqrt{6} =$
115. $\sqrt{9} =$
116. $\sqrt{36} =$
117. $\sqrt{55} =$
118. $\sqrt{118} =$
119. $\sqrt{0{,}5} =$
120. $\sqrt{64} =$
121. $\sqrt{0{,}027} =$
122. $\sqrt{328} =$
123. $\sqrt{10781} =$
124. $\sqrt{683{,}3} =$
125. $\sqrt{0{,}009} =$
126. $\sqrt{31892} =$

Wurzeln addieren und subtrahieren

$4\sqrt{3} + 2{,}4\sqrt{3} - 3{,}7\sqrt{3} = (4 + 2{,}4 - 3{,}7)\sqrt{3} = \underline{2{,}7\sqrt{3}}$

127. $5\sqrt{9} + 3{,}5\sqrt{9} - 4{,}6\sqrt{9} + 13\sqrt{9} =$
128. $17\sqrt{a} - 21\sqrt{a} + 7{,}7\sqrt{a} - 0{,}5\sqrt{a} =$
129. $0{,}2\sqrt{xy} + 0{,}06\sqrt{xy} - 1{,}7\sqrt{x} + 0{,}04\sqrt{xy} =$
130. $-281\sqrt{z} + 92\sqrt{az} - 32{,}7\sqrt{az} - 0{,}92\sqrt{z} =$
131. $64{,}7\sqrt{3b} + 9{,}4\sqrt{2a} + 0{,}3\sqrt{3b} + 21{,}3\sqrt{2a} =$

Wurzeln aus Produkten

$\sqrt{49 \cdot 4} = \sqrt{49} \cdot \sqrt{4} = 7 \cdot 2 = \underline{14}$

132. $\sqrt{16 \cdot 9} =$
133. $\sqrt{21 \cdot 3} =$
134. $\sqrt{5 \cdot 4} =$
135. $3\sqrt{64 \cdot 49} =$
136. $0{,}6\sqrt{35 \cdot 12} =$

Wurzeln aus Brüchen

$\sqrt{\dfrac{81}{64}} = \dfrac{\sqrt{81}}{\sqrt{64}} = \dfrac{9}{8} = \underline{1{,}125}$

137. $\sqrt{\dfrac{26}{17}} =$
138. $\sqrt{\dfrac{320}{88}} =$
139. $\sqrt{\dfrac{169a^2}{121a^2}} =$
140. $\sqrt{\dfrac{23{,}4z^3}{5{,}7z^2}} =$
141. $\sqrt{\dfrac{0{,}39}{2{,}54}} =$

1.4 Brüche

Begriffe

Brüche sind Teile eines Ganzen. Der Zähler zählt die Teilstücke. Der Nenner gibt die Aufteilung und den Namen des Bruches an.

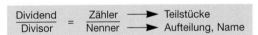

$$\frac{\text{Dividend}}{\text{Divisor}} = \frac{\text{Zähler}}{\text{Nenner}} \longrightarrow \text{Teilstücke}$$
$$\longrightarrow \text{Aufteilung, Name}$$

Brüche sind **Divisionsrechnungen.** Zähler und Nenner werden durch Bruchstrich (– oder /) oder Doppelpunkt (:) getrennt.

$\frac{6}{7} = 6/7 = 6 : 7$

Man unterscheidet verschiedene **Arten:**

- **Echte Brüche** sind kleiner als ein Ganzes und haben einen Zähler, der kleiner als der Nenner ist.

$\frac{1}{3}; \quad \frac{3}{5}; \quad \frac{7}{8}; \quad \frac{13}{16}; \quad \frac{321}{350}$

- **Unechte Brüche** sind gleich oder größer als ein Ganzes. Ihr Zähler ist gleich oder größer als der Nenner.

$\frac{5}{5}; \quad \frac{5}{3}; \quad \frac{8}{7}; \quad \frac{16}{19}; \quad \frac{34}{29}$

- **Gleichnamige Brüche** bestehen aus Teilen desselben Ganzen und haben alle den gleichen Nenner.

$\frac{1}{9}; \quad \frac{2}{9}; \quad \frac{3}{9}; \quad \frac{4}{9}; \quad \frac{7}{9}$

- **Ungleichnamige Brüche** haben untereinander verschiedene Nenner.

$\frac{1}{5}; \quad \frac{2}{7}; \quad \frac{8}{9}; \quad \frac{7}{8}; \quad \frac{9}{11}$

- **Uneigentliche Brüche** sind ganze Zahlen. Der Zähler ist ein ganzzahliges Vielfaches des Nenners.

$\frac{6}{3}; \quad \frac{15}{5}; \quad \frac{21}{7}; \quad \frac{24}{8}; \quad \frac{44}{22}$

- **Gemischte Zahlen** sind Summen aus einer ganzen Zahl und einem echten Bruch.

$1\frac{1}{3} = 1 + \frac{1}{3}; \quad 2\frac{5}{7} = 2 + \frac{5}{7}; \quad 6\frac{1}{5} = 6 + \frac{1}{5}$

- **Scheinbrüche** sind ganze Zahlen. Der Nenner ist 1.

$\frac{5}{1}; \quad \frac{2}{1}; \quad \frac{14}{1}; \quad \frac{18}{1}; \quad \frac{24}{1}$

Umrechnen von Brüchen und Dezimalzahlen

Beim **Erweitern** von Brüchen werden Zähler und Nenner mit derselben Zahl multipliziert.

$\frac{4}{9}$ erweitert mit 2 $\frac{4 \cdot 2}{9 \cdot 2} = \underline{\frac{8}{18}}$

Beim **Kürzen** von Brüchen werden Zähler und Nenner durch dieselbe Zahl dividiert.

$\frac{9}{27}$ gekürzt durch 9 $\frac{9 : 9}{27 : 9} = \underline{\underline{\frac{1}{3}}}$

Gemischte Zahlen werden als **unechte Brüche** dargestellt, indem man den ganzzahligen Teil in einen uneigentlichen Bruch umwandelt und den Rest addiert.

$2\frac{1}{4} = \frac{8}{4} + \frac{1}{4} = \underline{\underline{\frac{9}{4}}}$

Brüche werden **in Dezimalzahlen** umgerechnet, indem man den Zähler durch den Nenner dividiert.

$\frac{12}{48} = 12 : 48 = \underline{0,25}$

Dezimalzahlen werden **in Brüche** umgerechnet, indem man sie so oft mit 10 erweitert, bis das Komma im Zähler entfällt.

$0,25 = \frac{0,25 \cdot 10 \cdot 10}{1 \cdot 10 \cdot 10} = \frac{25}{100} = \underline{\underline{\frac{1}{4}}}$

Addieren und Subtrahieren von Brüchen

Gleichnamige Brüche werden addiert (subtrahiert), indem man die Zähler addiert (subrahiert) und den gemeinsamen Nenner beibehält.

$$\frac{a}{b} + \frac{c}{b} = \frac{a+c}{b}$$

$$\frac{4}{9} + \frac{5}{9} - \frac{2}{9} = \frac{4+5-2}{9} = \frac{7}{9}$$

Ungleichnamige Brüche werden addiert (subtrahiert), nachdem man sie erweitert und auf einen gemeinsamen Nenner (Hauptnenner) gebracht hat.

$$\frac{a}{b} + \frac{c}{d} = \frac{ad}{bd} + \frac{cb}{bd} = \frac{ad + cb}{bd}$$

Der Hauptnenner ist das kleinste gemeinsame Vielfache (k.g.V.) aller auftretenden Nenner.

$$\frac{1}{3} + \frac{1}{2} + \frac{1}{6} = \text{so nicht lösbar}$$

1 + 1 + 1 = so nicht lösbar

Der Hauptnenner ist 6.

$$\frac{2}{6} + \frac{3}{6} + \frac{1}{6} = \frac{6}{6} = 1$$

Durch **Primfaktorenzerlegung** kann der Hauptnenner schriftlich ermittelt werden. Dazu werden die Nenner in Primzahlen zerlegt. Primzahlen sind ganze Zahlen, die nur durch 1 und sich selber teilbar sind.

Die in jedem Nenner enthaltenen Primfaktoren werden in der Gesamtzahl miteinander multipiziert und ergeben den kleinsten gemeinsamen Nenner. Die verbleibenden Primfaktoren ergeben miteinander multipliziert für jeden Nenner den Erweiterungsfaktor.

$$\frac{5}{24} + \frac{7}{12} + \frac{8}{15} + \frac{3}{5} =$$

$$\frac{5 \cdot 5}{24 \cdot 5} + \frac{7 \cdot 10}{12 \cdot 10} + \frac{8 \cdot 8}{15 \cdot 8} + \frac{3 \cdot 24}{5 \cdot 24} =$$

$$\frac{25 + 70 + 64 + 72}{120} = 1\frac{111}{120} = 1\frac{37}{40} = \underline{1,925}$$

Teilbarkeit der Zahlen

Teiler	Bedingung
2	letzte Ziffer eine gerade Zahl
3	Quersumme durch 3 teilbar
4	Zahl aus letzten beiden Ziffern
	durch 4 teilbar
5	letzte Ziffer 0 oder 5
6	Zahl durch 2 und 3 teilbar
9	Quersumme durch 9 teilbar

Primfaktoren und Erweiterungsfaktoren

Nenner	Primfaktoren	Erweiterungsfaktoren	
24	2 2 2 3 5	1 · 5	= 5
12	2 2 2 3 5	2 · 5	= 10
15	2 2 2 3 5	2 · 2 · 2	= 8
5	2 2 2 3 5	2 · 2 · 2 · 3	= 24
HN	2 · 2 · 2 · 3 · 5		= 120

Anzahl der Primfaktoren

Multiplizieren von Brüchen

Brüche werden miteinander multipliziert, indem man auf einem gemeinsamen Bruchstrich Zähler mit Zähler und Nenner mit Nenner multipliziert.

$$\frac{3}{4} \cdot \frac{7}{9} = \frac{3 \cdot 7}{4 \cdot 9} = \frac{7}{4 \cdot 3} = \frac{7}{12}$$

$$\frac{a}{b} \cdot \frac{c}{d} = \frac{ac}{bd}$$

Wird ein **Bruch** mit einer **ganzen Zahl** multipliziert, wird der Zähler mit der ganzen Zahl multipliziert und der Nenner bleibt unverändert.

$$\frac{4}{5} \cdot 7 = \frac{4 \cdot 7}{5} = \frac{28}{5}$$

Wird ein **Bruch** mit einer **gemischten Zahl** multipliziert, wird die gemischte Zahl zuvor in einen unechten Bruch umgewandelt.

$$\frac{3}{7} \cdot 5\frac{4}{9} = \frac{3 \cdot 49}{7 \cdot 9} = \frac{7}{3} = 2\frac{1}{3}$$

Wird eine **ganze Zahl** mit einer **gemischten Zahl** multipliziert, werden zuerst die ganzen Zahlen multipliziert, danach die ganze Zahl mit dem Bruch. Anschließend werden die beiden Teile addiert.

$$5 \cdot 3\frac{4}{5} = 5 \cdot 3 + 5 \cdot \frac{4}{5} =$$

$$15 + \frac{20}{5} = 15 + 4 = 19$$

Werden **zwei gemischte Zahlen** multipliziert, werden diese zuerst in unechte Brüche umgewandelt und diese dann multipliziert.

$$10\frac{2}{7} \cdot 4\frac{3}{8} = \frac{72 \cdot 35}{7 \cdot 8} = \frac{45}{1} = 45$$

Werden **Brüche mit Dezimalzahlen** multipliziert, müssen diese vor der Multiplikation in Brüche umgewandelt werden.

$$4,25 \cdot \frac{2}{5} = ? \qquad \frac{4,25 \cdot 100}{100} = \frac{425}{100}$$

$$\frac{425 \cdot 2}{100 \cdot 5} = \frac{85}{50} = \frac{17}{10} = 1\frac{7}{10}$$

Dividieren von Brüchen

Brüche werden dividiert, indem man den ersten Bruch mit dem Kehrwert des zweiten Bruches multipliziert.

$$\frac{6}{7} : \frac{1}{2} = \frac{6 \cdot 2}{7 \cdot 1} = \frac{12}{7} = 1\frac{5}{7}$$

$$\frac{a}{b} : \frac{c}{d} = \frac{a \cdot d}{b \cdot c} = \frac{ad}{bc}$$

Beim **Kehrwert** wird der Nenner zum Zähler und der Zähler zum Nenner.

$$\frac{1}{2} \rightarrow \text{Kehrwert: } \frac{2}{1}$$

Wird ein **Bruch** durch eine **ganze Zahl** dividiert, wird der Kehrwert der ganzen Zahl mit dem Bruch dividiert.

$$\frac{4}{5} : 6 = \frac{4 \cdot 1}{5 \cdot 6} = \frac{2}{15}$$

Wird ein **Bruch** durch eine **gemischte Zahl** dividiert, muss die gemischte Zahl in einen unechten Bruch umgewandelt und dessen Kehrwert mit dem Bruch multipliziert werden.

$$\frac{2}{3} : 2\frac{2}{5} = \frac{2}{3} : \frac{12}{5} = \frac{2 \cdot 5}{3 \cdot 12} = \frac{5}{18}$$

Wird eine **ganze Zahl** durch eine **gemischte Zahl** dividiert, wird zuerst die ganze Zahl, dann die gemischte Zahl in einen unechten Bruch verwandelt. Der Dividend wird mit dem Kehrwert des Divisors multipliziert.

$$9 : 4\frac{5}{3} = \frac{9}{1} : \frac{17}{3} = \frac{9 \cdot 3}{1 \cdot 17} = \frac{27}{17} = 1\frac{10}{17}$$

Wird **eine gemischte Zahl** durch eine gemischte Zahl dividiert, werden beide Zahlen in unechte Brüche umgewandelt. Der Dividend wird mit dem Kehrwert des Divisors multipliziert.

$$7\frac{6}{5} : 3\frac{4}{3} = \frac{41}{5} : \frac{13}{3} = \frac{41 \cdot 3}{5 \cdot 13} = \frac{123}{65} = 1\frac{58}{65}$$

Doppelbrüche bestehen aus jeweils einem Bruch im Zähler und im Nenner. Werden diese dividiert, wird der Bruchstrich durch das Divisionszeichen (:) ersetzt. Dann wird der erste Bruch mit dem Kehrwert des zweiten Bruches multipliziert.

$$\frac{\frac{7}{8}}{\frac{3}{5}} = \frac{7}{8} : \frac{3}{5} = \frac{7 \cdot 5}{8 \cdot 3} = \frac{35}{24} = 1\frac{11}{24}$$

Aufgaben

Umrechnen von Brüchen

1. $\dfrac{8}{5}=1\dfrac{3}{5}$ $\quad\underline{\underline{}}\quad$ $\dfrac{25}{3}$, $\dfrac{17}{2}$, $\dfrac{74}{16}$

2. $3\dfrac{1}{4}=\dfrac{13}{4}$ $\quad\underline{\underline{}}\quad$ $4\dfrac{1}{5}$; $6\dfrac{2}{7}$; $17\dfrac{3}{8}$

3. $\dfrac{6}{8}=\dfrac{3}{4}$ $\quad$ $\dfrac{18}{36}$, $\dfrac{5}{25}$, $\dfrac{16}{52}$

4. $\dfrac{7\cdot 3}{8\cdot 3}=\dfrac{21}{24}$ $\quad\underline{\underline{}}\quad$ $\dfrac{2}{5}$ mit 7; $\dfrac{5}{9}$ mit 4; $\dfrac{3}{4}$ mit 9

5. $0,5=\dfrac{0,5\cdot 10}{10}=\dfrac{5}{10}$ $\quad$ $0,75$; $0,04$; $1,05$

6. $\dfrac{7}{5}=1,4$ $\quad$ $\dfrac{3}{5}$, $\dfrac{11}{4}$, $\dfrac{2}{7}$, $\dfrac{4}{13}$

7. $\dfrac{5}{8}=\dfrac{20}{\underline{\underline{32}}}$, $\quad$ $\dfrac{5}{7}=\dfrac{}{35}$; $\dfrac{2}{9}=\dfrac{}{81}$

Addieren und Subtrahieren

8. $\dfrac{1}{8}+\dfrac{5}{8}=\dfrac{1+5}{8}=\dfrac{6}{8}=\dfrac{3}{4}$ $\quad$ $\dfrac{3}{4}+\dfrac{7}{4}$; $\dfrac{5}{3}-\dfrac{1}{3}$

9. $\dfrac{4}{5}-\dfrac{3}{4}+\dfrac{1}{3}=\dfrac{48-45+20}{60}=\dfrac{23}{60}$ $\quad$ $\dfrac{9}{7}-\dfrac{3}{4}+\dfrac{1}{14}$

$\dfrac{3}{5}-\dfrac{1}{4}+\dfrac{1}{7}$; $\dfrac{7}{9}+\dfrac{3}{12}-\dfrac{21}{15}$

10. $2\dfrac{1}{2}+1\dfrac{3}{4}=\dfrac{5}{2}+\dfrac{7}{4}=\dfrac{10+7}{4}=\dfrac{17}{4}=4\dfrac{1}{4}$

$4\dfrac{5}{6}-3\dfrac{1}{4}$; $6\dfrac{4}{12}+7\dfrac{1}{6}$; $5\dfrac{1}{7}+4\dfrac{2}{3}$

11. $7,5+\dfrac{1}{5}=\dfrac{75}{10}+\dfrac{2}{10}=\dfrac{77}{10}=7\dfrac{7}{10}$

$\dfrac{1}{2}+0,6$; $1\dfrac{5}{6}-1,2$; $3\dfrac{1}{2}+0,6-2\dfrac{1}{4}$

Multiplizieren von Brüchen

12. $\dfrac{3}{4}\cdot\dfrac{1}{2}=\dfrac{3\cdot 1}{4\cdot 2}=\dfrac{3}{8}$ $\quad$ $\dfrac{7}{17}\cdot\dfrac{3}{5}$; $\dfrac{1}{7}\cdot\dfrac{1}{9}$; $\dfrac{15}{3}\cdot\dfrac{12}{15}$

13. $2\dfrac{1}{2}\cdot 4=\dfrac{5\cdot 4}{2\cdot 1}=\dfrac{20}{2}=10$

$2\dfrac{6}{7}\cdot 5$; $\dfrac{1}{7}\cdot 3\dfrac{6}{9}$

14. $0,75\cdot\dfrac{5}{6}=\dfrac{75\cdot 5}{100\cdot 6}=\dfrac{375}{600}=\dfrac{75}{120}=\dfrac{15}{24}$

$0,5\cdot\dfrac{4}{3}$; $1,25\cdot\dfrac{3}{7}$

15. $1,4\cdot 3\dfrac{1}{2}=\dfrac{14\cdot 7}{10\cdot 2}=\dfrac{98}{20}=\dfrac{49}{10}=4\dfrac{9}{10}=4,9$

$1,25\cdot\dfrac{1}{4}$; $3,5\cdot 1\dfrac{3}{5}$; $0,7\cdot 1\dfrac{1}{3}$; $1,65\cdot 2\dfrac{1}{6}$

Dividieren von Brüchen

16. $\dfrac{3}{4}:\dfrac{1}{2}=\dfrac{3\cdot 2}{4\cdot 1}=\dfrac{6}{4}=1\dfrac{1}{2}$

$3:\dfrac{1}{4}$; $\dfrac{7}{3}:\dfrac{1}{2}$; $\dfrac{7}{9}:\dfrac{14}{3}$; $\dfrac{12}{13}:\dfrac{7}{39}$

17. $10\dfrac{3}{15}:\dfrac{51}{3}=\dfrac{153\cdot 3}{15\cdot 51}=\dfrac{3}{5}=0,6$

$1\dfrac{5}{9}:1\dfrac{2}{3}$; $12\dfrac{1}{4}:1\dfrac{1}{2}$; $8\dfrac{3}{7}:2\dfrac{1}{3}$

18. $24,6:\dfrac{1}{2}=\dfrac{246\cdot 2}{10\cdot 1}=\dfrac{492}{10}=49,2$

$15,3:\dfrac{1}{3}$; $0,75:1\dfrac{1}{3}$; $1,45:1\dfrac{1}{8}$

Doppelbrüche

19. $\dfrac{\dfrac{1}{2}}{\dfrac{3}{5}} = \dfrac{1}{2} \cdot \dfrac{3}{5} = \dfrac{1 \cdot 5}{2 \cdot 3} = \underline{\underline{\dfrac{5}{6}}}$

$\dfrac{\dfrac{4}{5}}{\dfrac{7}{8}}, \quad \dfrac{\dfrac{6}{2}}{\dfrac{5}{10}}, \quad \dfrac{\dfrac{7}{11}}{\dfrac{2}{3}}, \quad \dfrac{\dfrac{5}{12}}{\dfrac{2}{7}}$

20. $\dfrac{3\dfrac{1}{2}}{7\dfrac{1}{4}} = \dfrac{\dfrac{7}{2}}{\dfrac{21}{4}} = \dfrac{7}{2} \cdot \dfrac{29}{4} = \dfrac{7 \cdot 4}{2 \cdot 29} = \underline{\underline{\dfrac{2}{3}}}$

$\dfrac{1\dfrac{1}{5}}{4\dfrac{3}{5}}, \quad \dfrac{7\dfrac{2}{3}}{12\dfrac{1}{2}}, \quad \dfrac{15\dfrac{1}{5}}{20\dfrac{1}{10}}, \quad \dfrac{3\dfrac{1}{2}}{2\dfrac{1}{4}}$

21. $\dfrac{3,5}{\dfrac{1}{4}} = \dfrac{\dfrac{35}{10}}{\dfrac{1}{4}} = \dfrac{35}{10} \cdot \dfrac{1}{4} = \dfrac{35 \cdot 4}{10 \cdot 1} = \dfrac{70}{5} = \underline{\underline{14}}$

$\dfrac{1,2}{\dfrac{1}{3}}, \quad \dfrac{0,8}{\dfrac{1}{5}}, \quad \dfrac{\dfrac{1}{3}}{0,5}, \quad \dfrac{7}{1,5}$

Textaufgaben

22. 100 Liter Holzschutzmittel sollen in Kanister gefüllt werden. Zuerst werden 15 (20) Kanister mit 0,7 l Inhalt gefüllt. Für den Rest stehen 3/4-l-Kanister zur Verfügung.
a) Wie viel 3/4-l-Kanister werden gebraucht?
b) Wie viel l bleiben für den letzten Kanister?

23. Der Anschaffungspreis einer Fräsmaschine beträgt 15000 (18000) €. 1/4 des Kaufpreises wird bar bezahlt, 3/5 werden überwiesen. Den Restbetrag zahlt der Käufer 3 Monate später.
Zu berechnen sind:
a) die Höhe des Bargeldbetrages,
b) der überwiesene Betrag,
c) der Restbetrag.

24. Der gemeinsame Lohn eines angestellten Meisters, eines älteren und eines jüngeren Gesellen beträgt für eine Montagearbeit 1123 (1190) €. Der Meister erhält 3/7, der Geselle 2/5, der jüngere den Rest. Zu berechnen sind:
a) der Anteil des jüngeren Gesellen,
b) die Einzelbeträge in €.

25. Für die Herstellung und Montage eines Holzfensters entstand ein Nettoverkaufspreis von 850 €. Die Gesamtkosten verteilen sich auf den Rahmen mit 3/8, die Beschläge mit 2/15, die Verglasung mit 1/4, die Montage mit 1/5 sowie die noch unbekannten Kosten für Gewinn und Verlust.
a) Wie hoch ist der Betrag für Gewinn und Verlust?
b) Wie hoch würde der Betrag für Gewinn und Verlust sein, wenn für die Montage nur 1/6 des Nettoverkaufspreises zu berechnen wäre?

26. Für eine Innenausbauarbeit zum Nettoverkaufspreis von 3700 € entstanden folgende kalkulatorische Kostenanteile: Material = 1/15, Fertigungslohn = 2/9, Gemeinkosten = 6/11 und Verlust und Gewinn = 1/8.
a) Wie hoch sind die einzelnen Teilkosten in €?
b) Wie viel € vom Nettoverkaufspreis bleiben für die Sonderkosten des Transports übrig?

1.5 Klammern

Klammern sind mathematische Symbole. Sie fassen Zahlen und Rechenzeichen zu Gruppen zusammen und geben die Anweisung, dass in der Klammer stehende Rechnungen vor anderen Rechenvorgängen auszuführen sind.

$5(3,5 \text{ m} + 9,3 \text{ m}) =$
$5 \cdot 12,8 \text{ m} = \underline{64,0 \text{ m}}$

$0,7(34,62a - 18,4a) =$
$0,7 \cdot 16,22a = \underline{11,354a}$

Plus-Klammern haben ein Plus (+) vor der Klammer. Diese kann weggelassen werden, ohne dass sich der Wert in der Klammer ändert.

$6 + (18 - 5) =$
$6 + 18 - 5 = \underline{\underline{19}}$

Minus-Klammern haben ein Minus (–) vor der Klammer. Wird die Klammer weggelassen, müssen alle Vorzeichen und Rechenzeichen in der Klammer umgekehrt werden.

$6 - (18 - 5) =$
$6 - 18 + 5 = \underline{\underline{-7}}$

Klammern werden **mit Faktoren multipliziert,** indem jedes Glied in der Klammer mit jedem Faktor außerhalb der Klammer multipliziert wird.

$6(18a - 5b) =$
$6 \cdot 18a - 6 \cdot 5b = \underline{108a - 30b}$

Klammern werden **dividiert,** indem jedes Glied in der Klammer durch den Divisor geteilt wird.

$(18a - 5b) : 6 =$

$\dfrac{18a}{6} - \dfrac{5b}{6} = \underline{\underline{3a - \dfrac{5}{6} b}}$

Klammern werden **mit Klammern multipliziert,** indem jedes Glied der ersten Klammer mit jedem Glied in der zweiten Klammer multipliziert wird. Dann wird gegebenenfalls vereinfacht.

$(a + b) \cdot (a + b) =$
$a \cdot a + a \cdot b + b \cdot a + b \cdot b =$
$a^2 + ab + ab + b^2 = \underline{a^2 + 2ab + b^2}$

Beim **Ausklammern** werden aus Produkten gleiche Faktoren herausgezogen und vor die Klammer gesetzt.

$3 \cdot 5 - 3 \cdot 7 + 3 \cdot 12 =$
$3(5 - 7 + 12) = \underline{30}$

$U = (2l_1 + 2b_2) = \underline{2(l_1 + b_2)}$

Sollen mehrgliedrige Ausdrücke mit **Klammern in Klammern** vereinfacht werden, so werden zuerst die runden ( ), dann die [ ] eckigen und zuletzt die geschweiften { } Klammern aufgelöst.

$3\{17 + [5 - (4 - 2) + 7]\} =$
$3\{17 + [5 - 2 + 7]\} =$
$3\{17 + 10\} = \underline{81}$

Aufgaben

Lösungen mit dem Taschenrechner.

Plus-Klammern

$6x + (3x + 2y) = 6x + 3x + 2y = \underline{9x + 2y}$

1. $7a + (0,5a - 3) =$
2. $c + (12,4 + 4,3c) =$
3. $24c + (8b - 6,7c + 19b) =$
4. $3h + (7h - 3h) =$
5. $(9n + n) + (2n - 4) =$
6. $(-12s - 8,4a) + (-3,7s - 10,2a) =$
7. $(7m + 7a + 0,8) + (-6m - 8a + 6,2) =$
8. $(57,1x - 2,3y - 35,2x) + (13,4x - 14,2y) =$

Minus-Klammern

$6x - (3x + 2y) = 6x - 3x - 2y = \underline{3x - 2y}$

9. $13 - (4 + 3a) =$
10. $3a - (9 - 2a) =$
11. $7,3n - (18,4z + 3,9n) =$
12. $y + z - (z - y) =$
13. $5p - (19 + 2,5p) =$
14. $34,25a - (65,33b + 30,71a) =$
15. $-(2,6h + 5,1m) - (4,9m + 12,3h) =$
16. $-(0,88i - 1,43q) - (2,67i + 0,06q - 0,72q) =$

Klammer mal Klammer

$(4x + 1) \cdot (4x + 2) =$
$16x^2 + 8x + 4x + 2 = \underline{16x^2 + 12x + 2}$

17. $(x + y) \cdot (a + b) =$
18. $(4a - 3b) \cdot (2x - 3y) =$
19. $(m + 1) \cdot (m + 1) =$
20. $(b - 1) \cdot (b + 1) =$
21. $(z - 3) \cdot (3z + 5) =$
22. $(2a + 3) \cdot (3a + 2b) =$
23. $(6m + 4n) \cdot (3m - 2n + 7p) =$
24. $(11,2x + 21,3z) \cdot (0,75x - 5,44z + 14,29y) =$

Ausklammern eines Faktors

$3a + 3b - 3c = \underline{3 (a + b - c)}$

25. $6d + 6f - 6a =$
26. $5a + 7a - 3a =$
27. $23xy + 2,3xz - 0,7x =$
28. $6,73abm - 37,38ad - 21,8al =$
29. $7 \cdot 4 + 9 \cdot 4 + 2 \cdot 4 =$

30. $4 \cdot 11 - 7 \cdot 11 + 8 \cdot 11 =$
31. $2,6 \cdot 1,7 - 8,3 \cdot 1,7 + 12,3 \cdot 1,7 =$
32. $0,70f + 0,03af - 1,08f + 0,53f =$
33. $2 \cdot 14ab + 2 \cdot 0,6ab + 2 \cdot 5,2az + 2 \cdot 3,4az =$
34. $7 \cdot 1,3mn - 7 \cdot 0,8mn + 7 \cdot 8,3mn - 7 \cdot 4,4a + 7 \cdot 2,3az =$

Klammer mit Faktor

$8 (3 - x) = 8 \cdot 3 - 8 \cdot x = \underline{24 - 8x}$

35. $6(7x - 3) =$
36. $9(3 - b) =$
37. $-2(a - m) =$
38. $-7(-4 - z) =$
39. $4(12a - 3b) =$
40. $3,04z(8,73z - 2,12a) =$
41. $-1,6(-4,4x + 3,8y - 0,7z) =$
42. $25z^2(-3,2z + 5,79az - 4,03z) =$
43. $-2x(-9,4y + 617,2z + 56,3y) =$
44. $-a(-a + b - 3b + 2c - 6) =$

Klammer mit Divisor

$(4b - 4c) : 4 = \dfrac{4b}{4} - \dfrac{4c}{4} = \underline{b - c}$

45. $(6x + 6y) : 6 =$
46. $(25a + 30a) : 5 =$
47. $(18p - 3q) : 3 =$
48. $(az + bz) : z =$
49. $(9amh + 6ah) : 3amh =$
50. $(12ad + 4ad) : 4d =$
51. $(-35gf - 60g + 10gf) : -5g =$
52. $(2 \cdot 72a + 2 \cdot 5,4b) : 2 =$
53. $(36bc - 28b) : 2b =$
54. $(-21mn + 77mn + 14a) : 7mn =$

Mehrere Klammern

$-ab - a - b - [-(-ab) - a] + ab - [-ab - (-a)] + a =$
$-ab - a - b - [+ab - a] + ab - [-ab + a] + a =$
$-ab - a - b - ab + a + ab + ab - a + a = \underline{-b}$

55. $-2 \cdot 4 - [-4 + 3 - (-2 + 1) - 3] + 5 - (-6 + 4 - 2) =$
56. $z - 5 - [-5 + z - (-5 + z) - z] - (-2 - 5) =$
57. $-\{-(3y - [-5y - (-2y) - 6y] - 4y\} - y =$
58. $ax + bx - (-abx - 4abx) - ax - [-(-bx + ax)] =$
59. $-2xy + xz - [-xz + xy - (-x \cdot y) - (-xy + 2xz - 4xy)] =$

1.6 Gleichungen

Begriffe

Sinnbild der **Gleichung** ist die Balkenwaage im Gleichgewichtszustand. Eine Gleichung besteht aus einzelnen Gliedern, die man Terme (Einzahl: Term) nennt.
Zwei Aussagen (Terme) werden einander gleichgesetzt und durch ein Gleichheitszeichen getrennt. Linker Term (linke Seite) und rechter Term (rechte Seite) einer Gleichung müssen immer im Gleichgewicht sein.

4 kg + 5 kg	=	9 kg
linker Term	=	rechter Term
linke Seite	=	rechte Seite

Beim **Seitentausch** können linke und rechte Seite der Gleichung ohne Änderung von Rechen- und Vorzeichen getauscht werden.

$$9 \text{ kg} = 4 \text{ kg} + 5 \text{ kg}$$
$$a + b - c = d$$
$$d = a + b - c$$
$$l_1 + l_2 + l_3 = U$$
$$U = l_1 + l_2 + l_3$$

Bestimmungsgleichungen sind algebraische Gleichungen. Sie bestehen aus bekannten und unbekannten Gliedern. Die Unbekannten (Variablen) werden mit x, y oder z bezeichnet. Durch Addition, Subtraktion, Multiplikation oder Division werden Gleichungen so verändert, dass die Unbekannte auf der einen Seite allein (isoliert) steht.
Bei der Probe wird der für x errechnete Wert in die Ausgangsgleichung eingesetzt.

$$x + 7 = 21$$
$$x = 21 - 7$$
$$x = \underline{\underline{14}}$$

Probe:
$$14 + 7 = 21$$
$$21 = 21$$

Größengleichungen bestehen aus Formeln mit Formelzeichen. Eines der Formelzeichen ist oft unbekannt und muss errechnet werden. Dieses steht nach Beendigung des Rechengangs auf der einen Seite der Gleichung, die bekannten Größen stehen auf der anderen Seite.

$$A = l \cdot b$$

Fläche	=	Länge · Breite
A	=	l · b

Lösen von Gleichungen mit einer Unbekannten

Beim Lösen von Gleichungen mit einer Unbekannten gibt es mehrere Möglichkeiten, die gesuchte Größe allein auf die eine Seite der Gleichung zu bringen.

Addiert oder **subtrahiert** man links und rechts ein bestimmtes Glied mit gleichem Vor- und Rechenzeichen, kann die Unbekannte isoliert werden.

$$\begin{aligned} x - 13 &= 60 \\ x - 13 + 13 &= 60 + 13 \qquad | + 13 \text{ (addiert)} \\ x &= \underline{73} \end{aligned}$$

Probe:

$$\begin{aligned} 73 - 13 &= 60 \\ 60 &= 60 \end{aligned}$$

$$\begin{aligned} x + 8 &= 20 \\ x + 8 - 8 &= 20 - 8 \qquad | - 8 \text{ (subtrahiert)} \\ x &= \underline{12} \end{aligned}$$

Probe:

$$\begin{aligned} 12 + 8 &= 20 \\ 20 &= 20 \end{aligned}$$

Multipliziert oder **dividiert** man links und rechts die Gleichung mit einer Größe, wird jedes Glied mit dieser Größe multipliziert oder durch sie dividiert. Danach wird gekürzt und die Unbekannte errechnet.

$$\begin{aligned} \frac{x}{12} &= 3 \\ \frac{x \cdot 12}{12} &= 3 \cdot 12 \qquad | \cdot 12 \text{ (multipliziert)} \\ x &= \underline{36} \end{aligned}$$

Probe:

$$\begin{aligned} \frac{36}{12} &= 3 \\ 3 &= 3 \end{aligned}$$

$$\begin{aligned} 4\,x &= 20 \\ \frac{4x}{4} &= \frac{20}{4} \qquad | : 4 \text{ (dividiert)} \\ x &= \underline{5} \end{aligned}$$

Probe:

$$\begin{aligned} 4 \cdot 5 &= 20 \\ 20 &= 20 \end{aligned}$$

Beim **Seitenwechsel** ändern die Glieder einer Gleichung ihre Stellung von einer Seite der Gleichung auf die andere Seite. Dabei müssen die Rechenzeichen geändert werden.

Die **Seitenwechselregel** lautet:

aus	+	wird	–
aus	–	wird	+
aus	·	wird	:
aus	:	wird	·

Beim **Umstellen** von Formeln wird der Seitenwechsel angewendet. Häufig ist es zweckmäßig, zuvor den Seitentausch zu machen, damit die Unbekannte (Variable) auf der linken Seite der Gleichung steht. Der Seitenwechsel wird dann einfacher.

Die Formel für das Volumen ist: $V = l \cdot b \cdot h$.
Wie lautet die Formel nach b umgestellt?

Lösung:
1. Seitentausch: $l \cdot b \cdot h = V$

2. Seitenwechsel: $\qquad b = \dfrac{V}{\underline{l \cdot h}}$

Vom Umfang eines Dreiecks ist die Länge l_1 zu berechnen. Wie lautet die umgestellte Formel?

Lösung:
1. Seitentausch: $\quad l_1 + l_2 + l_3 = U$
2. Seitenwechsel: $\qquad\qquad l_1 = \underline{U - l_2 - l_3}$

Aufgaben

Die Unbekannte x ist zu berechnen. Lösungen mit dem Taschenrechner. Auf höchstens 3 Stellen nach dem Komma runden.

Seitenwechsel

$x + 9 = 14$

Seitenwechsel: Aus plus wird minus.

$x = 14 - 9$
$x = \underline{\underline{5}}$

Probe:
$5 + 9 = 14$
$14 = 14$

1. $x + 18 = 24$
2. $x - 18 = 24$
3. $x - 6 - 3 = 17$
4. $x - 6 + 3 = 12$
5. $x + 2{,}7 - 0{,}2 + 3{,}9 = 14$
6. $26{,}3 - 12{,}7 + x - 2{,}7 = 17{,}5$
7. $0{,}03 + 0{,}95 + x - 1{,}3 = 0{,}5$
8. $-52 + x + 29{,}4 - 0{,}51 = 10{,}09$
9. $321 + x - 583 + 26 - 97 = 289$
10. $x + 128{,}76 - 92{,}39 + 688{,}72 - 813{,}99 = -58{,}14$
11. $x - c = a$
12. $x + z = y$
13. $x - z - y = z$
14. $a + b + x - m = b$
15. $x + p - q = s$

Unbekannte mit Minuszeichen

$12 - x = 5$

Alle Glieder mit (-1) multiplizieren.
$12 - x = 5 \quad | \cdot (-1)$
$-12 + x = \underline{\underline{-5}}$

Seitenwechsel:
$+x = -5 + 12$
$x = 7$

Probe:
$12 - 7 = 5$
$5 = 5$

16. $36 - x = 6$
17. $67{,}3 - x = 5{,}7$
18. $84{,}3 - 3x = 78{,}3$
19. $5 = 16 - 2x$
20. $3 - 3x = -27$

21. $12 - 0{,}5x = -10$
22. $-11{,}8 = 6{,}7 - 3{,}7x$
23. $-x - b = a$
24. $d - x = f$
25. $-12{,}3 = 3{,}7 - 3{,}2x$

Produktgleichungen

$17\,x = 51$

Seitenwechsel: Aus mal wird geteilt.

$x = \dfrac{51}{17}$
$x = \underline{\underline{3}}$

Probe:
$17 \cdot 3 = 51$
$51 = 51$

26. $5x = 27{,}5$
27. $3x = 0{,}3$
28. $37x = 22{,}2$
29. $0{,}4x = 500$
30. $11x = -121$
31. $3{,}2x = -1{,}28$
32. $5ax = 10a$
33. $2ax = 4a$
34. $3x = 12a$
35. $cbx = 5abc$
36. $5{,}6 = 7x$
37. $15a = 5x$
38. $18b = 3bx$
39. $ab = cx$
40. $8x + 12 = 20$
41. $6x - 12 = 12$
42. $3x - 3 = 12$
43. $7x + 39 = 88$
44. $27x + 17 = 125$
45. $17x - 11 = 96$
46. $7x - 6 = 43$
47. $17x - 9 = 93$
48. $13 = 100 - 29x$
49. $1{,}5x + 16{,}8 = 27{,}4$
50. $23x - 15 = 107$
51. $135 = 23 + 4x$
52. $275 = 182 + 5x$
53. $-47 = 7x - 327$
54. $128{,}8 = 2{,}7x - 527$
55. $32{,}4 - 6{,}9 = 0{,}5x - 76{,}0$

Bruchgleichungen (Bruchrechnen s. S. 17 ff.)

$$\frac{x}{4} = 16$$

Seitenwechsel: Aus geteilt wird mal.
$$x = 16 \cdot 4$$
$$x = \underline{\underline{64}}$$

Probe:
$$\frac{64}{4} = 16$$
$$16 = 16$$

56. $\dfrac{x}{3} = 9$

57. $\dfrac{x}{2} = 13$

58. $\dfrac{x}{32} = 160$

59. $\dfrac{x}{7,8} = 134,3$

60. $\dfrac{x}{a} = 1$

61. $\dfrac{4}{x} = 12$

62. $\dfrac{4x}{5} = 8$

63. $\dfrac{dfx}{x} = df$

64. $\dfrac{x}{7} - 54 = 16$

65. $\dfrac{3x}{5} + \dfrac{64}{8} = 23$

Unbekannte in Klammern (Klammern s. S. 23 f.)

$$2 \cdot 21 + (3x - 23) = 37$$
$$42 \ + (3x - 23) = 37$$

Plus-Klammer weglassen:
$$42 \ + 3x - 23 = 37$$
$$3x = 37 - 42 + 23$$
$$3x = 18$$
$$x = \frac{18}{3}$$
$$x = \underline{\underline{6}}$$

Probe:
$$2 \cdot 21 + (3 \cdot 6 - 23) = 37$$
$$37 = 37$$

66. $3 \cdot 6 = (3x + 7) - 2 \cdot 8{,}5$

67. $2 \cdot 36 - (8x + 3 \cdot 2) = 10$

68. $7\,(x - 2) = 49$

69. $3\,(5x - 5) = 45$

70. $c\,(x + d) = 2cd$

71. $7\,(2x + 2) = 4 \cdot 7$

72. $8\,(3 \cdot 3 - 6x) = -3 \cdot 8$

73. $-\,(9x - 50 - 3) = (2 \cdot 9 - 7x) - (2 \cdot 14 - 17x)$

Größengleichungen – Formeln umstellen

74. $g = \dfrac{w \cdot 100}{p}$
$p = ?$
$w = ?$

75. $z = \dfrac{k \cdot p \cdot t}{100 \cdot 360}$
$t = ?$
$p = ?$
$k = ?$

76. $U = (l + b) \cdot 2$
$l = ?$
$b = ?$

77. $A = \dfrac{(l_1 + l_2)}{2} \cdot h$
$h = ?$
$l_1 = ?$
$l_2 = ?$

78. $U = \dfrac{d \cdot \pi \cdot \alpha}{360} + s$
$s = ?$
$d = ?$
$\alpha = ?$

79. $A = \dfrac{2}{3} s \cdot h$
$s = ?$
$h = ?$

80. $A = \dfrac{b \cdot d}{4}$
$b = ?$
$d = ?$

81. $A = d_1 \cdot d_2 \cdot 0{,}785$
$d_1 = ?$
$d_2 = ?$

82. $A = \dfrac{d_1 + d_2}{2} \cdot \pi \cdot h$
$h = ?$
$d_1 = ?$
$d_2 = ?$

83. $A = \dfrac{d \cdot \pi \cdot h}{2}$
$h = ?$
$d = ?$

84. $V = l \cdot b \cdot h$
$l = ?$
$b = ?$
$h = ?$

85. $p = \dfrac{F}{A}$
$F = ?$
$A = ?$

86. $d_1 \cdot n_1 = d_2 \cdot n_2$
$n_2 = ?$
$n_1 = ?$
$d_2 = ?$

87. $\dfrac{F_1}{F_2} = \dfrac{A_1}{A_2}$
$A_1 = ?$
$F_2 = ?$
$A_2 = ?$

Verhältnisgleichungen, Proportionen

Beim **Verhältnis** werden zwei Größen dividiert und als Quotient geschrieben.

1 m : 2 m

$$\frac{1\ m}{2\ m} = 0,5$$

Bei **Verhältnisgleichungen** (Proportionen) werden zwei Quotienten einander gleichgesetzt. Die Einheiten beider Quotienten müssen gleich sein.

$$\frac{25\ cm}{1,5\ m} = \frac{25\ cm}{150\ cm}$$

$$\frac{a}{b} = \frac{c}{d} \quad \text{oder} \quad a : b = c : d$$

Bei dieser Gleichung unterscheidet man:

Außenglieder

a : b = c : d

Innenglieder

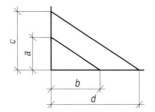

Wird bei einer Proportion eine Größe gesucht, stellt man sie zur **Produktgleichung** um, indem jeweils Außenglieder und Innenglieder über Kreuz multipliziert werden.

$$\frac{a}{b} = \frac{c}{d}$$

$a \cdot d = b \cdot c$

Produkt der Außenglieder = Produkt der Innenglieder

Direkt proportional sind Größen, die im geraden Verhältnis zueinander stehen: je größer (kleiner), desto größer (kleiner).

Von den beiden Dreiecken der Figur sind jeweils Höhe und Breite gegeben. Zu berechnen sind:
a) Verhältnisse Höhe zu Breite,
b) Verhältnisgleichung.

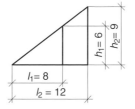

Lösung:

a) $\dfrac{h_1}{l_1} = \dfrac{6}{8} = 0,75$

$\dfrac{h_2}{l_2} = \dfrac{9}{12} = 0,75$

b) $h_1 : l_1 = h_2 : l_2$

Produktgleichung:
$h_1 \cdot l_2 = l_1 \cdot h_2$

Umgekehrt proportional sind Größen, die im umgekehrten Verhältnis zueinander stehen:
je größer (kleiner), desto kleiner (größer).

$$a_1 : a_2 = b_2 : b_1$$
$$a_1 \cdot b_1 = a_2 \cdot b_2$$

Größe a ist umgekehrt proportional zu Größe b. Das Produkt ist immer gleich.

Von einem Riementrieb sind gegeben: $n_1 = 1500\ \frac{1}{min}$; $d_1 = 180$ mm; $d_2 = 270$ mm. Gesucht ist n_2.

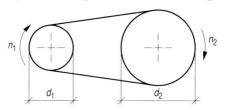

Lösung:
$$n_1 : n_2 = d_2 : d_1$$
$$n_1 \cdot d_1 = n_2 \cdot d_2$$

$$n_2 = \frac{n_1 \cdot d_1}{d_2} = \frac{1500\ \frac{1}{min} \cdot 180\ mm}{270\ mm} = 1000\ \frac{1}{min}$$

Fortlaufend proportional sind Größen, wenn mehrere Verhältnisse gleichgesetzt werden können. So werden z. B. Möbelfronten, Innen- und Außentüren, Innenraumgestaltung und Fenster in fortlaufenden Proportionen gegliedert.

$$\frac{a_1}{b_1} = \frac{a_2}{b_2} = \frac{a_3}{b_3}\ ...$$

$$a_1 : a_2 : a_3\ ... = b_1 : b_2 : b_3\ ...$$

Zu berechnen ist die fortlaufende Proportion für drei Flächen einer Innenraumgestaltung.

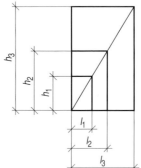

Lösung:
$$l_1 : h_1 = l_2 : h_2 = l_3 : h_3$$

$$\frac{l_1}{h_1} = \frac{l_2}{h_2} = \frac{l_3}{h_3}$$

Die fortlaufende Proportion lautet:
$$l_1 : l_2 : l_3 = h_1 : h_2 : h_3$$

Bei der **stetigen Teilung** (goldener Schnitt) verhält sich die kleinere Strecke $\overline{CB}$ (Minor) zur größeren Strecke $\overline{AC}$ (Major) wie die größere Strecke $\overline{AC}$ zur ganzen Strecke $\overline{AB}$.

$$\frac{\overline{CB}}{\overline{AC}} = \frac{\overline{AC}}{\overline{AB}}$$

$$\overline{CB} : \overline{AC} = \overline{AC} : \overline{AB}$$

Für Rechtecke nach dem goldenen Schnitt gilt näherungsweise:

Länge	=	Breite	·	1,62
l	=	b	·	1,62
Breite	=	Länge	·	0,62
b	=	l	·	0,62

Aus den Teilungsverhältnissen der stetigen Teilung ist der Näherungswert des goldenen Schnittes (und sein Kehrwert) zu bestimmen.

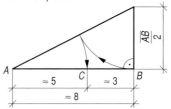

3	:	5	≈	5	:	8
	0,6				0,625	

5	:	8	≈	8	:	13
	0,625				0,615	

8	:	13	≈	13	:	21 ...
	0,615				0,619	

Näherungswert ≈ 0,62; Kehrwert von $\frac{1}{0,62}$ ≈ 1,62

Aufgaben

88. Die Verhältnisgleichung $a : b = c : d$ ist umzustellen: a) nach a, b) nach b, c) nach c, d) nach d.

89. Die Produktgleichungen sind in Proportionen umzuformen.
a) $5 \cdot a = 8 \cdot b$, b) $P \cdot a = Q \cdot b$.

90. Eine rechteckige, 750 mm hohe Möbeltür weist ein Verhältnis von Breite zu Höhe wie 1 : 1,7 auf. Zu berechnen ist die Breite der Möbeltür in mm.

91. Ein 235 cm breites Fenster erhält eine Pfosteneinteilung im Verhältnis von 4 : 11. Zu berechnen ist das Maß in cm für den Sitz des Pfostens.

92. Die Hauptansicht eines Kleinmöbels ist nach dem goldenen Schnitt gestaltet, so dass gilt: $b : h_1 = h_1 : h_2$. Die Korpushöhe h_1 beträgt 655 mm.

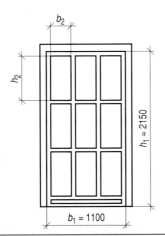

Zu berechnen sind:
a) Höhe h_2 des Untergestells und b) Breite b.

93. Bei einem Schrank ist die Breite zur Höhe im Verhältnis 5 : 8 gestaltet. Dies entspricht dem goldenen Schnitt. Zu berechnen sind:
a) Maß b in mm,
b) Maße h_2, h_3 und h_4, wenn $h_2 : h_4 = 1,62 : 1$ gilt,
c) Höhe der Schubkastenvorderstücke in mm.

94. Die Rechtecke in der Profilgestaltung einer Außentür sollen das gleiche Seitenverhältnis wie die Tür haben. Wie groß ist die Höhe h_2 der Rechtecke zu wählen, wenn ihre Breite b_2 310 mm beträgt?

95. Deckenbalken erhalten eine Ummantelung aus Fichtenbrettern, die verleimt und gesandstrahlt sind. Der rechteckige Querschnitt der Ummantelung hat ein Seitenverhältnis von Breite : Höhe = 4,5 : 7,2. Zu berechnen ist die Höhe des Querschnitts in mm.

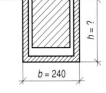

96. Die fünf Felder einer 4,18 m breiten Wandbekleidung sind im Verhältnis 3 : 7 einzuteilen. Zu berechnen sind b_1 und b_2 in m.

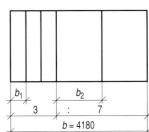

97. Bei der Flächengliederung einer Wandbekleidung verhalten sich die Breiten b_1 und $b_2 = 2 : 3$, die Höhen $h_1 : h_2 : h_3 = 2 : 5 : 3$. Zu berechnen sind:
a) Breitenmaße b_1 und b_2 in mm,
b) Höhenmaße h_1, h_2 und h_3 in mm.

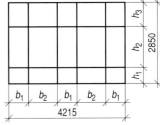

98. Die Blendrahmenaußenmaße eines Fensters betragen in der Breite 1855 mm, in der Höhe 1420 mm. Zu berechnen sind jeweils von Blendrahmenaußenkante bis Riegel- bzw. Pfostenmitte, der Abstand in mm für a) b_1 und b) h_1.

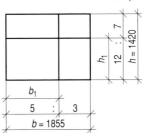

99. Ein Riementrieb hat motorseitig eine Riemenscheibe mit dem Durchmesser d = 120 mm. Zu berechnen ist das Übersetzungsverhältnis der treibenden zur getriebenen Scheibe, wenn der Durchmesser der getriebenen Scheibe 50 mm beträgt.

1.7 Dreisatz

Beim **einfachen Dreisatz** wird von zwei bekannten Größen auf eine dritte, unbekannte Größe in drei Sätzen (Regel der 3) geschlossen:

① Aussagesatz: Mehrheit mit bekannter Größe

② Mittelsatz: von der Mehrheit auf die Einheit

③ Schlusssatz: von der Einheit auf die neue Mehrheit

Die Flächen von 5 gleich großen STAE-Platten betragen 14,88 m^2. Wie viel m^2 haben 7 Platten?

Lösung:
① 5 Platten $\triangleq$ 14,88 m^2

② 1 Platte $\triangleq \dfrac{14,88 \ m^2}{5} = 2,98 \ m^2$

③ 7 Platten $\triangleq$ 2,98 $m^2 \cdot 7 = \underline{20,83 \ m^2}$

Beim **Dreisatz mit geradem Verhältnis** nehmen beide Zahlenangaben des 1. Satzes gleichzeitig zu oder ab.

Je mehr, desto mehr; je weniger, desto weniger.				

Zunahme				
Leimmenge in kg	100	200	300	400	500
Leimpreis in €	323	645	968	1290	1612
Zunahme				

Beim 2. Satz wird dividiert, beim 3. Satz multipliziert.

Wie viel € kosten 40 kg Leim, wenn 100 kg 322,50 € kosten?

Lösung:
① 100 kg kosten 322,50 €

② 1 kg kostet $\dfrac{322,50 \ €}{100}$

③ 40 kg kosten $\dfrac{322,50 \ € \cdot 40}{100} = \underline{129,00 \ €}$

Beim **Dreisatz mit umgekehrtem Verhältnis** nimmt eine Zahlenangabe des 1. Satzes zu, während die andere abnimmt.

Je mehr, desto weniger; je weniger, desto mehr.				

Zunahme				
Arbeitnehmeranzahl	1	2	3	4	5
notwendige Stunden	120	60	40	30	24
Abnahme				

Beim 2. Satz wird multipliziert, beim 3. Satz dividiert.

In welcher Zeit schaffen 4 Arbeitnehmer eine Arbeit, wenn 10 Arbeitnehmer 12 Std. brauchen?

Lösung:
① 10 Arbeitnehmer brauchen 12 Std.
② 1 Arbeitnehmer braucht 12 Std. · 10

③ 4 Arbeitnehmer brauchen $\dfrac{12 \ Std. \cdot 10}{4} = \underline{30 \ Std.}$

Beim **zusammengesetzten Dreisatz** sind mehr als drei Zahlenangaben gegeben. Zu ihrer Lösung braucht man wenigstens zwei Schlusssätze.

Lösung:
① 1 Arbeitnehmer verdient in 8 Stunden 101,60 €

② 1 Arbeitnehmer verdient in 1 Stunde $\dfrac{101,60 \ €}{8}$

③a 1 Arbeitnehmer verdient in 38,5 Stunden $\dfrac{101,60 \ € \cdot 38,5}{8}$

③b 2 Arbeitnehmer verdienen in 38,5 Stunden $\dfrac{101,60 \ € \cdot 38,5 \cdot 2}{8} = \underline{977,90 \ €}$

Wie viel € verdienen 2 Arbeitnehmer in 38,5 Std., wenn 1 Arbeitnehmer in 8 Std. 101,60 € verdient?

Aufgaben

Einfacher Dreisatz

1. Ein junger Facharbeiter verdient in Lohngruppe 5 in 38,5 Stunden 297,63 €.
Wie viel € bekommt er für 178 Stunden?

2. Eine Montagegruppe von 21 Arbeitnehmern benötigt für eine umfangreiche Montage 32 Arbeitstage.
Nach wie viel Tagen ist die Arbeit fertig, wenn 7 Arbeitnehmer zusätzlich eingesetzt werden?

3. Ein Geselle fertigt in 23 Stunden 5 gleiche Werkstücke.
Wie viel Lohn entfällt auf ein Stück bei einem Lohn von 13,21 € je Stunde?

4. Sechs runde Tische erhalten 22,60 m Kantenfurnier.
Wie viel m sind für 14 Tische erforderlich?

5. Aus 54,00 m^2 Holzspanplatte können 27 Einbauteile gefertigt werden.
Wie viel m^2 braucht man für 94 Teile?

6. Zur Herstellung von 3 Einbauschränken rechnet man mit einem Zeitaufwand von 72 Stunden.
Zu berechnen ist die Arbeitszeit, die für die Herstellung von 8 Schränken benötigt wird.

7. Ein Fußboden mit 30 Stück 18 cm breiten Dielen soll mit 12 cm breiten Dielen neu belegt werden.
Wie viel neue Dielen sind nötig?

8. Eine 8-stufige Treppe hat eine Stufenhöhe von 16 cm.
a) Zu berechnen ist die Gesamthöhe der Treppe in cm.
b) Die 8-stufige Treppe soll durch eine Treppe mit 7 Stufen ersetzt werden. Wie viel cm beträgt die neue Stufenhöhe?

9. Für 18,00 m^2 Leimfläche sind 3,24 kg Leim erforderlich.
Wie viel kg werden für 27,00 m^2 Leimfläche benötigt?

10. An einer Tischfräsmaschine werden 56 m in 9,3 Minuten gefälzt.
Wie viel Stunden werden für das Fälzen von 314 m benötigt?

11. Ein Auftrag wurde auf 48 Stunden geschätzt und mit 1 536,00 € berechnet.
a) Die Arbeit dauert 16 Stunden länger. Zu berechnen sind die Mehrkosten in €.
b) Die Arbeit wurde in 45 Stunden erledigt. Zu berechnen ist der Gewinn in €.

12. In 175 Stunden verdient ein Geselle 2283,50 €.
Wie viel € erhält er für 38,5 Stunden?

13. Für einen Auftrag betragen die Lohnkosten in 8 Stunden 432,00 €.
Wie hoch sind die Lohnkosten für 6,5 Stunden?

14. Für 4,300 m^3 Holz werden 1 930,00 € bezahlt.
Wie teuer sind 5,750 m^3 bei gleicher Preislage?

15. Drei Holzspanplatten haben 13,20 m^2 Fläche.
Wie viel m^2 weisen 7 Platten gleicher Größe auf?

16. Ein Gebinde SH-Lack reicht bei einer Auftragsmenge von 170 g/m^2 für die Beschichtung von 29,40 m^2. Bei der Verwendung von PUR-Lack benötigt man 125g/m^2.
Wie viel m^2 können mit der gleichen Menge im Gebinde beschichtet werden?

17. Mit einer Leimauftragsmaschine werden für Auftrag A 937,00 m^2 Trägermaterial mit KUF-Leim angegeben. Der Leimverbrauch dafür beträgt 752 kg.
Wie viel kg KUF-Leim müssen für Auftrag B eingesetzt werden, wenn bei gleicher Auftragsmenge je m^2 2 180,00 m^2 angegeben werden?

Zusammengesetzter Dreisatz

18. Dreizehn Gesellen verdienen in 5 Tagen bei 8-stündiger Arbeitszeit 12 740,00 €.
Wie viel € verdienen 9 Gesellen in 26 Tagen bei täglich 7,5-stündiger Arbeitszeit?

19. Vier Gesellen benötigen für eine Montage bei täglich 8-stündiger Arbeitszeit 20,25 Tage.
Wegen Terminschwierigkeiten werden 6 Gesellen mit täglich 1 Überstunde eingesetzt.
Wie viel Tage dauert nun die Montagearbeit?

20. Drei Facharbeiter stellen in 12 Tagen 21 gleiche Werkstücke her.
Wie viele Werkstücke werden von 4 Facharbeitern in 6 Tagen angefertigt?

21. Mit einer Dickenhobelmaschine werden in 5,9 Minuten 36 Bretter mit je 2,80 m Länge auf 18 mm Dicke ausgehobelt.
Wie lange dauert der Hobelvorgang bei 53 Brettern mit einer Länge von je 4,30 m?

22. An einer Tischkreissägemaschine werden in 112 Minuten aus 27 Brettern jeweils 7 Leisten mit je 50 mm Breite zugeschnitten. Jedes Brett ist 3,85 m lang.
Wie viel Minuten werden benötigt, wenn 40 Bretter mit einer Länge von jeweils 4,50 m zur Verfügung stehen und aus jedem Brett 5 Leisten mit 50 mm Breite zugeschnitten werden?

1.8 Prozent

Beim **Prozentrechnen** werden zwei oder mehr Größen als Teile eines Ganzen miteinander verglichen. Vergleichszahl ist die Zahl 100, auf die die zu vergleichenden Werte bezogen werden (vom Hundert = pro centum = Prozent).

Der **Grundwert g** entspricht dem Ganzen, also 100 %. Er ist eine benannte Zahl (€, kg, cm, m usw.).

$$\text{Grundwert} = \frac{\text{Prozentwert} \cdot 100}{\text{Prozentsatz}}$$

$$g = \frac{w \cdot 100}{p}$$

Wie viel kg sind 100 %, wenn 42 kg 7 % entsprechen?

Lösung:
$$g = \frac{w \cdot 100}{p}$$

$$g = \frac{42 \text{ kg} \cdot 100 \text{ %}}{7 \text{ %}} = \underline{\underline{600 \text{ kg}}}$$

Der **Prozentsatz p** gibt den Anteil am Ganzen in Hundertsteln an. Er bestimmt, welcher Teil des Grundwertes berechnet wird. 1 Hundertstel des Grundwertes = 1 Prozent = 1 %.

$$\text{Prozentsatz} = \frac{\text{Prozentwert} \cdot 100}{\text{Grundwert}}$$

$$p = \frac{w \cdot 100}{g}$$

Wie viel Prozent sind 42 kg von 600 kg?

Lösung:
$$p = \frac{w \cdot 100}{g}$$

$$p = \frac{42 \text{ kg} \cdot 100 \text{ %}}{600 \text{ kg}} = \underline{\underline{7 \text{ %}}}$$

Der **Prozentwert w** ist ein Teil des Grundwertes und entspricht dem Prozentsatz. Er ist eine benannte Zahl (€, kg, cm, m usw.).

$$\text{Prozentwert} = \frac{\text{Grundwert} \cdot \text{Prozentsatz}}{100}$$

$$w = \frac{g \cdot p}{100}$$

Wie viel kg sind 7 % von 600 kg?

Lösung:
$$w = \frac{g \cdot p}{100}$$

$$w = \frac{600 \text{ kg} \cdot 7 \text{ %}}{100 \text{ %}} = \underline{\underline{42 \text{ kg}}}$$

Verminderter Grundwert bedeutet, dass vom Grundwert 100 % ein bestimmter Prozentsatz p % abgezogen wird.

$$\text{Grundwert } g = \frac{g_{\text{vermindert}} \cdot 100}{(100 - p)}$$

Nach Abzug von 15 % wurden 204,00 € ausbezahlt. Wie viel € betrug der Bruttoverdienst?

Lösung:
100 % −15 % = 85 % ≙ 204,00 €

$$g = \frac{g_{\text{vermindert}} \cdot 100}{(100 - p)}$$

$$g = \frac{102,00 \text{ €} \cdot 100 \text{ %}}{85 \text{ %}} = \underline{\underline{240,00 \text{ €}}}$$

Vermehrter Grundwert bedeutet, dass der Grundwert 100 % um einen bestimmten Prozentsatz p % vermehrt wird.

$$\text{Grundwert } g = \frac{g_{\text{vermehrt}} \cdot 100}{(100 + p)}$$

Der Stundenlohn wurde um 4,6 % auf 10,92 € erhöht. Wie viel € betrug er vorher?

Lösung:
100 % + 4,6 % = 104,6 % ≙ 10,92 €

$$g = \frac{g_{\text{vermehrt}} \cdot 100}{(100 + p)}$$

$$g = \frac{10,92 \text{ €} \cdot 100 \text{ %}}{104,6 \text{ %}}$$

$$g = \underline{\underline{10,44 \text{ €}}}$$

Aufgaben

Prozent mit reinem Grundwert

Zu berechnen ist der Prozentwert.

Aufg.	Prozentsatz	Grundwert
1.	3 %	1150 €
2.	3 %	675 km
3.	3½ %	435 min
4.	3½ %	1240 €

Zu berechnen ist der Prozentsatz.

Aufg.	Grundwert	Prozentwert
5.	750 €	30 €
6.	750 kg	37,5 kg
7.	75 €	3,15 €
8.	75 kg	3,45 kg

Zu berechnen ist der Grundwert.

Aufg.	Prozentsatz	Prozentwert
9.	4 %	14 €
10.	4 %	18 €
11.	15 %	60 cm
12.	15 %	75 cm

13. Auf eine Rechnung über 1 280,00 € wurden 3 % Skonto gewährt.
Wie viel € darf man vom Rechnungsbetrag abziehen? (Skonto = Preisnachlass bei Barzahlung.)

14. Zu berechnen ist der Bruttolohn, wenn die Abzüge 136,00 € ≙ 14 % betragen.

15. Ein Arbeitsvorgang, der bisher 72 Minuten dauerte, wird durch Einsatz neuer Maschinen um 26 Minuten verkürzt.
Zu berechnen ist die Zeitersparnis in Prozent.

16. Wie viel % beträgt die Gehaltszunahme, wenn ein Monatsgehalt von 2 217,00 € auf 2 361,10 € erhöht wird?

17. Für einen gebrauchten PKW, Neuwert 29 890,00 €, bietet man 13 622,00 €.
Zu berechnen ist der Wertverlust in Prozent.

Prozent mit vermindertem und vermehrtem Grundwert

18. Nach einer Preissenkung von 6 % kostet ein Pkw 20 385,00 €.
Wie teuer war er vorher?

19. Ein Sparer hebt 35 % seines Guthabens ab. Es verbleiben noch 2 500,00 €.
Wie viel € hat er entnommen?

20. In seiner neuen Stelle verdient ein Arbeitnehmer wöchentlich 703,40 €, das sind 6,7 % mehr als bisher.
Wie groß ist der Mehrverdienst in €?

21. Eine Rente wurde zu 66 % des Arbeitseinkommens bemessen und auf 758,25 € festgesetzt.
Wie viel € verdiente der Rentner vorher?

22. Nachdem für Miete 16 % des Monatseinkommens entnommen waren, verblieben noch 816,00 €.
Zu berechnen ist die Miete in €.

23. Ein fertiges Werkstück wiegt 32 kg.
Wie viel kg Rohmaterial wurden benötigt, wenn vom Rohgewicht 68 % verschnitten wurden?

1.9 Zinsen

Zinsen sind die Vergütung für ein leihweise überlassenes Kapital k. Die Höhe der Zinsen z berechnet sich aus dem Kapital k, dem Zinssatz p und der Laufzeit t. Einheiten für die Laufzeit können sein:

1 Zinsjahr (p. a. = per anno) $\rightarrow \dfrac{\text{Jahre}}{1\ \text{Jahr}}$

1 Zinsmonat (= 30 Zinstage) $\rightarrow \dfrac{\text{Monate}}{12\ \text{Monate}}$

1 Zinstag $\rightarrow \dfrac{\text{Tage}}{360\ \text{Tage}}$

Zinsen z

$$\text{Zinsen} = \frac{\text{Kapital} \cdot \text{Zinssatz} \cdot \text{Laufzeit}}{100}$$

$$z = \frac{k \cdot p \cdot t}{100}$$

Ein Kapital von 12 750,00 € wird zu 3,5 % verzinst. Wie viel € betragen die Zinsen nach einer Laufzeit von 4 Jahren?

Lösung:

$$z = \frac{k \cdot p \cdot t}{100}$$

$$z = \frac{12\,750,00\ € \cdot\ 3,5\ \% \cdot 4\ \text{Jahre}}{100\ \% \cdot 1\ \text{Jahr}}$$

$$z = 1\,785,00\ €$$

Kapital k

$$\text{Kapital} = \frac{\text{Zinsen} \cdot 100}{\text{Zinssatz} \cdot \text{Laufzeit}}$$

$$k = \frac{z \cdot 100}{p \cdot t}$$

Bei einer Laufzeit von 4,5 Jahren und einem Zinssatz von 3,8 % errechnen sich 837,00 € Zinsen. Wie viel € beträgt das Kapital?

Lösung:

$$k = \frac{z \cdot 100}{p \cdot t}$$

$$k = \frac{837,00\ € \cdot 100\ \% \cdot 1\ \text{Jahr}}{3,8\ \% \cdot 4,5\ \text{Jahre}}$$

$$k = 4\,894,74\ €$$

Zinssatz p

$$\text{Zinsatz} = \frac{\text{Zinsen} \cdot 100}{\text{Kapital} \cdot \text{Laufzeit}}$$

$$p = \frac{z \cdot 100}{k \cdot t}$$

Ein Kapital von 36 400,00 € ergibt in 3 Jahren Laufzeit 4 914,00 € Zinsen. Wie viel Prozent beträgt der Zinssatz?

Lösung:

$$p = \frac{z \cdot 100}{k \cdot t}$$

$$p = \frac{4\,914,00\ € \cdot 100\ \% \cdot 1\ \text{Jahr}}{36\,400,00\ € \cdot 3\ \text{Jahre}}$$

$$p = 4,5\ \%$$

Laufzeit t

$$\text{Laufzeit} = \frac{\text{Zinsen} \cdot 100}{\text{Kapital} \cdot \text{Zinssatz}}$$

$$t = \frac{z \cdot 100}{k \cdot p}$$

Ein Kapital von 8 580,00 € ergibt bei einem Zinssatz von 4,35 % Zinsen in Höhe von 2 005,58 €. Wie viel Jahre betrug die Laufzeit?

Lösung:

$$t = \frac{z \cdot 100}{k \cdot p}$$

$$t = \frac{2\,005,58\ € \cdot 100\ \%}{8\,580,00\ € \cdot 4,25\ \%}$$

$$t = 5,5\ \text{Jahre}$$

Aufgaben

Zu berechnen sind die Zinsen in €.

Aufg.	Kapital in €	Zinsatz in %	Laufzeit
1.	4 800,00	3,5	2 Jahre
2.	6 325,00	4,25	180 Tage
3.	15 300,00	5,56	14 Monate
4.	80 800,00	6,8	3,5 Jahre
5.	155 000,00	7,2	22 Monate

Zu berechnen ist das Kapital in €.

Aufg.	Zinsen in €	Zinsatz in %	Laufzeit
6.	75,50	3,0	1,5 Jahre
7.	221,80	2,7	18 Monate
8.	510,00	4,25	9 Monate
9.	1 213,75	3,8	2,5 Jahre
10.	2 592,39	5,3	360 Tage

Zu berechnen ist der Zinssatz in Prozent.

Aufg.	Zinsen in €	Kapital in €	Laufzeit
11.	170,03	4 858,00	1 Jahr
12.	916,08	18 321,50	2 Jahre
13.	111,20	2 780,00	15 Monate
14.	24 300,00	300 000,00	27 Monate
15.	526,75	10 500,00	420 Tage

Zu berechnen ist die Laufzeit (wahlweise Jahre, Monate, Tage).

Aufg.	Zinsen in €	Kapital in €	Zinssatz in %
16.	2 748,16	45 200,00	3,8
17.	96,56	917,00	2,7
18.	511,67	12 280,00	5,0
19.	30 125,20	162 400,00	5,3
20.	14 810,65	88 290,00	6,1

21. Ein Sparer legt bei einer Bank ein Guthaben in Höhe von 25 000,00 € zu 4,8 % mit einer Laufzeit von 1 Jahr an. Wie viel € beträgt die Summe aus Kapital und Zinsen?

22. Ein Sparer nimmt als Bundesobligation eine 5,5 %ige Anleihe auf. Er erhält jährlich 825,00 € Zinsen. Auf wie viel € ist seine Anleihe ausgestellt?

23. Ein Darlehen in Höhe von 80 000,00 € wird bei einer Laufzeit von 3,5 Jahren mit 7,3 % verzinst. Wie viel € betragen die Zinsen?

24. Wie viel € beträgt ein Kapital, das mit 5,2 % verzinst wird und monatlich 281,67 € Zinsen bringt?

25. Ein Kapital in Höhe von 11 500,00 € wird am 1. Januar zu 6,7 % angelegt. Mit Zinszuschlag erhöht es sich auf 12 776,98 €. Wie viel Tage betrug die Laufzeit?

26. Ein Unternehmer nimmt 42 700,00 € Darlehen zu 8,2 % für 6 Monate auf. Wie viel € Zinsen muss er nach dieser Zeit bezahlen?

27. Ein Unternehmer verlangt von einem Kunden 12 % Verzugszinsen für einen Zeitraum von 8 Monaten. Der Rechnungsbetrag belief sich auf 8 785,00 €.
a) Wie viel € muss der Kunde für Verzugszinsen bezahlen?
b) Welchen Betrag in € hätte der Kunde bei sofortiger Bezahlung unter Abzug von 2 % Skonto an den Unternehmer überweisen müssen?

28. Für die Anschaffung eines LKWs nimmt ein Unternehmer am 1. April 1997 ein Darlehen von 27 000,00 € bei seiner Bank auf. Am 31. August 1999 wird der Betrag in Höhe von 27 000,00 € zusätzlich der Zinsen von 7,5 % zurückbezahlt.
Zu berechnen ist der Betrag in €, der am 31. August 1999 an die Bank zu zahlen ist.

29. Ein Unternehmer benötigt zum Kauf einer Holzbearbeitungsmaschine einen Kredit von 18 000,00 €, Laufzeit 3 Jahre.
Bank A bietet an: 11,5 % Zins und eine einmalige Kreditgebühr von 2 % bei Darlehensaufnahme.
Bank B bietet an: monatliche Zinsbelastung von 1 % und eine einmalige Kreditgebühr von 1,5 % bei Aufnahme des Darlehens.
Zu berechnen ist der Unterschiedsbetrag der Angebote in €.

1.10 Mischungen

Mischungen bestehen aus verschiedenen Stoffen. Die Summe ihrer Anteile ergibt die Gesamtanteile der Mischung.

Summe der Stoffanteile = Gesamtanteile

$$\boxed{3} \quad + \quad \boxed{2} \quad + \quad \boxed{5} \quad = \quad \boxed{\begin{array}{c} 3 \\ \hline 2 \mid 5 \end{array}}$$

Anteile A + Anteile B + Anteile C = Gesamtanteile

3 + 2 + 5 = 10

Beim **Mischungsverhältnis** sind die Anteile der verschiedenen Stoffe in ein bestimmtes Verhältnis zueinander gesetzt. Die Mischungsanteile können angegeben werden als:
- Massenanteile (MT) in mg, g, kg, t,
- Volumenanteile (VT) in ml, l, hl.

1 MT (VT) ergibt sich aus dem Quotienten von Masse (Volumen) der Mischung durch die Gesamtanteile.

$$1 \text{ MT (VT)} = \frac{\text{Masse (Volumen) der Mischung}}{\text{Gesamtanteile}}$$

Mischungsverhältnis:
3 : 2 : 5

In 5,5 kg Härterlösung sind Härterpulver und Wasser im Verhältnis 3 : 8 gemischt.
Zu berechnen sind:
a) Masse von 1 MT in kg,
b) Masse von Härterpulver und Wasser in kg.

Lösung:
a) $$1 \text{ MT} = \frac{\text{Masse der Mischung}}{\text{Gesamtanteile}}$$

$$1 \text{ MT} = \frac{5,5 \text{ kg}}{3 + 8} = \frac{5,5 \text{ kg}}{11} = \underline{0,5 \text{ kg}}$$

b) 3 MT Härterpulver $\triangleq$ 3 · 0,5 kg = 1,5 kg
   8 MT Wasser $\triangleq$ 8 · 0,5 kg = 4,0 kg
   = $\underline{5,5 \text{ kg}}$

Bei **Preisberechnungen** von Mischungen müssen bekannt sein:
- Einzelpreise der jeweiligen Stoffe in €/Einheit,
- einzelne Stoffanteile in Massen- oder Volumeneinheiten.

$$\boxed{A} \quad + \quad \boxed{B} \quad = \quad \boxed{\begin{array}{c} B \\ \hline A \end{array}}$$

Stoffanteil A + Stoffanteil B = Gesamtanteil
(Einzelpreis A) (Einzelpreis B) (Preis der Mischung)

Preisberechnung bei Massenanteilen:

$$\text{Preis von 1 kg} = \frac{m_A \cdot \text{Preis A} + m_B \cdot \text{Preis B}}{m_M}$$

m_A, m_B Masse von Stoff A bzw. B in kg
$m_M = m_A + m_B$ Masse der Mischung in kg

Preisberechnung bei Volumenanteilen:

$$\text{Preis von 1 l} = \frac{V_A \cdot \text{Preis A} + V_B \cdot \text{Preis B}}{V_M}$$

V_A, V_B Volumen von Stoff A bzw. B in l
$V_M = V_A + V_B$ Volumen der Mischung in l

Eine Mischung besteht aus den Stoffen A und B. Stoff A kostet 11,50 €/l (= Preis A), Stoff B 6,15 €/l (= Preis B). Die Mischung enthält 2,3 l von Stoff A und 4,7 l von Stoff B.
Zu ermitteln ist der Preis der Mischung in €/l.

Lösung:
$V_M = V_A + V_B$
$V_M = 2,3 \text{ l} + 4,7 \text{ l} = 7,0 \text{ l}$

$$\text{Preis von 1 l} = \frac{V_A \cdot \text{Preis A} + V_B \cdot \text{Preis B}}{V_M}$$

$$= \frac{2,3 \text{ l} \cdot 11,50 \text{ €/l} + 4,7 \text{ l} \cdot 6,15 \text{ €/l}}{7 \text{ l}}$$

$$= \underline{7,91 \text{ €/l}}$$

Aufgaben

1. Für eine Verleimung mit KUF-Leim werden 1,85 kg Leimflotte benötigt. Entsprechend der Gebrauchsanweisung zum Ansetzen der Leimflotte wird Leimpulver zu Wasser im Mischungsverhältnis 2,5 : 1,5 verwendet.
   Zu berechnen sind in kg:
   a) Masse des Leimpulvers,
   b) Bedarf an Wasser.

2. Um die Leimkosten zu senken, werden einer Leimflotte von 32,0 kg noch 7,0 kg Streckmittel beigegeben.
   Wie viel kg Leimpulver sind in der Leimflotte enthalten, wenn das Mischungsverhältnis von Leimpulver zu Wasser 2 : 1 ist?

3. Für das Vorstreichverfahren werden 12 kg Härterlösung gebraucht. Härter und Wasser werden im Verhältnis 1,0 : 5,3 angesetzt.
   Zu berechnen sind in kg:
   a) Härterpulver,
   b) Wasser.

4. Eine Leimflotte wird aus 3,25 kg KUF-Leimpulver, Wasser, Streckmittel und Härter hergestellt. Die Bestandteile der Leimflotte werden im Verhältnis 8,3 : 6,4 : 3 : 1 gemischt.
   Zu berechnen sind in kg:
   a) Massen von Wasser, Streckmittel und Härter,
   b) Masse der Leimflotte.

5. Für eine Furnierarbeit wird eine Leimflotte angesetzt. Das Mischungsverhältnis von Leimpulver : Wasser : Streckmittel : Härter beträgt 8,5 : 6,8 : 3,7 : 1,3. Es stehen 1,65 kg Leimpulver zur Verfügung. Zu berechnen sind:
   a) Massenanteile von Wasser, Streckmittel und Härter,
   b) Masse der Leimflotte in kg.

6. Es werden 23,0 kg Harnstoffharzleim angesetzt. Das Mischungsverhältnis von Leim zu Wasser beträgt entsprechend der Gebrauchsanweisung 2,5 Massenanteile : 1,0 Massenanteil. Für 1 m^2 Leimfläche benötigt man 90 g Kunstharzpulver. Wie viel m^2 Leimfläche können mit dem hier verwendeten Leimpulver angegeben werden?

7. Ein Innenausbaubetrieb stellt für die Verleimung verschiedener Bauteile 2,6 l Mischleim aus KPVAC-Leim und KUF-Leim her. Das Mischungsverhältnis von KPAVC-Leim zu KUF-Leim beträgt 10 : 1.
   Zu berechnen sind der Bedarf in l an:
   a) KPVAC-Leim,
   b) KUF-Leim.

8. Für Grundierungsarbeiten werden 8,5 l PUR-Lack noch 40 % Verdünnung zugegeben. Der Preis für PUR-Lack beträgt 13,25 €/l, für Verdünnung 4,20 €/l.
   Zu berechnen ist der Preis in € für 1 l Grundierlack.

9. Für eine Furnierarbeit stehen 18 l KMF-Leimflotte bereit, der 10 % Härterlösung zugegeben werden. Für die Härterlösung muss ein Mischungsverhältnis von 1,5 : 8,5 eingehalten werden.
   Zu berechnen sind der Bedarf in l an:
   a) Härterpulver,
   b) Wasser.

10. Damit eine Innenausbauarbeit preisgünstiger angeboten werden kann, werden dem Leim 22 % Streckmittel beigegeben. Verbraucht werden 12,3 kg Leim zum Preis von 7,45 €/kg. Das Streckmittel kostet 1,88 €/kg.
    Zu berechnen sind die Kosten der Leimflotte je kg.

1.11 Lösungsschema

Textaufgaben beschreiben meist physikalisch-technische Zusammenhänge. Aus bekannten Größen wird eine unbekannte (gesuchte) Größe ermittelt.

Folgendes **Lösungsschema** empfiehlt sich bei der Lösung der Aufgaben:

Für den Transport von 25 Spanplatten (FPY-halbschwer), Länge 2500 mm, Breite 1850 mm und Dicke 19 mm, ist zu kontrollieren, ob die Tragfähigkeit des eigenen Kleinlasters (2,1 t) ausreicht.

1. Schritt: Skizze anfertigen (wenn notwendig)
Die Skizze soll enthalten:
- für die Berechnung wichtige Teile und Angaben,
- Größen mit Bemaßung,
- Formelzeichen und Zahlenwerte mit den angegebenen Einheiten.

2. Schritt: Aufgabe nach Gegeben und Gesucht gliedern
- Gegebene und gesuchte Größen der Aufgabe entnehmen.
- Fehlende Größen, z. B. Dichte, aus Fachbüchern ermitteln.
- Gegebene Einheiten an die Einheit der gesuchten Größe anpassen.

Gegeben:
Anzahl Platten = 25 Stück
Dicke d = 19 mm   = 0,019 m
Länge l = 2500 mm = 2,50 m
Breite b = 1850 mm = 1,85 m
Dichte ρ = 750 kg/m^3
(s. S. 4)

Gesucht:
m = ? kg

3. Schritt: Formelgleichung (Größengleichung) aufstellen
- Einfache Formeln aus dem Gedächtnis niederschreiben (Kontrolle: Tabellen- oder Fachbücher).
- Komplizierte Formeln den Fachbüchern entnehmen.
- Grundformel (wenn notwendig) nach der gesuchten Größe umstellen.

$$\rho = \frac{m}{V} \qquad [\rho] = \frac{kg}{m^3}$$

$$m = \rho \cdot V \qquad [m] = \frac{kg \cdot m^3}{m^3}$$

$$V = l \cdot b \cdot h \cdot \text{Anzahl}$$

4. Schritt: Berechnung und Lösung
- Einsetzen der Zahlenwerte und Einheiten in die Formeln.
- Einheitenprobe, wenn möglich kürzen.
- Überschlagrechnung (im Kopf) mit auf- und abgerundeten Zahlenwerten, um Kommastellen festzulegen oder zu überprüfen.
- Mit Taschenrechner Zahlenwert ausrechnen.
- Zahlenwert und Einheit doppelt unterstreichen.

Lösung:
V = 2,50 m · 1,85 m · 0,019 m · 25
V = 2,20 m^3

$V \approx 2 \cdot 2 \cdot 0{,}02 \cdot 25 \approx 2$
$m \approx 2 \cdot 750 \approx 1500$

$$m = \frac{750 \text{ kg} \cdot 2{,}20 \text{ m}^3}{m^3}$$

m = 1650 kg

5. Schritt: Kontrolle
- Stimmt die berechnete Einheit mit der Aufgabenstellung überein?
- Stimmt der Zahlenwert nach einer Überschlagsrechnung?
- Ist die Rechengenauigkeit (Rundung) ausreichend?
- Ist das Ergebnis mit Werten aus der Praxis vergleichbar?

1500 ≈ 1650

2 Mathematische Hilfsmittel

2.1 Schaubilder und Diagramme

Schaubilder und Diagramme veranschaulichen in grafischer Darstellung Zahlenangaben technischer, physikalischer, wirtschaftlicher oder politischer Zusammenhänge.

Schaubilder

Schaubilder sind maßstäbliche Darstellungen von Zahlenwerten. Ein genaues Ablesen der Werte ist jedoch nicht möglich.

In **Säulenschaubildern** werden Zahlenwerte in einem bestimmten Maßstab dargestellt als
- Säulen (räumlich),
- Streifen (flächig).

Bei **Kreisschaubildern** stellt der Vollkreis (360°) die Gesamtmenge, das Ganze, also 100 % dar. Die Sektoren veranschaulichen die Teilmengen. Für die zeichnerische Darstellung werden die Prozentzahlen in Sektorwinkel umgerechnet.

$$\text{Sektorwinkel} = \frac{360° \cdot \text{Prozentzahl}}{100 \%}$$

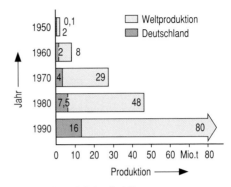

Kunststoffproduktion in Mio. t

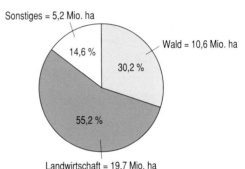

Wirtschaftsfläche der Bundesrepublik Deutschland 1995

Wie viel Grad beträgt der Sektorwinkel beim Sektor Wald?

Lösung:

$$\text{Sektorwinkel} = \frac{360° \cdot 30,2 \%}{100 \%} = \underline{\underline{108,72°}}$$

Bei **Kurvenschaubildern** werden vergleichbare Größenwerte in ein Raster aus waagerechten und senkrechten Linien punktweise eingetragen. Die Verbindungslinien zwischen den Größenwerten können Zickzack- oder Kurvenlinien sein.

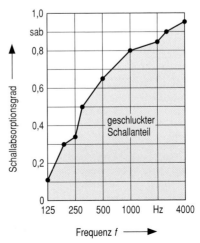

Schallschluckung bei Faserdämmplatten

Diagramme

Diagramme machen funktionelle Zusammenhänge im technisch-physikalischen Bereich anschaulich. Sie stellen Werte so genau dar, dass Zahlen abgelesen werden können. Die Größenwerte sind voneinander abhängig und können in der Fläche als Punkte auf den waagerechten und senkrechten Achsen abgetragen werden. Die Verbindungslinien zwischen den Punkten sind entweder gekrümmte oder gerade Linien.

Bei einer technischen Holztrocknung wird bei einer Lufttemperatur von 60 °C eine relative Luftfeuchte von 60 % festgestellt. Wie viel g/m³ beträgt dabei die absolute Luftfeuchte?

Gegeben: Lufttemperatur = 60 °C
rel. Luftfeuchte = 60 %
Gesucht: abs. Luftfeuchte = ? g/m³

Hinweis für die Lösung:
Von waagerechter Achse Temperatur beim Wert 60 °C senkrecht bis zur Linie max. Luftfeuchte. Am Schnittpunkt bis zur senkrechten Achse abs. Luftfeuchte. Zahlenwert abschätzen und ablesen.

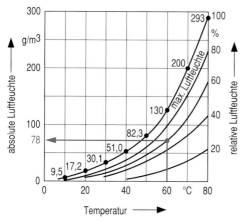

Wasseraufnahmefähigkeit der Luft

Aufgaben

1. Das monatliche Nettoeinkommen einer 5-köpfigen Familie beträgt 2600 €. Davon werden ausgegeben für: Wohnungsmiete 480 €, Strom, Wasser etc. 90 €, Heizung 80 €, PKWs 250 €, Nahrung 650 €, Kleidung 355 €, Genussmittel 175 €, Sonstiges 220 €; monatlich werden 300 € gespart.
Zu zeichnen ist das senkrechte, stehende Streifenschaubild. Maßstab: 50 € ≙ 20 mm.

2. Der Waldbestand der Erde ist mit Hilfe eines Kreisschaubildes (Ø 80 mm) grafisch darzustellen:

   Afrika   ≙ 18,5 %,
   Asien   ≙ 12,6 %,
   Europa   ≙ 4,0 %,
   GUS-Staaten   ≙ 21,6 %,
   Lateinamerika   ≙ 20,6 %,
   Nordamerika   ≙ 17,6 %,
   Ozeanien   ≙ 5,1 %.

3. Kunststoffe werden in folgenden Wirtschaftsbereichen eingesetzt:

   Bau   ≙ 25 %,
   Elektroindustrie   ≙ 15 %,
   Haushaltswaren   ≙ 2,5 %,
   Fahrzeugindustrie   ≙ 7 %,
   Klebstoffe, Lacke, Farben ≙ 10 %
   Landwirtschaft   ≙ 4 %,
   Möbel   ≙ 5 %,
   Verpackung   ≙ 21 %,
   Übriges   ≙ 10,5 %.

   Diese Werte sind in einem Kreisschaubild (Ø 80 mm) zeichnerisch darzustellen.

4. Die Luftschalldämmung bei Fenstern ist abhängig von Glasdicke und Scheibenabstand. In der Tabelle ist das Schalldämmmaß R_W in dB zu ergänzen.

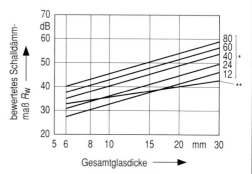

* Doppelscheibenabstand in mm
** Einfachscheibenabstand in mm

Doppelscheiben-abstand in mm	Glasdicke in mm	R_W in dB
12	6	
40	6	
24	10	
40	10	
80	10	

5. Das Diagramm stellt die Abhängigkeit von Holz-feuchte und Quellvermögen bei Rotbuchenholz dar. In die Tabelle soll das Quellvermögen beider Schwindrichtungen eingetragen werden.

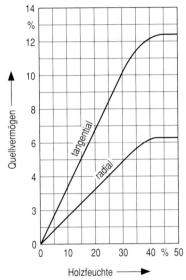

| Holzfeuchte | Quellung in % | |
in %	radial	tangential
10		
20		
30		
40		

6. Mit Hilfe des Holzfeuchtediagramms ist die tabella-rische Aufstellung zu vervollständigen.

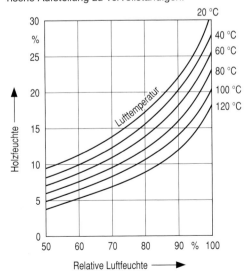

Aufgabe	a)	b)	c)	d)	e)	f)
Holzfeuchte in %	25	20	?	?	12	10
rel. Luftfeuchte in %	?	88	80	65	?	83
Lufttemperatur in °C	20	?	40	80	100	?

7. Die Biomasse eines Baumes setzt sich aus folgen-den Bestandteilen zusammen:
Stammholz ≙ 60 %, Laub oder Nadeln ≙ 9 %, Äste und Zweige ≙ 16 %, Rinde und Borke ≙ 6 % sowie dem Wurzelstock ≙ 9 %.
Zu zeichnen ist ein Kreisschaubild (Ø 70 mm) mit den Prozentzahlen in den Sektoren und den dazu-gehörenden Bezeichnungen außerhalb des Krei-ses. Die Sektoren können verschiedenartig schraf-fiert werden.

8. Aus dem Rohdichtediagramm können der prozen-tuale Anteil von Zellwand und Zellhohlraum und die Härte des Holzes entnommen werden.

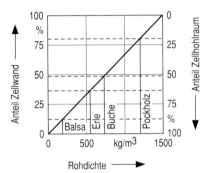

Maßstab: 25 % ≙ 4 cm
500 kg/m³ ≙ 5 cm

Es ist ein Rohdichtediagramm auf Millimeterpapier entsprechend der Vorlage zu zeichnen. Die abgele-senen Werte sind in die Tabelle einzutragen.

| Holzart | Rohdichte in kg/m³ | Anteil in % | |
		Zell-wand	Zell-hohlraum
Ahorn	630	?	?
Eiche	690	?	?
Fichte	470	?	?
Kiefer	520	?	?
Rotbuche	720	?	?

2.2 Tabellen

Tabellen veranschaulichen ebenso wie Diagramme die zahlenmäßige Abhängigkeit (Funktion) einer oder mehrerer veränderlicher Größen von einer anderen Größe. Aus Tabellen lassen sich im Gegensatz zu Diagrammen (s. S. 42) die Funktionswerte genau ablesen.

Der **linearen Tabelle** liegt eine mathematische Funktion zugrunde, bei der das Diagramm eine Gerade darstellt. Werte, die in der Tabelle nicht angegeben sind, lassen sich durch Interpolieren rechnerisch ermitteln.

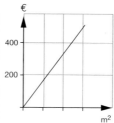

Platten in m²	Preis in €
5	45,65
10	91,30
15	136,95
20	182,60
25	228,25
30	273,9

Durch **Interpolieren** werden Zwischenwerte wie folgt berechnet:
1. In der Tabelle die Tafelwerte suchen, zwischen denen der zu ermittelnde Wert liegt.
2. Die Tafeldifferenzen bestimmen.
3. Die Differenz zwischen einem Tafelwert und dem gesuchten Wert mit dem Dreisatz berechnen.
4. Die Differenz dem Tafelwert zuschlagen bzw. vom Tafelwert abziehen.

Zu ermitteln sind die Kosten für 17,50 m² Plattenmaterial.

Lösung:

$$15\ m^2 \triangleq 273,90\ €$$
$$5\ m^2 \quad\quad\quad\quad\quad\quad\quad\quad\quad 91,30\ €$$
$$20\ m^2 \triangleq 365,20\ €$$

$5\ m^2 \triangleq 91,30\ €$
$1\ m^2 \triangleq 91,30\ €/5 = 18,26\ €$
$17,5\ m^2 - 15\ m^2 = 2,5\ m^2$
$2,5\ m^2 \triangleq 18,26\ € \cdot 2,5 = 45,65\ €$
$273,90\ € + 45,65\ € = \underline{\underline{319,55\ €}}$

Nichtlineare Tabellen z. B. von Kreis- oder Winkelfunktionen beruhen auf mathematischen Funktionen, bei denen das Diagramm eine gekrümmte Linie ergibt.

Sinustabelle – Auszug

	20'	30'	40'
47°	0,7353	0,7373	0,7392
48°	0,7470	0,7490	0,7509
49°	0,7585	0,7604	0,7623

Zwischenwerte werden wie bei linearen Tabellen ermittelt. Da die Interpolation jedoch geradlinig erfolgt, treten geringfügige Abweichungen (Δf) auf. Bei vierstelligen Dezimalangaben reichen die ermittelten Werte jedoch für die praktische Anwendung aus.

Bestimmung des Sinuswertes von 48° 36'.

Lösung:

$$48° 30' \triangleq 0,7490$$
$$10' \quad\quad\quad\quad\quad\quad\quad\quad\quad 0,0019$$
$$48° 40' \triangleq 0,7509$$

$10' \triangleq 0,0019$

$6' \triangleq 0,0019 \cdot \dfrac{6}{10} = 0,000114$

$0,7490 + 0,000114 = \underline{\underline{0,7501}}$

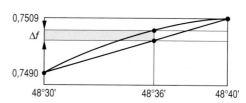

Auch bei **empirischen Tabellen**, die wie die Holzfeuchtetabelle keiner Funktion entsprechen, können Zwischenwerte durch Interpolieren bestimmt werden.

Holzfeuchtegleichgewicht – Auszug

Holzfeuchtegleichgewicht u_{gl} in %					
	Lufttemperatur in °C				
rel. Luftfeuchte in %	**10**	**20**	**30**	**40**	**50**
100	33,0	31,0	30,0	29,0	28,0
90	21,0	21,0	20,0	19,0	18,0
80	16,3	16,0	15,7	15,0	14,2
70	13,4	13,0	12,7	12,1	11,5
60	11,2	10,8	10,5	10,0	9,5
50	9,4	9,0	8,8	8,4	7,9
40	7,8	7,5	7,3	7,0	6,5

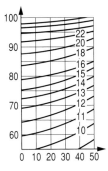

Bestimmung des Holzfeuchtegleichgewichts bei 64% rel. Luftfeuchte und 20° Lufttemperatur.

Lösung:

$$10\ \% \begin{cases} 60\ \% \triangleq 10,8\ \% \\ 70\ \% \triangleq 13,0\ \% \end{cases} 2,2\ \%$$

10 % ≙ 2,2 %
4 % ≙ 2,2 %/10 · 4 = 0,88 %
10,8 % + 0,88 % = 11,68 %

Die **Berechnung geometrischer Größen** kann durch Tabellen (s. Tabelle S. 46) vereinfacht werden. Für eine Größe wird der Tabellenwert 1 gesetzt, z. B. für den Radius $r_o = 1$. Hat bei einer geometrischen Figur der Radius den Zahlenwert 1,5, so sind die davon abhängigen linearen Funktionswerte 1,5 mal so groß wie in der Tabelle. Flächen werden jedoch $1,5^2$ (= 2,25) mal so groß. Die Längen sind auf zwei und die Flächen auf drei Stellen nach dem Komma zu runden.

Wird vom Bogen mit dem Wert $b_o = 1$ ausgegangen, ist bei einem Zahlenwert von 1,45 der Radius 1,45 mal so groß wie der Tabellenwert.

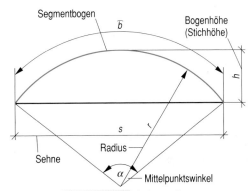

Von einem Kreisabschnitt sind gegeben:
$r = 0,65$ m, $\alpha = 70°$. Zu berechnen sind: s und A.

Lösung:
$s = 0,65$ m $\cdot s_o$
$s = 0,65$ m $\cdot 1,1472 = 0,74568$ m $\rightarrow \underline{0,75\ m}$
$A = 0,65^2$ m$^2 \cdot A_o$
$A = 0,65^2$ m$^2 \cdot 0,1410 = 0,05957$ m$^2 \rightarrow \underline{0,060\ m^2}$

Von einem Kreisabschnitt sind bekannt:
$s = 1,33$ m, $h = 0,35$ m. Zu berechnen sind: α und b.

Lösung:
$s/h \rightarrow \sphericalangle\alpha$
$s/h = 1,33$ m/0,35 m $= 3,8 \qquad \rightarrow \sphericalangle\alpha = \underline{111°}$
$b = 0,80$ m $\cdot b_o$
$b = 0,80$ m $\cdot 1,9373 = 1,5498$ m $\rightarrow \underline{1,55\ m}$

Aufgaben

1. Von einem Kreisabschnitt sind bekannt: $r = 0,85$ m, $\alpha = 65°$. Zu berechnen sind die Sehne s und die Fläche A.

2. Der Mittelpunktswinkel eines Kreisabschnitts beträgt 78°, der Radius misst 0,57 m. Zu berechnen sind die Höhe h und der Segmentbogen b.

3. Von einem Kreisabschnitt sind die Sehne s = 1,49 m und die Stichhöhe $h = 0,42$ m gegeben. Zu ermitteln sind der Winkel α und die Fläche A.

4. Die Sehne eines Kreisabschnittes misst 1,21 m, die Stichhöhe beträgt 0,32 m. Zu ermitteln sind der Winkel α und die Fläche A.

Kreisabschnitt – Berechnung fehlender Größen (Auszug)

∢ in°	$s = r \cdot s_0$ s_0	$h = r \cdot h_0$ h_0	s/h	$b = r \cdot b_0$ b_0	$A = r^2 \cdot A_0$ A_0	$r = s \cdot r_0$ r_0
50	0,8452	0,0937	9,02	0,8727	0,0533	1,1831
51	0,8610	0,0974	8,84	0,8901	0,0565	1,1614
52	0,8767	0,1012	8,66	0,9076	0,0598	1,1406
53	0,8924	0,1051	8,49	0,9250	0,0632	1,1206
54	0,9080	0,1090	8,33	0,9425	0,0667	1,1013
55	0,9235	0,1130	8,17	0,9599	0,0704	1,0828
56	0,9389	0,1171	8,02	0,9774	0,0742	1,0650
57	0,9543	0,1212	7,88	0,9948	0,0781	1,0479
58	0,9696	0,1254	7,73	1,0123	0,0821	1,0313
59	0,9848	0,1296	7,60	1,0297	0,0863	1,0154
60	1,0000	0,1340	7,46	1,0472	0,0906	1,0000
61	1,0151	0,1384	7,34	1,0647	0,0950	0,9851
62	1,0301	0,1428	7,21	1,0821	0,0996	0,9708
63	1,0450	0,1474	7,09	1,0996	0,1043	0,9569
64	1,0598	0,1520	6,97	1,1170	0,1091	0,9435
65	1,0746	0,1566	6,86	1,1345	0,1141	0,9306
66	1,0893	0,1613	6,75	1,1519	0,1192	0,9180
67	1,1039	0,1661	6,65	1,1694	0,1244	0,9059
68	1,1184	0,1710	6,54	1,1868	0,1298	0,8941
69	1,1328	0,1759	6,44	1,2043	0,1353	0,8828
70	1,1472	0,1808	6,34	1,2217	0,1410	0,8717
71	1,1614	0,1859	6,25	1,2392	0,1468	0,8610
72	1,1756	0,1910	6,16	1,2566	0,1528	0,8507
73	1,1896	0,1961	6,07	1,2741	0,1589	0,8406
74	1,2036	0,2014	5,98	1,2915	0,1651	0,8308
75	1,2175	0,2066	5,89	1,3090	0,1715	0,8213
76	1,2313	0,2120	5,81	1,3265	0,1781	0,8121
77	1,2450	0,2174	5,73	1,3439	0,1848	0,8032
78	1,2586	0,2229	5,65	1,3614	0,1916	0,7945
79	1,2722	0,2284	5,57	1,3788	0,1986	0,7861
80	1,2856	0,2340	5,49	1,3963	0,2057	0,7779
81	1,2989	0,2396	5,42	1,4137	0,2130	0,7699
82	1,3121	0,2453	5,35	1,4312	0,2205	0,7621
83	1,3252	0,2510	5,28	1,4486	0,2280	0,7546
84	1,3383	0,2569	5,21	1,4661	0,2358	0,7472
85	1,3512	0,2627	5,14	1,4835	0,2437	0,7401
86	1,3640	0,2686	5,08	1,5010	0,2517	0,7331
87	1,3767	0,2746	5,01	1,5184	0,2599	0,7264
88	1,3893	0,2807	4,95	1,5359	0,2682	0,7198
89	1,4018	0,2867	4,89	1,5533	0,2767	0,7134
90	1,4142	0,2929	4,83	1,5708	0,2854	0,7071
91	1,4265	0,2991	4,77	1,5882	0,2942	0,7010
92	1,4387	0,3053	4,71	1,6057	0,3032	0,6951
93	1,4507	0,3116	4,66	1,6232	0,3123	0,6893
94	1,4627	0,3180	4,60	1,6406	0,3215	0,6837
95	1,4746	0,3244	4,55	1,6581	0,3309	0,6782
96	1,4863	0,3309	4,49	1,6755	0,3405	0,6728
97	1,4979	0,3374	4,44	1,6930	0,3502	0,6676
98	1,5094	0,3439	4,39	1,7104	0,3601	0,6625
99	1,5208	0,3506	4,34	1,7279	0,3701	0,6575
100	1,5321	0,3572	4,29	1,7453	0,3803	0,6527
101	1,5432	0,3639	4,24	1,7628	0,3906	0,6480
102	1,5543	0,3707	4,19	1,7802	0,4010	0,6434
103	1,5652	0,3775	4,15	1,7977	0,4117	0,6389
104	1,5760	0,3843	4,10	1,8151	0,4224	0,6345
105	1,5867	0,3912	4,06	1,8326	0,4333	0,6302
106	1,5973	0,3982	4,01	1,8500	0,4444	0,6261
107	1,6077	0,4052	3,97	1,8675	0,4556	0,6220
108	1,6180	0,4122	3,93	1,8850	0,4669	0,6180
109	1,6282	0,4193	3,88	1,9024	0,4784	0,6142
110	1,6383	0,4264	3,84	1,9199	0,4901	0,6104
111	1,6483	0,4336	3,80	1,9373	0,5019	0,6067
112	1,6581	0,4408	3,76	1,9548	0,5138	0,6031
113	1,6678	0,4481	3,72	1,9722	0,5259	0,5996
114	1,6773	0,4554	3,68	1,9897	0,5381	0,5962
115	1,6868	0,4627	3,65	2,0071	0,5504	0,5928
116	1,6961	0,4701	3,61	2,0246	0,5629	0,5896
117	1,7053	0,4775	3,57	2,0420	0,5755	0,5864
118	1,7143	0,4850	3,53	2,0595	0,5883	0,5833
119	1,7233	0,4925	3,50	2,0769	0,6012	0,5803
120	1,7321	0,5000	3,46	2,0944	0,6142	0,5774

2.3 Taschenrechner

Der elektronische Taschenrechner (Kleinrechner) hilft, Berechnungen schnell und sicher auszuführen. Er ersetzt Tabellen für Quadratzahlen, Wurzeln, trigonometrische Funktionen usw. Es gibt ihn in verschiedenen Ausführungen. Hier sollen nur die technisch-wissenschaftlichen Berechnungen und Funktionen vorgestellt werden.

Aufbau des Taschenrechners

Im **Anzeigenfeld (1)** (LCD = liquid-crystal-display) erscheinen die eingegebenen bzw. vom Taschenrechner berechneten Zahlen.

Mit den Tasten werden Zahlen eingegeben und Rechenoperationen ausgeführt.

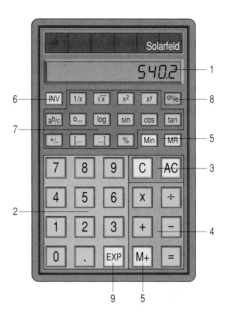

Tasten des Taschenrechners

Taste	Funktion	Taste	Funktion
Zifferntasten (2)		**Funktionstasten (7)**	
1 ... 9, 0	Ziffern	x^2	Quadratzahl
.	Komma (als Punkt)	$\sqrt{x}$	Quadratwurzel
		[(...)]	Klammern
Löschtasten (3)		sin, cos, tan	Winkelfunktionen
C (clear)	letzte Eingabe löschen	1/x	Kehrwert
AC (all clear)	alle Eingaben (außer	%	Prozent
	Speicherbelegung) löschen	a b/c	Bruch: Zähler/Nenner
		x^y	Potenz
		° ′ ″	Grad, Minuten, Sekunden
		+/-	Vorzeichenwechsel
Operationstasten (4)		**Modetaste (8)**	
+	plus	MODE	Umschalten für Berechnungen in:
–	minus	DEG (degree)	Normalanzeige
x	mal	RAD (radiant)	Altgrad
÷	dividiert	GRAD	Neugrad
=	gleich		
Speicherfunktionen (5)			
Min (memory in)	Speicherbelegung		
MR (memory reckon)	Speicheraufruf		
M+	zum Speicherinhalt addieren		
Umschalttaste (6)		**Exponenttaste (9)**	
INV (invers)	Zweitfunktion aufrufen	EXP	in Exponenten-
			schreibweise darstellen

Rechnen mit dem Taschenrechner

Die Taste AC (alle Eingaben löschen) muss vor jeder neuen Aufgabe gedrückt werden. Bei den folgenden Aufgaben wird sie nicht mehr mitangegeben. Die Aufgaben und Lösungen sind gegliedert in:

- Eingaben 4 und

- Anzeigen 4

Beispiel:
3,25 · π = ?

AC	3	.	2	5	x	π	=
0.	3.	3.	3.2	3.25	3.25	3.14..	10.21..

Auf die Einzeleingabe der Ziffern sowie des Kommas wird in den folgenden Aufgaben verzichtet.

Rechenarten

Addition und Subtraktion
27,34 + 350 − 42,7 = ?

$\frac{1}{4} + 1\frac{1}{2} = ?$

27.34	+	350	−	42.7	=
27.34	27.34	350	377.34	42.7	335.27

1	a_{b/c}	4	+	1	a_{b/c}	1	a_{b/c}	2		=
1	1⌐	1⌐4	1⌐4	1	1⌐	1⌐1	1⌐1⌐	1⌐1⌐2⌐		1⌐3⌐4⌐

Multiplikation und Division
23,7 · 4,5 = ?
125 : 5 · 4,5 = ?

$1\frac{3}{4} : \frac{1}{2} = ?$

Das Ergebnis 3 ⌐1 ⌐2 ⌐ kann durch wiederholtes Drücken der a b/c-Taste als Dezimalzahl abgerufen werden.

23.7	×	4.5	=
23.7	23.7	4.5	106.65

125	÷	5	×	4.5	=
125	125	5	25	4.5	112.5

1	a_{b/c}	3	a_{b/c}	4	÷	1	a_{b/c}	2	=
1	1⌐	1⌐3	1⌐3⌐	1⌐3⌐4⌐	1⌐3⌐4	1	1⌐	1⌐2	3⌐1⌐2⌐ → 3.5

Quadratzahlen und Quadratwurzeln
$7,5^2 = ?$
$\sqrt{40,96} = ?$

7.5	x^2		40.96	√
7.5	56.25		40.96	6.4

Potenzen und Wurzeln
$3,5^3 = ?$
$\sqrt[3]{64} = ?$

$\sqrt[3]{64}$ kann auch als Bruchpotenz geschrieben werden: $64^{1/3}$.

3.5	x^y	3	=			G4	INV	√
3.5	3.5	3	42.875			64	64	4

64	x^y	1	a_{b/c}	3	=
64	64	1	1⌐	1⌐3	4

Zusammengesetzte Aufgaben

Der Rechner berücksichtigt die Reihenfolge Potenz-, Punkt- und Strichrechnung.

$$\frac{12+9}{3} = ?$$

$$\sqrt{9 + \frac{12^2}{3}} = ?$$

$$\frac{25{,}4 \cdot (3{,}4 + 1{,}1)}{35 - 9{,}5} = ?$$

Eingabe mit Klammern:

[(	12	+	9	)]	÷	3	=
12	12	9	21	21	3	7	

Eingabe ohne Klammern mit Zwischenergebnis:

12	+	9	=	÷	3	=
12	12	9	21	21	3	7

9	+	[(	12	÷	3	)]	x^2	=	√
9	9	9	12	12	3	4	16	25	5

25.4	x	[(	3.4	+	1.1	)]	÷	[(	35	−	9.5	)]	=
25.4	25.4	25.4	3.4	3.4	1.1	1.1	1.1	1.1	35	35	9.5	9.5	4.48..

Nach dem **pythagoreischen Lehrsatz** ist die rechtwinklige Aussteifung für einen Schrank zu berechnen.

Gegeben: c = 10 cm; b = 6 cm
Gesucht: a = ?

Lösung:

$$c^2 = a^2 + b^2$$
$$a = \sqrt{c^2 - b^2}$$
$$a = \sqrt{10^2\,cm^2 - 6^2\,cm^2} = ?$$

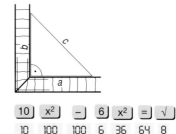

10	x^2	−	6	x^2	=	√
10	100	100	6	36	64	8

Der Radius des **Segmentbogens** ist zu berechnen.

Gegeben: l = 1,20 m; b = 0,40 m
Gesucht: r = ?

Lösung nach der Formel:

$$r = \frac{\frac{l^2}{2} + b^2}{2 \cdot b} \quad \rightarrow \quad r = \frac{\frac{1{,}2^2\,m^2}{2} + 0{,}4^2\,m^2}{2 \cdot 0{,}4\,m} = ?$$

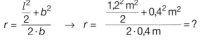

1.2	÷	2	=	x^2	+	0.4	x^2	=	÷	2	÷	0.4	=
1.2	1.2	2	0.6	0.36	0.36	0.4	0.16	0.52	0.52	2	0.26	0.26	0.65

Winkelfunktionen

Mit Hilfe der sin-, cos- und tan-Tasten lassen sich zu einem Winkel in Grad die entsprechenden Funktionswerte abrufen. Umgekehrt erhält man mit der INV-Taste aus einem Funktionswert den dazugehörigen Winkel in Grad.

sin 30° = ?
tan x = 2,5215

30	sin
30	0.5

2.5215	INV	tan
2.5215	2.5215	68.37

Die Länge b der **rechtwinkligen Schablone** ist zu berechnen.

Gegeben: $\alpha = 35°$
$\qquad\quad c = 18{,}5$ cm
$\qquad\quad r = 5$ cm
Gesucht: $b = ?$

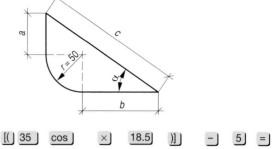

Lösung:

$$\cos \alpha = \frac{\text{Ankathete}}{\text{Hypotenuse}} \rightarrow \cos 35° = \frac{b + 5 \text{ cm}}{18{,}5 \text{ cm}}$$

$b = (\cos 35° \cdot 18{,}5 \text{ cm}) - 5 \text{ cm} = ?$

[(	35	cos	×	18.5	)]	–	5	=
35	0.8192	0.8192	18.5	15.15↑	15.15↑	5	10.15	

Winkel und Zeitangaben

Mit der Umrechnungstaste (° ' ") kann man Winkel in Grad (°), Minuten (') und Sekunden (") sowie in Dezimalangaben umrechnen und umgekehrt. Ebenso kann bei Zeitangaben in Stunden (h), Minuten (min) und Sekunden (s) verfahren werden.

$15°34'48"$ = ?
$35{,}65°$ = ?
12 h 24 min = ?
5,6 h = ?

15	° ' "	34	° ' "	48
15	15	15.566	15.566	15.58

35.65	INV	° ' "
35.65	35.65	35°39'0

12	° ' "	24
12	12	12.4

5.6	INV	° ' "
5.6	5.6	5°36'

Rechnen mit dem Speicher

Es spart Zeit, den Speicher zu belegen, wenn eine Zahl mehrmals in einer Rechnung verwendet wird. Zusätzlich wird vor allem bei trigonometrischen Funktionen eine höhere Genauigkeit erzielt. Auch wenn meist nur etwa acht Stellen nach dem Komma angezeigt sind, werden die nachfolgenden Berechnungen mit den vollen Speicherinhalten von mehr als zwölf Stellen durchgeführt.

$$\frac{17{,}36}{\sin 50°} + \frac{15{,}4}{\sin 50°} + \frac{12{,}04}{\sin 50°} = ?$$

50	sin	Min	÷	17.36	MR	+	15.4	÷	MR	–	12.04	÷	MR	=
50	0.766	0	17.36	17.36	22.66	22.66	15.4	15.4	0.766	42.765	12.04	12.04	0.766	27.048

Aufgaben

1. $56{,}3 - 14{,}45 - 21{,}74$

2. $34{,}12 + 7{,}2 - 11{,}83 - 19{,}2$

3. $0{,}6342 + 2{,}074 - 0{,}2364$

4. $344{,}021 - 404{,}21 + 106{,}073$

5. $519{,}4001 + 1{,}94001 - 0{,}194001$

6. $\dfrac{1}{2} + \dfrac{1}{3}$

7. $1\dfrac{2}{3} - 2\dfrac{1}{2} + \dfrac{4}{3}$

8. $\dfrac{7}{2} + 0{,}6 - 1\dfrac{2}{5} + \dfrac{3}{7}$

9. $16{,}4 \cdot 4{,}073 \cdot 13{,}09$

10. $0{,}35 \cdot 0{,}305 \cdot 0{,}132$

11. $4{,}14 \cdot 17{,}003 \cdot 3{,}24$

12. $98{,}7 \cdot 65{,}4 \cdot 6{,}253$

13. $111{,}76 \cdot 0{,}2549249 \cdot 0{,}5$

14. $\dfrac{2}{3} \cdot \dfrac{1}{4}$

15. $\dfrac{1}{6} : \dfrac{1}{2}$

16. $\left(1\dfrac{5}{4} \cdot 2\right) : \dfrac{1}{2}$

17. $\dfrac{23{,}075}{5{,}639}$

18. $\dfrac{123{,}65 \cdot 29{,}4}{1267{,}45}$

19. $\dfrac{0{,}25 + 17{,}54}{6}$

20. $\dfrac{375 \cdot 12{,}54 + 10{,}72}{24{,}59}$

21. $\dfrac{29{,}45}{10{,}5 + 3{,}7}$

22. $\dfrac{840{,}5 + 70{,}5 \cdot 23{,}74}{14{,}56 \cdot 13{,}51 - 20{,}6}$

23. $\dfrac{327{,}5\,(10{,}5 + 22{,}73)}{52{,}17 - 145{,}7 \cdot 3{,}14}$

24. $\dfrac{[31{,}5\,(70{,}34 - 83{,}14)] : 17{,}2}{24{,}62\,(34{,}71 - 23{,}9)}$

25. $[(70{,}5 + 12{,}34 - 10{,}52) : (9{,}54 + 16{,}34)] : 3{,}14$

26. $[14{,}75 - (47{,}3 + 136{,}5 \cdot 2{,}6) \cdot 12] : 175{,}92$

27. $19{,}4^2$

28. $0{,}65^2$

29. $3{,}14^2 \cdot 17{,}5^2$

30. $6{,}4^3$

31. $12{,}25^3$

32. $10{,}5^2 \cdot 7{,}5^3 \cdot 2{,}14^2$

33. $12{,}54^2 + 10^3 - 14{,}5^2$

34. $(3{,}05 + 2{,}45)^2 - 27{,}345 + 2{,}3^3$

35. $18 : 3^3 \cdot 16{,}5 - 2{,}5^3$

36. $\sqrt{\dfrac{625}{4}}$

37. $\sqrt{6 + \dfrac{12{,}5}{3}}$

38. $\dfrac{\sqrt{0{,}5625^3}}{\sqrt{0{,}64}}$

39. $\sqrt{17{,}5 \cdot 12}$

40. $\sqrt{13{,}75^2 - 4{,}25}$

41. $4 \cdot \sqrt[3]{64} + 2 \cdot \sqrt[3]{343}$

42. $\sqrt{6{,}5} \cdot 4{,}2 + \sqrt{\dfrac{121}{4}}$

43. $0{,}9\sqrt[3]{342} + 12\sqrt[3]{64} \cdot 0{,}5\sqrt[3]{8}$

44. Berechnung der Diagonalen e eines Quadrates aus der Seitenlänge:
$e = l \cdot \sqrt{2}$
a) $l_1 = 4$ m, b) $l_2 = 2$ m, c) $l_3 = 1$ m

45. Berechnung der Seitenlänge l eines Quadrates aus der Fläche:
$l = \sqrt{A}$
a) $A_1 = 56,25$ m^2, b) $A_2 = 153,76$ m^2,
c) $A_3 = 9,8596$ m^2

46. Berechnung der Fläche A eines Kreises aus dem Durchmesser:
$A = d^2 \cdot \dfrac{\pi}{4}$
a) $d_1 = 3,40$ m, b) $d_2 = 1,75$ m, c) $d_3 = 0,85$ m

47. Berechnung des Durchmessers d eines Kreises aus der Fläche:
$d = \sqrt{4 \cdot \dfrac{A}{\pi}}$
a) $A_1 = 21,54$ m^2, b) $A_2 = 740,85$ m^2,
c) $A_3 = 0,785$ m^2

48. Berechnung des Volumens V eines Würfels aus der Kantenlänge:
$V = l^3$
a) $l_1 = 7,5$ m, b) $l_2 = 1,54$ m, c) $l_3 = 0,52$ m

49. Berechnung der Diagonalen e eines Würfels aus der Kantenlänge:
$e = l \cdot \sqrt{3}$
a) $l_1 = 1$ m, b) $l_2 = 3,5$ m, c) $l_3 = 0,52$ m

50. Berechnung des Volumens V eines Kegels aus dem Grundkreisradius r und der Höhe h:
$V = r^2 \cdot \pi \cdot \dfrac{h}{3}$
a) $r_1 = 3,2$ m, $h_1 = 2,5$ m,
b) $r_2 = 1,0$ m, $h_2 = 1,0$ m,
c) $r_3 = 17,5$ m, $h_3 = 12,5$ m

51. Berechnung des Volumens V einer quadratischen Pyramide aus der Länge l und der Höhe h:
$V = l^2 \cdot \dfrac{h}{3}$
a) $l_1 = 4,5$ m, $h_1 = 2,5$ m,
b) $l_2 = 1,0$ m, $h_2 = 1,0$ m,
c) $l_3 = 17,4$ m, $h_3 = 9,53$ m

52. Berechnung des Volumens V und der Oberfläche O einer Kugel aus dem Durchmesser d:
$V = d^3 \cdot \dfrac{\pi}{6}$; $O = d^2 \cdot \pi$
a) $d_1 = 1,5$ m, b) $d_2 = 2,0$ m, c) $d_3 = 0,15$ m

53. Berechnung des Volumens V eines Kegelstumpfes aus den Durchmessern d_1 und d_2 und der Höhe h:
$V = h \cdot \dfrac{\pi}{12}(d_1{}^2 + d_2{}^2 + d_1 \cdot d_2)$
a) $d_1 = 3,50$ m, $d_2 = 1,50$ m, $h = 0,85$ m,
b) $d_1 = 0,52$ m, $d_2 = 0,36$ m, $h = 0,65$ m,
c) $d_1 = 4,50$ m, $d_2 = 2,40$ m, $h = 6,45$ m

54. Umrechnungen von Stunden, Minuten und Sekunden in Dezimalangaben:
a) 7 h 20 min 5 s, b) 30 min 48 s,
c) 28 h 17 min 54 s

55. Umrechnungen von Dezimalangaben in Stunden, Minuten und Sekunden:
a) 7,3 h, b) 30,5 h, c) 2,06 h

56. Umrechnungen von Grad, Minuten und Sekunden in Dezimalangaben:
a) 17°15'06", b) 94°0'24", c) 120°30'36"

57. Umrechnungen von Dezimalangaben in Grad, Minuten und Sekunden:
a) 23,7°, b) 24,10°, c) 123,06°

58. Für folgende Winkelangaben sind die Funktionswerte zu berechnen:
a) sin 17°,   b) cos 63°,   c) tan 19°,
d) sin 23,4°,   e) cos 51,7°,   f) tan 43,7°,
g) sin 33,56°,   h) cos 73,05°,   i) tan 65,75°

59. Für folgende Funktionswerte sind die Winkelangaben zu berechnen:
a) sin α = 0,3,   f) tan β = 0,753,
b) cos α = 0,7,   g) sin γ = 0,0572,
c) tan α = 2,4,   h) cos γ = 0,9999,
d) sin β = 0,701,   i) tan γ = 6,5032,
e) cos β = 0,866,   j) sin α = 0,8992

60. Umrechnung von Grad Celsius in Kelvin und umgekehrt:
0 °C = 273,15 K
a) 20 °C,   b) 100 °C,   c) 30,5 °C,
d) 100 K,   e) 350 K,   f) 295 K

61. Umrechnungen von Zoll (") in mm und umgekehrt:
1" = 25,4 mm
a) 1,5 ",   b) 3/4 ",   c) 12 ",
d) 30,8 mm,   e) 0,254 mm,   f) 345,6 mm

62. Umrechnungen von PS in kW und umgekehrt:
1 PS = 0,736 kW, 1 kW = 1,36 PS
a) 130 PS,   b) 5 PS,   c) 0,75 PS,
d) 100 kW,   e) 27 kW,   f) 0,55 kW

63. Umrechnungen von km/h in m/s und umgekehrt:
a) 50 km/h,   b) 30 km/h,   c) 125,75 km/h,
d) 1 m/s,   e) 12 m/s,   f) 30,5 m/s

3 Mathematische Funktionen und Maße

3.1 Pythagoreischer Lehrsatz

Begriffe

Im **rechtwinkligen Dreieck** unterscheidet man:
- Katheten   → Die beiden Seiten (Schenkel), die den rechten Winkel bilden.
- Hypotenuse → Die längste Seite, die dem rechten Winkel gegenüberliegt.

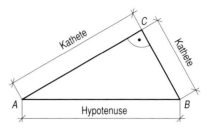

Einheitsdreieck: Am Eckpunkt C befindet sich der rechte Winkel.

Der **pythagoreische Lehrsatz** sagt aus:

> Im rechtwinkligen Dreieck ist der Flächeninhalt des Quadrates über der Hypotenuse gleich dem Flächeninhalt der Summe der Quadrate über den beiden Katheten.
>
> $c^2 = a^2 + b^2$

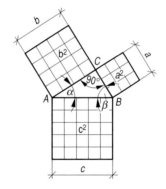

Fehlende Seitenlängen lassen sich am rechtwinkligen Dreieck berechnen:

$c^2 = a^2 + b^2 \quad |\sqrt{} \quad \rightarrow c = \sqrt{a^2 + b^2}$

$a^2 = c^2 - b^2 \quad |\sqrt{} \quad \rightarrow a = \sqrt{c^2 - b^2}$

$b^2 = c^2 - a^2 \quad |\sqrt{} \quad \rightarrow b = \sqrt{c^2 + a^2}$

Ein Dreieck mit dem Seitenverhältnis 3 : 4 : 5 ist rechtwinklig.

$$\begin{array}{ll} a^2 = (3 \text{ cm})^2 = & 9 \text{ cm}^2 \\ + \ b^2 = (4 \text{ cm})^2 = & 16 \text{ cm}^2 \\ \hline c^2 = (5 \text{ cm})^2 = & 25 \text{ cm}^2 \end{array}$$

In einem rechtwinkligen Dreieck ist die Hypotenuse $c = 26$ cm und die Kathete $b = 15$ cm. Wie lang ist die Kathete a?

Gegeben: $b = 15$ cm
           $c = 26$ cm
Gesucht: $a = \ ?$ cm

Lösung:

$c^2 = a^2 + b^2$

$a = \sqrt{c^2 - b^2}$

$a = \sqrt{(26 \text{ cm})^2 - (15 \text{ cm})^2}$

$a = \sqrt{670 \text{ cm}^2 - 225 \text{ cm}^2}$

$a = \sqrt{451 \text{ cm}^2} = \underline{21{,}24 \text{ cm}^2}$

Aufgaben

1. Berechnung der fehlen Angaben für ein rechtwinkliges Dreieck.

Hypotenuse	Kathete a	Kathete b
13,40 m	7,30 m	?
?	2,14 cm	3,05 cm
15,0 dm	?	2,8 dm

2. Bei der Festlegung der Bestellmaße für eine rechtwinklig-dreieckige Isolierglasscheibe wurde vergessen, das Maß der kleineren Kathete anzugeben. Wie viel mm beträgt die Länge dieser Kante?

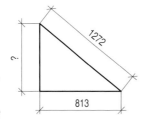

3. Ein Quadrat hat eine Seitenlänge von 1,50 m.
   a) Zu berechnen ist die Länge der Diagonalen.
   b) Welche allgemeine Beziehung besteht zwischen der Seite eines Quadrates und seiner Diagonalen?

4. Für die Überbrückung einer Höhe von 0,40 m steht eine Diele mit einer Länge von 2,45 m zur Verfügung. Wie lang ist die Strecke x für die Befestigung?

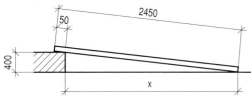

5. Zur Kontrolle der Rechtwinkligkeit eines Raumes mit einer Länge von 6,25 m und einer Breite von 5,50 m wird die Diagonale mit 8,40 m gemessen. Ist der Raum rechtwinklig?

6. In einem Hausflur wird der Eingang zum Keller mit Holzspanplatten bekleidet. Der senkrechte und der schräge Anschluss sowie die beiden waagerechten Anschlüsse werden mit Deckleisten versehen. Zu berechnen ist die Gesamtlänge der benötigten Deckleisten in m bei einem Verschnittzuschlag von 8 %.

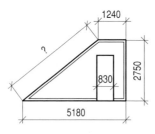

7. In ein leerstehendes Dachgeschoss wird eine Wohnung eingebaut. Für die Flächenberechnung der Dämmkonstruktion ist die Breite der zu bekleidenden Dachschräge zu ermitteln.

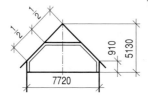

8. Aus einer kreisrunden Tischplatte mit einem Durchmesser von 1,35 m soll eine rechteckige Tischplatte gefertigt werden. Die Seitenlänge des neuen Tisches soll 1,20 m sein. Wie groß wird die größtmögliche Breite?

9. In einem Wohnraum werden Fußsockelleisten montiert. Wie viel m dieser Leisten werden in der Kalkuation verrechnet, wenn die beiden Türen ausgespart werden und ein Verschnittzuschlag von 15 % einbezogen wird?

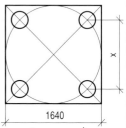

10. Ein regelmäßiges Fünfeck hat eine Kantenlänge von 51,4 cm. Der Umkreisdurchmesser beträgt 87,5 cm. Wie viel cm^2 beträgt der Flächeninhalt?

11. Eine quadratische Platte soll 4 Bohrungen erhalten. Zu bestimmen ist das Prüfmaß x.

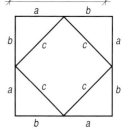

12. Welcher rechnerische Beweis ist für die zeichnerische Darstellung des pythagoreischen Lehrsatzes möglich?

13. Ein regelmäßiges Achteck hat folgende Maße: Kantenlänge 28,7 cm, Umkreisdurchmesser 75,0 cm. Wie groß ist der Flächeninhalt in cm^2?

14. Für ein Kaufhaus werden 232 achteckige Dekorationsflächen gefertigt. Die 13 mm dicken FPY-Platten werden an einer elektronisch gesteuerten Plattenaufteilsäge im ersten Durchgang quadratisch zugeschnitten. Zu berechnen ist das Seitenmaß der quadratischen Platte in mm.

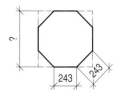

15. Eine kreisrunde Tischplatte soll an eine quadratische Säule angepasst werden. Welche Länge hat das Maß x?

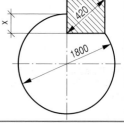

3.2 Winkel

Begriffe

Winkel entstehen durch zwei Strahlen, die in einer Ebene von einem Punkt (Scheitel) aus in verschiedenen Richtungen verlaufen. Diese Strahlen heißen beim Winkel Schenkel. Winkel werden mit kleinen griechischen Buchstaben (α, β, γ, ... s. S. 6) bezeichnet.

Winkelarten unterscheidet man nach der Größe (α) der Winkelöffnung:
- spitzer Winkel: $\alpha < 90°$,
- rechter Winkel: $\alpha = 90°$,
- stumpfer Winkel: $90° < \alpha < 180°$,
- gestreckter Winkel: $\alpha = 180°$ (zwei rechte Winkel),
- überstumpfer Winkel: $180° < \alpha < 360°$,
- Vollwinkel: $\alpha = 360°$.

spitzer Winkel

rechter Winkel

stumpfer Winkel

gestreckter Winkel

überstumpfer Winkel

Vollwinkel

Am **Schnittpunkt zweier Geraden** unterscheidet man:
- Scheitelwinkel liegen sich gegenüber und sind gleich groß: $\alpha = \gamma$ und $\beta = \delta$.
- Nebenwinkel liegen nebeneinander und ergänzen sich zu 180°: $\alpha + \beta = 180°$ und $\gamma + \delta = 180°$.

An den **Schnittpunkten einer Geraden** mit zwei Parallelen entstehen folgende Winkel:
- Stufenwinkel sind gleich groß ($\rightarrow$ Scheitelwinkel).
- Wechselwinkel sind gleich groß ($\rightarrow$ Scheitelwinkel).
- Gegenwinkel betragen zusammen 180° ($\rightarrow$ Nebenwinkel).

Komplementwinkel sind Winkel, deren Summe 90° beträgt: $\alpha + \beta = 90°$.

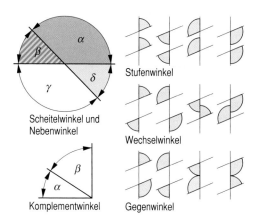

Scheitelwinkel und Nebenwinkel

Stufenwinkel

Wechselwinkel

Komplementwinkel

Gegenwinkel

Winkelmaße

Der **Grad** (Altgrad) ist der 360. Teil des Vollwinkels: $1° = 360°/360$.

> Der Grad (°) ist die Einheit des Winkels.

1 Grad° = 1° = 60' = 3600"
1 Minute = 1' = 60" = 1/60°
1 Sekunde = 1" = 1/60' = 1/3600°

Für Berechnungen mit dem Taschenrechner (s. S. 47) wird die Grundeinstellung DEG (engl. degree = Grad) benötigt.

Wie viel Minuten sind 0,4 Grad?

Lösung:
$1° = 60'$
$0,4° = 0,4 \cdot 60' = \underline{24'}$

Wie viel Grad sind 35 Minuten?

Lösung:
$1' = 1°/60$
$35' = 35 \cdot 1°/60 = \underline{0,5833°}$

Der **Radiant** (rad) ergibt sich im Einheitskreis (Radius = 1) aus dem Verhältnis der Bogenlänge zum Radius. Die Winkeleinheit Radiant ist ein Bogenmaß mit dem Zahlenwert 1.

$$1 \text{ rad} = \frac{\text{Bogenlänge}}{\text{Radius}} = \frac{\widehat{b}}{r} = \frac{1\text{m}}{1\text{m}} = 1$$

Der Radiant (rad) ist die SI-Einheit des Winkels.

$$\text{Vollwinkel } 360° = \frac{U}{r} = \frac{2r\pi}{r} = 2\pi \text{ rad}$$

$$\text{Rechter Winkel } 90° = \frac{2\pi \text{ rad}}{4} = \frac{\pi}{2} \text{ rad}$$

$$1° = \frac{1°}{360°} \cdot 2\pi \text{ rad} = \frac{\pi}{180°} \text{ rad}$$

$$1 \text{ rad} = 90° \cdot \frac{2}{\pi} = \underline{\underline{57,3°}}$$

Für Berechnungen mit dem Taschenrechner (s. S. 47) wird die Einstellung RAD (= Radiant) benötigt.

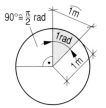

$90° \widehat{=} \frac{\pi}{2}$ rad

Wie viel rad sind 60°?

Lösung:

$$60° = \frac{2 \cdot \pi \cdot 60°}{360°} = \underline{\underline{1,047 \text{ rad}}}$$

Wie viel Grad sind 2,5 rad?

Lösung:

$$2,5 \text{ rad} = \frac{360° \cdot 2,5}{2 \cdot \pi} = \underline{\underline{143,24°}}$$

Das **Gon** (Neugrad) ist der 400. Teil eines Vollwinkels: 1 gon = 400 gon/400.

Das Gon (gon) ist die Einheit des Winkels.

1 Gon   = 1 gon   = 100 cgon
1 Zentigon = 1 cgon = 100 mgon
1 Milligon = 1 mgon

Für Berechnungen mit dem Taschenrechner wird die Einstellung GRAD (s. S. 47) benötigt.

Beziehungen zwischen Grad, Radiant und Gon

Grad			
	1°	= 400 gon/360°	= 1,11 gon
	1°	= 1 rad /57,3°	= 0,017452 rad
Radiant	1 rad = 90° · 2/π		= 57,3°
	1 rad = 57,3° · 1,11 gon		= 63,66 gon
Gon	1 gon = 360°/400 gon		= 0,9°
	1 gon = 0,9° · 0,017452 rad		= 0,0157068 rad

400 gon

Wie viel gon sind 103,5°?

Lösung:

$$\begin{array}{rcl} 90° &=& 100 \text{ gon} \\ 9° &=& 10 \text{ gon} \\ \underline{4,5°} &=& \underline{5 \text{ gon}} \\ 103,5° &=& \underline{\underline{115 \text{ gon}}} \end{array}$$

Wie viel Grad sind 125 gon ?

Lösung:

$$\begin{array}{rcl} 100 \text{ gon} &=& 90° \\ 20 \text{ gon} &=& 18° \\ \underline{5 \text{ gon}} &=& \underline{4° \; 30'} \\ 125 \text{ gon} &=& \underline{\underline{112° \; 30'}} \end{array}$$

Aufgaben

1. Umrechnung von Grad, Minuten und Sekunden in Dezimalgrad (3-stellig).
a) 17°30'30" = 17,605°,
b) 34°15'24",
c) 48°30'18",
d) 114°0'30"

2. Umrechnung von Dezimalgrad in Grad, Minuten und Sekunden.
a) 13,425° = 13°25'30",
b) 72,064°,
c) 199,245°,
d) 63,33°

3. Berechnung der fehlenden Angaben.

	Bogenlänge b	Radius r	Radiant
a)	2,40 m	1,80 m	1,33 rad
b)	?	3,40 m	0,59 rad
c)	1,32 cm	0,66 cm	?
d)	24,30 m	?	1,7 rad

4. Umrechnung von Grad, Dezimalgrad, Gon und Radiant.

	Grad	Dezimalgrad	Gon	Radiant
a)	15°24'18"	15,41°	50,45 gon	0,2688 rad
b)	?	24,36°	?	?
c)	?	?	312 gon	?
d)	?	?	?	2,4 rad

5. Berechnung der Gegenwinkel.
a) 43,73° → 180° − 43,73° = 136,27°,
b) 112,54°,
c) 98,53°,
d) 17°24',
e) 148°12'

6. Welche Winkel sind Stufenwinkel, Wechselwinkel und Gegenwinkel?
Wie groß sind die Winkel, wenn $\alpha_1 = 118°$ ist?

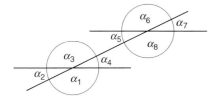

7. Wie groß ist der Winkel α eines Keiles, wenn $\beta = 63,5°$ ist?

8. Eine Zinkung verkäuft unter 75°.
Wie groß ist der Winkel α der Schmiege?

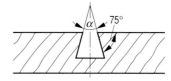

9. Für einen Metallbohrer beträgt der Winkel $\beta = 116°$.
Wie groß ist der Winkel α für eine Anschliffschablone?

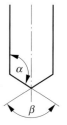

10. Für eine Halle wird folgende Dachkonstruktion benötigt.
Wie groß sind die Winkel 1 bis 7, wenn Winkel 8 = 30° beträgt und alle Streben (x) gleich lang sind?

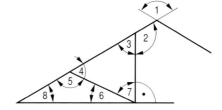

3.3 Winkelfunktionen

Grundlagen

Im **rechtwinkligen Dreieck** entstehen Winkelfunktionen aus dem Verhältnis zweier Dreieckseiten. Dieses Verhältnis nennt man die Funktion eines Winkels.

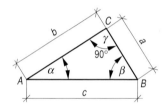

Grundlage ist folgender Strahlensatz: Gehen von einem Punkt A zwei Strahlen aus, die von parallelen Geraden geschnitten werden, ergeben die Seiten ein gleichbleibendes Verhältnis.

$$\frac{a_1}{c_1} = \frac{a_2}{c_2} = \frac{a_3}{c_3}$$

Mit Winkelfunktionen können die Seiten und Winkel im rechtwinkligen Dreieck berechnet werden. Die Verhältniszahlen sind in Tabellen (s. S. 232 f.) aufgeführt oder können mit dem Taschenrechner abgerufen werden.

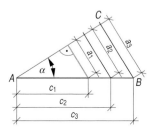

Benennungen im rechtwinkligen Dreieck

Dreieckseite	Lage	Benennung von α aus	Benennung von β aus
Hypotenuse (längste Seite)	dem rechten ∡ gegenüber	Seite c	Seite c
Ankathete	am gesuchten oder gegebenen ∡ anliegend	Seite b	Seite a
Gegenkathete	dem gesuchten oder gegebenen ∡ gegenüber	Seite a	Seite b

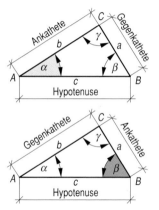

Sinusfunktion

Die Sinusfunktion ist das Verhältnis von Gegenkathete (a) zu Hypotenuse (c).

$$\sin \alpha = \frac{a}{c} \quad \text{(sprich: sinus alpha)}$$

In einem rechtwinkligen Dreieck sind die Gegenkathete $a = 7$ cm und der Winkel $\alpha = 40°$ gegeben.
Zu berechnen sind:
a) Hypotenuse c in cm,
b) Winkel β in Grad.

Lösung:

a) $\sin \alpha = \dfrac{a}{c}$ $c = \dfrac{a}{\sin \alpha}$

$$c = \frac{7 \text{ cm}}{\sin 40°} = \frac{7 \text{ cm}}{0{,}6428} = \underline{10{,}89 \text{ cm}}$$

b) $180° = 90° + 40° + \beta$
$\quad \beta = 180° - 90° - 40° = 50°$

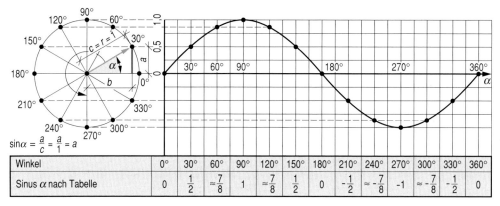

$$\sin \alpha = \frac{a}{c} = \frac{a}{1} = a$$

Winkel	0°	30°	60°	90°	120°	150°	180°	210°	240°	270°	300°	330°	360°
Sinus α nach Tabelle	0	$\frac{1}{2}$	$\approx \frac{7}{8}$	1	$\approx \frac{7}{8}$	$\frac{1}{2}$	0	$-\frac{1}{2}$	$\approx -\frac{7}{8}$	-1	$\approx -\frac{7}{8}$	$-\frac{1}{2}$	0

Sinuslinie

Mit Hilfe der **Sinuslinie** können Sinus-Werte auch grafisch ermittelt werden. Dabei ist der Radius im Einheitskreis $r = 1$.

Welchen Winkel ergeben am Einheitskreis die Katheten $a = 0,5$ und $c = 1$?

Lösung:

$$\sin \alpha = \frac{a}{c} = \frac{0,5}{1} = 0,5 = \underline{\sin 30°}$$

Cosinusfunktion

Die Cosinusfunktion ist das Verhältnis von Ankathete (b) zu Hypotenuse (c).

$$\cos \alpha = \frac{b}{c}$$

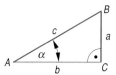

Vor allem **wahre Längen und Flächen** werden mit der Cosinusfunktion aus dem Grundriss berechnet.

$$\text{wahre Fläche} = \frac{\text{Grundfläche}}{\cos \text{ der Neigung}}$$

Cosinusfunktionen ausgewählter Winkel

$\angle \alpha$	0°	30°	45°	60°	90°
cos α	1,0	0,8660	0,7071	0,5	0

Zu berechnen ist die Formel für die wahre Größe der Dreiecksfläche eines Walmdaches.

Lösung:

$$\cos \alpha = \frac{x}{y} \qquad y = \frac{x}{\cos \alpha}$$

$$A_{\text{Dreieck}} = \frac{b \cdot y}{2} = \frac{b \cdot x}{2 \cdot \cos \alpha}$$

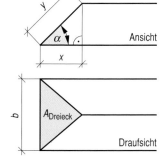

Tangensfunktion

Die Tangensfunktion ist das Verhältnis von Gegenkathete (a) zu Ankathete (b).

$$\tan \alpha = \frac{a}{b}$$

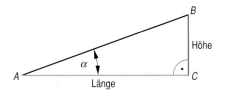

Steigungen können mit Hilfe der Tangensfunktion berechnet werden.

Tangensfunktionen ausgewählter Winkel

∢ α	0°	15°	30°	45°	60°	90°
tan α	0	0,268	0,7774	1	17,32	∞

Die wichtigsten Winkelfunktionen

Winkelfunktion	Seitenverhältnisse	
Sinus $=\dfrac{\text{Gegenkathete}}{\text{Hypotenuse}}$	$\sin \alpha = \dfrac{a}{c}$	$\sin \beta = \dfrac{b}{c}$
Cosinus $=\dfrac{\text{Ankathete}}{\text{Hypotenuse}}$	$\cos \alpha = \dfrac{b}{c}$	$\cos \beta = \dfrac{a}{c}$
Tangens $=\dfrac{\text{Gegenkathete}}{\text{Ankathete}}$	$\tan \alpha = \dfrac{a}{b}$	$\tan \beta = \dfrac{b}{a}$

Zu berechnen sind:
a) Winkel α des Steigungsdreicks,
b) Steigung in %.

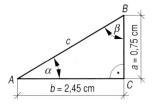

Gegeben: $a = 0,75$ cm; $b = 2,45$ cm
Gesucht: a) α,
b) Steigung in %

Lösung:
a)
$$\tan \alpha = \frac{a}{b} = \frac{0,75 \text{ cm}}{2,45 \text{ cm}} = 0,3061$$

$$\tan \alpha = 0,3061 \rightarrow \alpha = \underline{17,02°}$$

b) Steigung in % = $\tan \alpha \cdot 100 \% = \underline{30,61 \%}$

Die **Sinusfunktion** eines Winkels ist gleich der Cosinusfunktion des Ergänzungswinkels:
$\sin \alpha = \cos \beta$, da
$\sin \alpha = \dfrac{a}{c}$ und $\cos \beta = \dfrac{c}{a}$.

Die **Cotangensfunktion** entfällt hier, da sie lediglich die Umkehrung der Tangensfunktion ist.

$$\text{Cotangens} = \frac{1}{\text{Tangens}} = \frac{\text{Ankathete}}{\text{Gegenkathete}}$$

Aufgaben

1. Für eine Bohrschablone sind die Abstände x und y zu bestimmen.

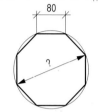
(Maße: 420, 38°, x, y)

2. Um die Höhe eines Baumes zu bestimmen, wurde eine Standlinie von 12,00 m gemessen. Die Spitze des Baumes erblickt man unter einem Höhenwinkel von 36°. Die Augenhöhe beträgt 1,60 m. Wie hoch ist der Baum?

(36°, h = ?, 1,60, 12,00, Maße in m)

3. Eine 3,80 m lange Leiter soll zur Wand einen Winkel von 75° haben. Wie weit ist die Leiter von der Wand entfernt?

4. Wie groß ist die Fläche des Rechtecks? Durchmesser 6,74 m, Winkel der Diagonalen 23,5°.

(6,74 m, 23,5°)
(3,80 m, x, 75°)

5. Bei einem Keil sind zu berechnen:
a) Winkel α,
b) Winkel β.

(α, β, 45, 86)

6. Ein Keil soll einen Winkel von 12° haben. Die Gesamtlänge soll 15 cm betragen. Welche Gesamthöhe hat der Keil?

(20, 12°, ?, 150)

7. Welche Neigung hat das Satteldach, wenn die Sparren an der Dachtraufe 40 cm überstehen? (Sparrendicke bleibt unberücksichtigt.)

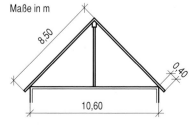
Maße in m
(8,50, 0,40, 10,60)

8. Eine Fabrikeinfahrt überbrückt einen Höhenunterschied von 0,80 m. Dabei wird eine Steigung von 7,5 % erreicht. Wie groß ist die Steigung in Grad und wie lang ist die Einfahrt?

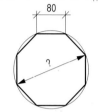
(?, 7,5 %, ?, 0,80 m)

9. Eine Tischplatte (regelmäßiges Achteck) soll eine Kantenlänge von 80 cm haben. Wie groß ist der Umkreisdurchmesser?

(80, ?)

10. Eine Treppe hat eine Steigungshöhe von 17,5 cm und eine Auftrittsbreite von 26 cm. Wie groß ist der Winkel für die Treppenwange?

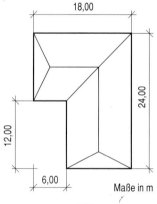
(26, 17,5, A, α, α)

11. Aus dem Grundriss eines Winkelhauses soll die wahre Fläche zur Bestellung von Dachziegeln berechnet werden. Die Dachneigung beträgt überall 38°.

(18,00, 24,00, 12,00, 6,00, Maße in m)

12. Für eine Eingangshalle sind Nut- und Federbretter zu bestellen. Die Maße sind der Skizze (nicht maßstäblich) zu entnehmen. Wie groß ist das fehlende Maß x und wie groß sind die beiden Winkel α und β? Wie viel m² Nut- und Federbretter sind zu bestellen?

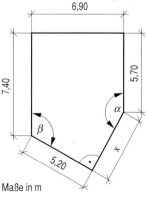
(6,90, 7,40, 5,70, α, β, 5,20, x, Maße in m)

3.4 Steigung und Neigung

Eine **Steigung (Neigung, Gefälle)** entsteht, wenn eine Strecke in der Höhe von der Waagerechten (Länge) abweicht. Das Verhältnis von Höhe h und Länge l wird in Zahlen ausgedrückt.

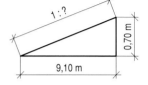

Das **Steigungsverhältnis SV** ist der Quotient aus Höhe und Länge.

$$\text{Steigungsverhältnis} = \frac{\text{Höhe}}{\text{Länge}}$$
$$SV = \frac{h}{l}$$

Die **Steigung S** kann auch in Prozent angegeben werden.

$$\text{Steigung in \%} = \frac{\text{Höhe} \cdot 100\ \%}{\text{Länge}}$$
$$S = \frac{h \cdot 100\ \%}{l}$$

Zu berechnen ist das Steigungsverhältnis und die Steigung in Prozent.

Gegeben: $l = 9{,}10$ m
$ h = 0{,}70$ m

Gesucht: a) $SV = ?$
 b) $S\ = ?\ \%$

Lösung:

a) $SV = \dfrac{h}{l} = \dfrac{0{,}70\ \text{m}}{9{,}10\ \text{m}} = \underline{\underline{1{:}13}}$

b) $S = \dfrac{h \cdot 100\ \%}{9{,}10\ \text{m}} = \underline{\underline{7{,}7\ \%}}$

Die **Länge l** ist der Quotient aus Höhe und Steigungsverhältnis.

$$\text{Länge} = \frac{\text{Höhe}}{\text{Steigungsverhältnis}}$$
$$l = \frac{h}{SV}$$

Länge aus Steigung S in %:

$$\text{Länge} = \frac{\text{Höhe} \cdot 100\ \%}{\text{Steigung in \%}}$$
$$l = \frac{h \cdot 100\ \%}{S}$$

Zu berechnen ist die Länge in m.

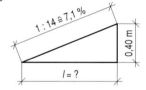

Gegeben: $SV = 1{:}14$
$ h\ = 0{,}40$ m

Gesucht: $l\ = ?$ m

Lösung:

$l = \dfrac{h}{SV} = \dfrac{0{,}40\ \text{m}}{1{:}14} = \underline{\underline{5{,}63\ \text{m}}}$

$l = \dfrac{h \cdot 100\ \%}{S} = \dfrac{0{,}40\ \text{m} \cdot 100\ \%}{7{,}1\ \%}$

$l = \underline{5{,}63\ \text{m}}$

Die **Höhe h** ist das Produkt aus Steigungsverhältnis und Länge.

$$\text{Höhe} = \text{Steigungsverhältnis} \cdot \text{Länge}$$
$$h = SV \cdot l$$

Höhe aus Steigung S in %:

$$\text{Höhe} = \frac{\text{Steigung in \%} \cdot \text{Länge}}{100\ \%}$$
$$h = \frac{S \cdot l}{100\ \%}$$

Zu berechnen ist die Höhe in m.

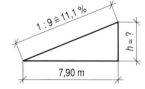

Gegeben: $l\ = 7{,}90$ m
$ SV = 1{:}9$
$ S\ = 11{,}1\ \%$

Gesucht: $h\ = ?$ m

Lösung:

$h = l \cdot SV$

$h = 7{,}90\ \text{m} \cdot \dfrac{1}{9} = \underline{\underline{0{,}88\ \text{m}}}$

$h = \dfrac{S \cdot l}{100\ \%}$

$h = \dfrac{11{,}1\ \% \cdot 7{,}90\ \text{m}}{100\ \%} = \underline{\underline{0{,}88\ \text{m}}}$

Aufgaben

1. Als Aufgang zu einer Tribüne soll eine Rampe angelegt werden.
Wie groß ist die Länge, wenn die Höhendifferenz 1,45 m beträgt und das Steigungsverhältnis
a) 1 : 5, b) 1 : 6, c) 1 : 7,5 sein soll?

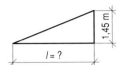

2. Wie groß ist die Höhe h des Dachprofils?

3. Wie groß ist das Maß l des Dachprofils?

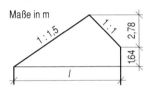

4. Eine Treppe hat bei 17 cm Steigungshöhe eine Auftrittsbreite von 29 cm.
Zu berechnen ist das Steigungsverhältnis.

5. Das Dach eines Wintergartens wird verglast.
Zu berechnen sind:
a) Neigungsverhältnis des Daches,
b) Gefälle in Prozent.

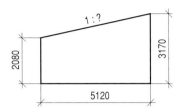

6. Zur Emitttlung der Anschlusswinkel bei den Knotenpunkten einer Glasdachkonstruktion sind die Neigungsverhältnisse zu berechnen.

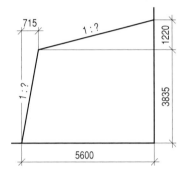

3.5 Maßstäbe

Der **Maßstab** ist das Verhältnis des in einer Zeichnung dargestellten Gegenstandes zu seiner wirklichen Größe. Große Gegenstände werden verkleinert, kleine vergrößert abgebildet. Damit die Zeichnung als naturgetreues Bild entsteht, müssen alle Zeichnungsmaße innerhalb einer Zeichnung im gleichen Verhältnis zu den natürlichen Maßen stehen.

Nach DIN ISO 5455 werden im Bereich Holztechnik unterschieden:
- natürlicher Maßstab $\rightarrow$ 1 : 1;
- Verkleinerungsmaßstäbe $\rightarrow$ 1 : 5; 1 : 10; 1 : 20; 1 : 50; 1 : 100;
- Vergrößerungsmaßstäbe $\rightarrow$ 2 : 1; 5 : 1; 10 : 1.

Beim Maßstab 1 : 10 ist 1 die natürliche Größe und 10 die Verhältniszahl.

Die **Zeichnungsgröße** berechnet sich aus dem Produkt von wirklicher Größe und Maßstab.

Zeichnungsgröße = wirkliche Größe · Maßstab

Von der wirklichen Größe eines Möbelteils sind die Zeichnungsgrößen im Maßstab 1 : 5 zu berechnen.

Lösung:

$$l = 780 \text{ mm} \cdot \frac{1}{5} = \underline{\underline{156 \text{ mm}}}$$

$$b = 460 \text{ mm} \cdot \frac{1}{5} = \underline{\underline{92 \text{ mm}}}$$

Die **wirkliche Größe** berechnet sich aus dem Quotienten von Zeichnungsgröße und Maßstab.

$$\text{wirkliche Größe} = \frac{\text{Zeichnungsgröße}}{\text{Maßstab}}$$

Von der Zeichnungsgröße im Maßstab 1 : 10 ist die wirkliche Größe zu berechnen.

Lösung:

$$l = \frac{85 \text{ mm}}{\frac{1}{10}} = \underline{\underline{850 \text{ mm}}}$$

$$b = \frac{53 \text{ mm}}{\frac{1}{10}} = \underline{\underline{530 \text{ mm}}}$$

Der **Maßstab** berechnet sich aus dem Quotienten von Zeichnungsgröße und wirklicher Größe.

$$\text{Maßstab} = \frac{\text{Zeichnungsgröße}}{\text{wirkliche Größe}}$$

Zu berechnen ist der Maßstab der Zeichnung.

Lösung:

$$\text{Maßstab}_l = \frac{110 \text{ mm}}{2200 \text{ mm}} = \underline{\underline{\frac{1}{20}}}$$

$$\text{Maßstab}_b = \frac{80 \text{ mm}}{1600 \text{ mm}} = \underline{\underline{\frac{1}{20}}}$$

Aufgaben

1. Wie lang ist das wirkliche Maß von 1 m in der Zeichnung?

Maßstab	1 : 5	1 : 10	1 : 20	1 : 50	1 : 100	1 : 200	1 : 500	1 : 1000
Zeichnungsgröße	? m	? cm	? m	? mm	? cm	? mm	? cm	? mm

2. Wie lang sind die Möbelmaße in der maßstäblichen Verkleinerung zu zeichnen?

Maße in mm — Maßstab	1250	340	700	2060	860	120	2420	70	1550	650
1 : 5	?	?	?	?	?	?	?	?	?	?
1 : 10	?	?	?	?	?	?	?	?	?	?
1 : 20	?	?	?	?	?	?	?	?	?	?

3. Bei einer Maßaufnahme am Bau wurden folgende wirkliche Maße für Fenster (Rahmenaußenmaß) und Türen (lichtes Leibungsmaß) ins Skizzenbuch eingetragen.
   In welchen Breiten- und Höhenmaßen werden die Teile gezeichnet?

	Fenster, Maße in mm						Türen, Maße in mm			
	Breite	Höhe	Breite	Höhe	Breite	Höhe	Breite	Höhe	Breite	Höhe
Maßstab	628	1105	825	1370	1615	1440	890	2040	955	2115
1 : 5	?	?	?	?	?	?	?	?	?	?
1 : 10	?	?	?	?	?	?	?	?	?	?
1 : 20	?	?	?	?	?	?	?	?	?	?
1 : 50	?	?	?	?	?	?	?	?	?	?

4. Wie viel mm müssen als wirkliche Größe in einer Zeichnung eingetragen werden, wenn Zeichnungsgröße und Maßstab bekannt sind?

Zeichnungsgröße	27 mm	1,7 mm	3,6 cm	8,5 mm	12,3 cm	0,7 cm	0,02 m	6,5 cm	2,5 mm	0,55 cm
Maßstab	1 : 5	1 : 10	1 : 20	1 : 50	1 : 5	1 : 10	1 : 50	1 : 5	1 : 100	1 : 10
wirkliche Größe	?	?	?	?	?	?	?	?	?	?

5. Zu bestimmen ist der Maßstab.

	wirkliche Größe	Zeichnungsgröße	Maßstab
a)	1720 mm	344 mm	?
b)	417,5 mm	83,5 mm	?
c)	2,63 m	26,3 mm	?
d)	9,20 m	184 mm	?
e)	0,86 m	43 mm	?
f)	850 mm/2100 mm	19 mm/42 mm	?
g)	0,70 m/0,55 m	14 mm/11 mm	?
h)	38 cm/57 cm	7,6 mm/11,4 mm	?
i)	4,30 mm/3,82 mm	21,5 cm/19,1 cm	?
j)	158 cm/192 cm	15,8 mm/19,2 mm	?

3.6 Maßordnung im Hochbau

Grundlagen

Beim Rohbau werden Mauerziegel, Kalk- und Betonsteine verschiedenen Formats verwendet, die planmäßig zusammenpassen müssen.

Die **Maßordnung im Hochbau** (DIN 4172 und DIN 18000) bestimmt Längen-, Breiten- und Höhenmaße bei Wänden, Tür- und Fensteröffnungen.

Das **Grundmaß der Maßordnung** ist vorzugsweise das **Achtelmeter am**, der 8. Teil eines Meters.

$$1 \text{ am} = \frac{1,00 \text{ m}}{8} = 0,125 \text{ m} = 12,5 \text{ cm}$$

$$\frac{1}{2} \text{ am} = \frac{1}{2} \cdot 12,5 \text{ cm} = \underline{6,25 \text{ cm}}$$

$$6 \text{ am} = 6 \cdot 12,5 \text{ cm} = \underline{75,0 \text{ cm}}$$

$$7 \text{ am} = 7 \cdot 125 \text{ mm} = \underline{875 \text{ mm}}$$

Rohbaurichtmaße *RR* (Baurichtmaße) können Teile oder Vielfache des **am** sein.

Kennnummern geben vereinfacht Breite und Höhe von Türen und Fenstern in am an.

Rohbaurichtmaße von Fenstern und Türen – Auswahl

Kennnummer in am	Breite in mm	Höhe in mm
Fenster nach DIN 18050		
4 x 6	500	750
5 x 8	625	1000
Türen nach DIN 18100		
7 x 15	875	1875
8 x 16	1000	2000

Die Rohbaurichtmaße für eine Türöffnung sind mit der Kennnummer 6 x 16 angegeben.
Zu berechnen sind Breite und Höhe in mm.

Gegeben: Breite = 6 am
Höhe = 16 am
Gesucht: Breite = ? mm
Höhe = ? mm

Lösung:
Breite = 6 · 125 mm = $\underline{750 \text{ mm}}$
Höhe = 16 · 125 mm = $\underline{2000 \text{ mm}}$

Die **Steinmaße** ergeben sich aus den Rohbaurichtmaßen abzüglich der Stoß- und Lagerfugen, die jeweils 10 mm dick sind, z. B.:
Steinbreite = 125 mm − 10 mm = 115 mm

Steinmaße

Steinmaße	Rohbaurichtmaß	Fuge	Nennmaß
Steinlänge	25 cm	1 cm	24 cm
Steinbreite	25/2 cm	1 cm	11,5 cm
Steinhöhe NF	25/3 cm	1,2 cm	7,1 cm
Steinhöhe DF	25/4 cm	1 cm	5,2 cm

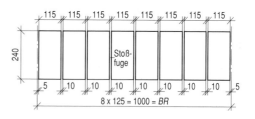

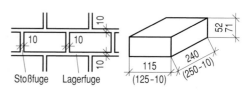

Nennmaße N (Rohbaumaße) sind entsprechend der Bauzeichnung auszuführen und tatsächlich vorhandene Abmessungen ohne Putzschicht.

Außenmaße kommen bei Wandlängen, Wand- und Pfeilerdicken vor.

N = Anzahl der Steinbreiten · am − 1 Stoßfuge
N = n · 12,5 cm   − 1,0 cm
N = Rohbaurichtmaß − 1,0 cm
N = RR − 1,0 cm

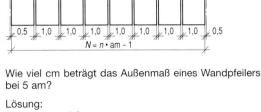

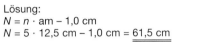

Wie viel cm beträgt das Außenmaß eines Wandpfeilers bei 5 am?

Lösung:
$N = n \cdot$ am − 1,0 cm
$N = 5 \cdot 12,5$ cm − 1,0 cm = 61,5 cm

Öffnungsmaße entstehen bei Fenster- und Türenöffnungen sowie Durchgängen.

N = Anzahl der Steinbreiten · am + 1 Stoßfuge
N = n · 12,5 cm   + 1,0 cm
N = Rohbaurichtmaß + 1,0 cm
N = RR + 1,0 cm

Wie lang ist das Öffnungsmaß bei einem Fenster von 8 am?

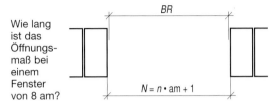

Lösung:
$N = n \cdot$ am + 1,0 cm
$N = 8 \cdot 12,5$ cm + 1,0 cm = 101 cm

Anbaumaße gelten bei angesetzten Mauern, z. B. von einer Raumecke zur Fenster- oder Türöffnung.

N = Anzahl der Steinbreiten · am
N = n · 12,5 cm
N = Rohbaurichtmaß
N = RR

Ein Anbau besteht aus 5 Steinbreiten. Wie lang ist das Anbaumaß in cm?

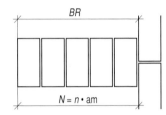

Lösung:
$N = n \cdot$ am
$N = 5 \cdot 12,5$ cm
$N = 62,5$ cm

Rohbaurichtmaße RR und Nennmaße N an Fenstern und Türen

Nennmaße werden beim Maßnehmen in folgender Reihenfolge ermittelt:
1. Breite,
2. Höhe.

Bei **Fensteröffnungen** mit oder ohne Anschlag wird das Nennmaß N auch als lichtes Maß bezeichnet.

Für ein innen angeschlagenes Kellerfenster ist das Rohbaurichtmaß für die Höhe zu berechnen, wenn 5 am zugrunde liegen.

Lösung:
$RR = n \cdot$ am
$RR = 5 \cdot 2,5$ cm = 62,5 cm

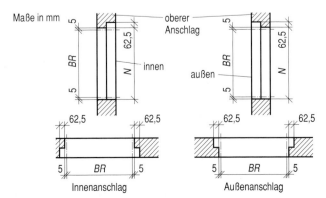

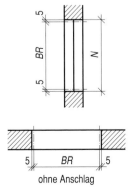

An **Türöffnungen** ist das Nenn- bzw. Höhenmaß der Abstand von der Oberfläche des Fertig-Fußbodens OFF bis zur Unterkante Sturz.

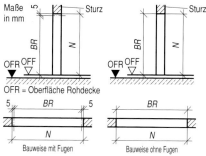

OFR = Oberfläche Rohdecke

Eine Wand aus Mauerziegeln hat eine Türöffnung von 9 am. Wie breit ist das Nennmaß in cm?

Lösung:
$N = n \cdot am + 1$ Stoßfuge
$N = 9 \cdot 12{,}5$ cm $+ 1{,}0$ cm $= \underline{113{,}5}$ cm

Rechnerisches Reißen

Fenstermaße an Blendrahmen und Flügeln können durch rechnerisches Reißen ermittelt werden.

Für eine Fensteröffnung mit den Nennmaßen 920 mm/1225 mm wird ein Fenster mit den Rahmenaußenmaßen *RAM* 900 mm/1200 mm gefertigt. Zu berechnen sind Breite und Höhe in mm von
– Flügelaußenmaß *FAM* und
– Glasmaß *GM*.

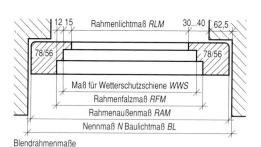

Blendrahmenmaße

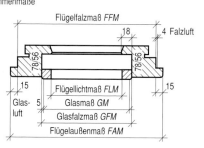

Flügelmaße

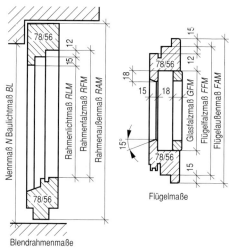

Blendrahmenmaße

Flügelmaße

Lösung:

Breite		
RAM		= 900 mm
–2 · Rahmenbreite	= –2 · 78 mm	= –156 mm
RLM		= 744 mm
+2 · Falzbreite außen	= +2 · 15 mm	= +30 mm
+2 · Falzbreite innen	= +2 · 12 mm	= +24 mm
+2 · Flügelaufschlag	= +2 · (15 mm – 4 mm)	= +22 mm
FAM		= <u>820 mm</u>
–2 · Flügelbreite	= –2 · 78 mm	= –156 mm
FLM		= 664 mm
+2 · Glasfalzbreite	= +2 · 18 mm	= +36 mm
GFM		= 700 mm
–2 · Luft	= –2 · 5 mm	= –10 mm
GM		= <u>690 mm</u>

Höhe		
RAM		= 1200 mm
–2 · Rahmenbreite	= –2 · 78 mm	= –156 mm
RLM		= 1044 mm
+1 · Falzbreite oben außen	= +1 · 15 mm	= +15 mm
+1 · Falzbreite oben innen	= +1 · 12 mm	= +12 mm
+2 · Flügelaufschlag	= +2 · (15 mm – 4 mm)	= +22 mm
FAM		= <u>1093 mm</u>
–2 · Flügelbreite	= –2 · 78 mm	= –156 mm
FLM		= 937 mm
+2 · Glasfalzbreite	= +2 · 18 mm	= +36 mm
GFM		= 973 mm
–2 · Luft	= 2 · 5 mm	= –10 mm
GM		= <u>963 mm</u>

Türmaße werden nach DIN 18101 berechnet. Je nach Türkonstruktion sind Außenmaße für Verkleidung, Zargen und Türblatt sowie lichtes Durchgangsmaß, lichtes Zargenmaß, Zargenfalzmaß und Türblattfalzmaß zu berücksichtigen.

Für eine Türöffnung mit der Kennnummer 7x16 wird eine Futtertür mit gefälztem Türblatt gefertigt. Zu berechnen sind in Breite und Höhe die Außenmaße für Zarge und Türblatt.

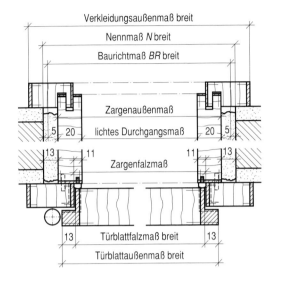

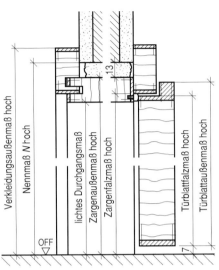

Lösung:

Breite		
RR	$= 7 \cdot 125$ mm	$= 875$ mm
Nennmaß	$= 875$ mm $+ 10$ mm	$= 885$ mm
$-2 \cdot$ Abstand Mauerleibung–Zarge	$= -2 \cdot 13$ mm	$= -26$ mm
Zargenaußenmaß		$= \underline{859\ mm}$
$-2 \cdot$ Zargendicke	$= -2 \cdot 20$ mm	$= -40$ mm
lichtes Durchgangsmaß		$= 819$ mm
$+2 \cdot$ Zargenfalz	$= +2 \cdot 11$ mm	$= +22$ mm
Zargenfalzmaß		$= 841$ mm
$-2 \cdot$ Falzluft	$= -2 \cdot 3,5$ mm	$= -7$ mm
Türblattfalzmaß		$= 834$ m
$+2 \cdot$ Türfalzbreite	$= +2 \cdot 13$ mm	$= +26$ mm
Türblattaußenmaß		$= \underline{860\ mm}$

Höhe		
RR	$= 16 \cdot 125$ mm	$= 2000$ mm
Nennmaß	$= 2000$ mm $+ 5$ mm	$= 2005$ mm
$-1 \cdot$ Abstand Mauerleibung–Zarge	$= -1 \cdot 13$ mm	$= -13$ mm
Zargenaußenmaß		$= \underline{1992\ mm}$
$-1 \cdot$ Zargendicke	$= -1 \cdot 20$ mm	$= -20$ mm
lichtes Durchgangsmaß		$= 1972$ mm
$+1 \cdot$ Zargenfalz	$= +1 \cdot 11$ mm	$= +11$ mm
Zargenfalzmaß		$= 1983$ mm
$-1 \cdot$ Falzluft	$= -1 \cdot 3$ mm	$= -3$ mm
Türblattfalzmaß		$= 1980$ mm
$+1 \cdot$ Türfalzbreite	$= +1 \cdot 13$ mm	$= +13$ mm
$-$Abstand Türblattunterkante–OFF	$= -1 \cdot 7$ mm	$= -7$ mm
Türblattaußenmaß		$= \underline{1986\ mm}$

Rohbaurichtmaße für einflügelige Holztüren mit Futter und Verkleidung nach DIN 18100 und DIN 18101 – Auswahl

Kennnummer in am	Rohbaurichtmaße Breite in mm	Höhe in mm	Türblattaußenmaße Breite in mm	Höhe in mm
7 x 15	875	1875	860	1860
5 x 16	625	2000	610	1985
6 x 16	750	2000	735	1985
7 x 16	875	2000	860	1985
8 x 16	1000	2000	985	1985

Aufgaben

1. Welches Nennmaß in cm hat eine unverputzte Mauerziegelwand bei 3 am?

2. Welches Nennmaß in m hat eine unverputzte Kalksandsteinwand bei 23 am?

3. Eine Zimmertür hat in einer Mauerziegelwand einen Durchgang von 7 am. Wie viel cm beträgt das Nennmaß?

4. In eine unverputzte Mauernische aus Kalksandstein mit 19 am soll ein Schrank eingebaut werden. Wie groß ist das Nennmaß in cm?

5. Wie viel cm betragen die Öffnungsmaße eines Fensters, wenn a) die Breite 7 am, b) die Höhe 9 am misst?

6. Ein Fenster hat die Öffnungsmaße 8 am/12 am. Wie viel cm beträgt das Nennmaß in Breite und Höhe?

7. Eine Betonsteinwand ist rechtwinklig zu einer tragenden Betonwand angebaut worden. Wie viel am hat die Wand, wenn das Nennmaß 2,125 m beträgt?

8. Das Mauerwerk soll aus Mauerziegeln NF (Länge = 240 mm, Breite = 115 mm) ausgeführt werden. Zu berechnen ist das Nennmaß in cm für die jeweilige Öffnung.

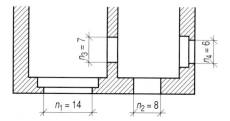

9. Ein einflügeliges Drehfenster wird hergestellt. Nach dem Aushobeln der Fensterprofile wird rechnerisch gerissen. Das Querschnittsmaß der Profile für die Blendrahmen und Flügelrahmen beträgt 78 mm/56 mm, wobei 56 mm das Dickenmaß ist. Zu berechnen sind Breite und Höhe in mm für:
a) lichte Maße des Rahmens,
b) Außenmaße des Fensterflügels,
c) Glasscheibe.

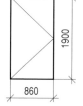

10. Für ein isolierverglastes, einflügeliges Einfachfenster IV 68 wird das Isolierglas bestellt. Das Querschnittsmaß für Blendrahmen und Flügelrahmen ist 78 mm/68 mm. Blendrahmen und Flügel sind also 68 mm dick. Zu berechnen sind das Breitenmaß und das Höhenmaß der zu bestellenden Scheibe.

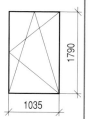
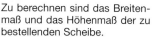

11. Ein einflügeliges Drehkippfenster mit dem Profilquerschnitt von 92 mm/92 mm für Blendrahmen und Flügelrahmen erhält als schalldämmendes Fenster ein schweres Spezial-Isolierglas. Zu berechnen sind Breite und Höhe in mm von:
a) Außenmaßen des Fensterflügels,
b) lichten Maße des Fensterflügels,
c) Glasfalz und Glasscheibe.
d) Welche Länge in mm hat die Wetterschutzschiene?

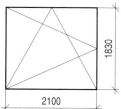

12. Ein einflügeliges, isolierverglastes Drehfenster hat die Profilquerschnitte: Blendrahmen 92 mm/68 mm, Flügelrahmen 78 mm/68 mm. Zu berechnen sind Breite und Höhe in mm von:
a) Außenmaßen des Fensterflügels,
b) lichten Maßen des Fensterflügels,
c) Glasfalzmaß für den Zuschnitt der Glasleisten,
d) Isolierscheibe für die Bestellung;
e) Länge der Wetterschutzschiene in mm.

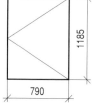

13. Die Wandöffnung für die Aufnahme einer nicht genormten Zargentür mit gefälztem Türblatt ist mit 6 am x 16 am angegeben. Zu berechnen sind für Türbreite und -höhe die Außenmaße für Zarge und Türblatt. Maße für die Berechnung:
a) Abstand Mauerleibung – Zarge 15 mm,
b) Zargendicke 22 mm,
c) Zargenfalz 12 mm,
d) Falzluft 3 mm,
e) Türfalzbreite 13 mm,
f) Abstand Türblattunterkante – OFF 6 mm.

3.7 Toleranzen

Toleranzen werden für die maschinelle Fertigung von Werkstücken aus Metall, Kunststoff und Holz benötigt. Die im Rahmen der Qualitätstechnik zulässigen Maßabweichungen bezeichnet man als Toleranzen (Maßtoleranzen). In DIN ISO 286 und DIN ISO 2768 sind Toleranzen und Abmaße genormt. (ISO = International Organization for Standardization)

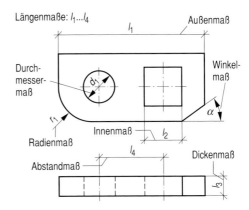

Längenmaße: $l_1...l_4$

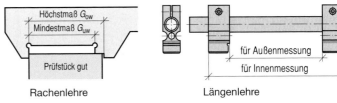

Messzeuge zum Prüfen der Maßabweichungen bei Längen sind:
- Rachenlehre → Höchst- und Mindestmaß,
- Längenlehre → Außen- und Innenmessungen,
- Grenzlehrdorn → Bohrungen (Durchmesser),
- Grenzrachenlehre → Wellen.

Rachenlehre

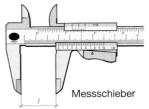

für Außenmessung
für Innenmessung

Längenlehre

Grenzlehrdorn

Grenzrachenlehre

Messschieber

Das **Istmaß** I ist das am Werkstück festgestellte Maß.

Das **Nennmaß** N gibt die Größe in der Zeichnung oder im CNC-Programm an. Es ist das Bezugsmaß für die zulässige Maßabweichung. In zeichnerischen Darstellungen wird das Nennmaß von einer Nulllinie ausgehend angegeben.

Die **Grenzabmaße** sind zulässige Maßabweichungen vom Nennmaß. Man unterscheidet:
- **oberes Abmaß** es → Wellen W (Außenmaße),
  ES → Bohrungen B (Innenmaße),
- **unteres Abmaß** ei → Außenmaße,
  EI → Innenmaße.

Das **tolerierte Maß** ist das Nennmaß mit den Abmaßen. Diese können einzeln am Nennmaß eingetragen sein. Nach DIN 406 T12 ist die Anordnung über- oder hintereinander möglich.

Für die **Grenzmaße** wird das obere bzw. untere Abmaß zum Nennmaß addiert. Man unterscheidet:
- **Höchstmaß** G_{oW} bzw. G_{oB},
- **Mindestmaß** G_{uW} bzw. G_{uB}.

$$G_{oW} = N + es \qquad G_{oB} = N + ES$$
$$G_{uW} = N + ei \qquad G_{uB} = N + EI$$

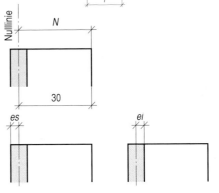

$+0{,}2$
$30\!-\!0{,}1; \qquad 30+0{,}2/\!-\!0{,}1$

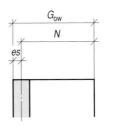

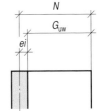

$G_{oW} = N + es$
$G_{oW} = 30\ \text{mm} + 0{,}2\ \text{mm}$
$G_{oW} = \underline{30{,}2\ \text{mm}}$

$G_{uW} = N + ei$
$G_{uW} = 30\ \text{mm} + (-0{,}1\ \text{mm})$
$G_{uW} = \underline{29{,}9\ \text{mm}}$

Die **Toleranz T** (auch: **IT** = **I**nternationale **T**oleranz) ist die Differenz zwischen Höchstmaß und Mindestmaß bzw. oberem Abmaß und unterem Abmaß.

Toleranz = Höchstmaß – Mindestmaß
für Wellen: $T_W = G_{oW} - G_{uW}$
für Bohrungen: $T_B = G_{oB} - G_{uB}$

Toleranz = oberes Abmaß – unteres Abmaß
für Wellen: $T_W = es - ei$
für Bohrungen: $T_B = ES - EI$

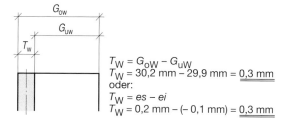

$T_W = G_{oW} - G_{uW}$
$T_W = 30{,}2 \text{ mm} - 29{,}9 \text{ mm} = \underline{0{,}3 \text{ mm}}$
oder:
$T_W = es - ei$
$T_W = 0{,}2 \text{ mm} - (-0{,}1 \text{ mm}) = \underline{0{,}3 \text{ mm}}$

Grenzabmaße im ISO-System werden mit Kurzzeichen aus Buchstaben und Zahlen bezeichnet.

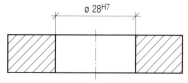

ø 28H7

28 *es*

Zu ermitteln ist das tolerierte Maß der Bohrung 28 H7.
$ES = 0{,}021$ mm; $EI = 0{,}000$ mm
$G_{oB} = 28 \text{ mm} + 0{,}021 \text{ mm} = 28{,}021 \text{ mm}$
$G_{uB} = 28 \text{ mm} + 0{,}000 \text{ mm} = 28{,}000 \text{ mm}$
$T\ \ = 28{,}021 \text{ mm} - 28{,}000 \text{ mm} = \underline{0{,}021 \text{ mm}}$

Zu ermitteln ist das tolerierte Maß der Welle 28 e8.
$es\ \ = -0{,}040$ mm; $ei = -0{,}073$ mm
$G_{oW} = 28 \text{ mm} + (-0{,}040 \text{ mm}) = 27{,}060 \text{ mm}$
$G_{uW} = 28 \text{ mm} - 0{,}073 \text{ mm} = 27{,}027 \text{ mm}$
$T\ \ = 27{,}060 \text{ mm} - 27{,}027 \text{ mm} = \underline{0{,}033 \text{ mm}}$

Grenzabmaße nach DIN ISO 286 T2 – Auszug

Nennmaßbereich in mm	Grenzabmaße in µm = 1/1000 mm für Bohrungen (Innenmaße)				für Wellen (Außenmaße)							
	H7	H8	H11	G7	F8	E9	n6	h6	d9	e8	h9	h11
>18 ... 30	+21	+33	+130	+28	+53	+92	+28	0	–65	–40	0	0
	0	0	0	+7	+20	+40	+15	–13	–117	–73	–52	–130
>30 ... 50	+25	+39	+160	+34	+64	+112	+33	0	–80	–50	0	0
	0	0	0	+9	+25	+50	+17	–16	–142	–89	–62	–160
>50 ... 80	+30	+46	+190	+40	+76	+134	+39	0	–100	–60	0	0
	0	0	0	+10	+30	+60	+20	–19	–174	–106	–74	–190
>80 ... 120	+35	+54	+220	+47	+90	+159	+45	0	–120	–72	0	0
	0	0	0	+12	+36	+72	+23	–22	–207	–126	–87	–220
>120 ... 180	+40	+63	+250	+54	+106	+158	+52	0	–145	–85	0	0
	0	0	0	+14	+43	+85	+27	–25	–245	–148	–100	–250

Grenzabmaße als Allgemeintoleranzen werden nach DIN ISO 2768 T1 als Toleranzklassen mit dem Genauigkeitsgrad angegeben. Dazu wird im Schriftfeld oder daneben die Bezeichnung der Norm durch einen Kleinbuchstaben ergänzt, z. B.: ISO 2768 – g.

Angabe im/am Schriftfeld: ISO 2768 – g

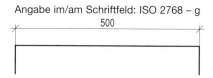

500

Nennmaß: 500 mm, Toleranzklasse: g (grob)
$es = +2$ mm; $ei = -2$ mm
$G_{oW} = 500 \text{ mm} + 2 \text{ mm} = \underline{502 \text{ mm}}$
$G_{uW} = 500 \text{ mm} - 2 \text{ mm} = \underline{498 \text{ mm}}$
$T\ \ = 502 \text{ mm} - 498 \text{ mm} = \underline{4 \text{ mm}}$

Allgemeintoleranzen für Längenmaße nach DIN ISO 2768 T1

Nennmaßbereich in mm / Toleranzklasse	0,5 ... 3	>3 ... 6	>6 ... 30	>30 ... 120	>120 ... 400	>400 ... 1000	>1000 ... 2000	>2000 ... 42000
f (fein)	±0,05	±0,05	±0,1	±0,15	±0,2	±0,3	±0,5	–
m (mittel)	±0,1	±0,1	±0,2	±0,3	±0,5	±0,8	±1,2	±2
g (grob)	±0,15	±0,2	±0,5	±0,8	±1,2	±2	±3	±4
v (sehr grob)	–	±0,5	±1	±1,5	±2	±3	±4	±8

Aufgaben

1. Für die tolerierten Maße ist das Höchstmaß G_{oB}, das Mindestmaß G_{uB} sowie die Maßtoleranz T zu berechnen.

$$35^{+0,025}_{-0,025}$$

$G_{oB} = 35\ mm + 0,025\ mm \qquad = \underline{35,025\ mm}$
$G_{uB} = 35\ mm + (-0,015\ mm) = \underline{34,985\ mm}$
$T \quad = 35,025\ mm - 34,985\ mm = \underline{0,040\ mm}$

$22^{+0,3}_{-0,2};\quad 38^{+1,0}_{-0,5};\quad 14^{+0,5};\quad 58^{+0,5}_{-0,5};\quad 14,5^{-0,1}_{-0,2};\quad 18,2^{+0,25}_{-0,50}$

2. Berechnung der fehlenden Maße in mm für Bohrungen.

T in mm	0,2		0,075		
G_{uB} in mm	14,95			56,542	
G_{oB} in mm	15,15	30,02		56,800	94,000
EI in µm	–0,05	–0,04			–0,5
ES in µm	+0,15		–0,050		
N in mm	15	30	120	56,5	94

3. Kontrolle des angebenen Istmaßes *I* innerhalb der Maßtoleranzen anhand der Tabelle.

M in mm	30±0,2	120–2,5	15,7±1,5	5–0,025	12,3±1
		+1,5	+0,010		
G_{oW} in mm	30,2				
I in mm	29,98	119,98	15,8	4,070	12,4
G_{uW} in mm	29,8				

4. Berechnung der Maßtoleranzen für die folgenden Längenmaße nach den Allgemeintoleranzen DIN 2768 – m (s. Tab. S. 72).

15 mm – m → Abmaße: ±0,2mm; 15±0,2

33; 54; 250; 1250; 150,5; 234; 12,50

5. Für folgende Bohrungen sind die Grenzabmaße G_{oB} und G_{uB} sowie die Maßtoleranz zu berechnen (s. Tab. S. 72).

ø 18 H7 → *ES* = +0,021 mm; *EI* = 0,000 mm
$G_{oB} = 18\ mm + 0,021\ mm \qquad = \underline{18,021\ mm}$
$G_{uB} = 18\ mm + 0,000\ mm \qquad = \underline{18,000\ mm}$
$T \quad = 18,021\ mm - 18,000\ mm = \underline{0,021\ mm}$

ø 35 H11; ø 85 F8; ø 97 E9; ø 150 G7; ø 165 H7

6. Für folgende Wellen sind die Grenzabmaße G_{oW} und G_{uW} sowie die Maßtoleranzen zu berechnen (s. Tab. S. 72).

ø 25 n6 → *es* = +0,028 mm; *ei* = +0,015 mm
$G_{oW} = 25\ mm + 0,028\ mm \qquad = \underline{25,028\ mm}$
$G_{uW} = 25\ mm + 0,015\ mm \qquad = \underline{25,015\ mm}$
$T \quad = 25,028\ mm - 25,015\ mm = \underline{0,013\ mm}$

ø 35 h6; ø 85 d9; ø 100 e8; ø 125 h9; ø 150 h11

7. Berechnung der fehlenden Maße in mm für Bohrungen (s. Tab. S. 72).

	70 G7		
T in mm	0,030		
G_{uB} in mm	70,010	90,036	
G_{oB} in mm	70,040	90,090	
EI in µm	+10		+43
ES in µm	+40		
N in mm	70		140

8. Berechnung der fehlenden Maße in mm für Wellen (s. Tab. S. 72).

	35 n6		
T in mm	0,018		
G_{uW} in mm	35,017		25
G_{oW} in mm	35,035		24,087
ei in µm	+17	–126	
es in µm	+35	–72	
N in mm	35	85	

9. Berechnung der fehlenden *ei* und *es* nach den Allgemeintoleranzen DIN ISO 2768 – m.

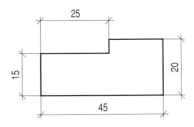

4 Informations- und Steuerungstechnik

4.1 Zahlensysteme

Dualsystem

In der Informations- und Steuerungstechnik werden Computer eingesetzt. Diese können nur zwischen den zwei Zuständen **ein = I** (es fließt Strom) und **aus = 0** (es fließt kein Strom) unterscheiden. Diese duale Sprache ist die Basis für Befehle und Berechnungen.

Das **duale Zahlensystem** ist wie das dekadische ein Stellenwertsystem (s. S. 7) das jedoch auf der Zahl 2 basiert. Jeder Stelle entspricht eine Potenz mit der Basis 2. Dualzahlen bestehen aus den zwei Ziffern 0 und I, die auch Bits (Binary Digit = Dualzahl) genannt werden.

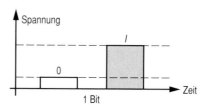

Dualzahlen und dekadische Zahlen

Dualzahl	I 0 0	I I	I 0	I	0
dekadische Zahl	4	3	2	1	0

Stellenwerte im Dualsystem

	Stellenwert								
Potenz	2^8	2^7	2^6	2^5	2^4	2^3	2^2	2^1	2^0
Potenzwert	256	128	64	32	16	8	4	2	1

Zum **Umrechnen einer dekadischen Zahl in eine Dualzahl** zerlegt man diese schrittweise in eine Summe von Potenzen der Basis 2:
1. Von der Ausgangszahl wird der größtmögliche Potenzwert mit der Basis 2 subtrahiert.
2. Vom Rest wird wieder der größtmögliche Potenzwert subtrahiert, usw.

Die Dualzahl ergibt sich, indem man absteigend die vorhandenen Stellen der Potenzen mit I und die nicht vorhandenen mit 0 bezeichnet.

Das **Umrechnen einer Dualzahl in eine dekadische Zahl** verläuft in umgekehrter Reihenfolge nach den belegten Stellen von links nach rechts.

234 ist in eine Dualzahl umzuwandeln.

$$
\begin{array}{rl}
\textbf{1.} \quad & 234 \\
& \underline{-128} \qquad 128 = 1 \cdot 2^7 \\
& 106 \\
\textbf{2.} \quad & \underline{-\ 64} \qquad 64 = 1 \cdot 2^6 \\
& 42 \\
& \underline{-\ 32} \qquad 32 = 1 \cdot 2^5 \\
& 10 \\
& \underline{-\ 8} \qquad \ \ 8 = 1 \cdot 2^3 \\
& 2 \qquad\quad\ \ 2 = 1 \cdot 2^1 \\
\end{array}
$$

$$234 = 1 \cdot 2^7 + 1 \cdot 2^6 + 1 \cdot 2^5 + 0 \cdot 2^4 + 1 \cdot 2^3 + 0 \cdot 2^2 + 1 \cdot 2^1 + 0 \cdot 2^0$$

Dualzahl $\rightarrow$ I I I 0 I 0 I 0

I 0 0 I I 0 I ist in eine dekadische Zahl umzuwandeln.

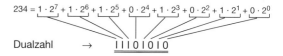

I 0 0 I I 0 I

$$1 \cdot 2^6 + 0 \cdot 2^5 + 0 \cdot 2^4 + 1 \cdot 2^3 + 1 \cdot 2^2 + 0 \cdot 2^1 + 1 \cdot 2^0 = \underline{\underline{77}}$$

Die **Addition und Subtraktion** von Dualzahlen entspricht der Berechnung bei dekadischen Zahlen.

Addition	Subtraktion
0 + 0 = 0	0 − 0 = 0
0 + I = I	I − 0 = I
I + 0 = I	I − I = 0
I + I = 0*	0 − I = I**
*Übertrag I!	**Vorhergehende Stelle berücksichtigen!

Dualzahlen:
```
  I 0 I 0 I
+ I I 0 0 0
  I 0 I I 0
```
dekadische Zahlen:
```
   21
 + 24
   45
```

```
  I I 0 I I
- I 0 I I 0
      I 0 I
```
```
   27
 - 22
    5
```

Multiplikation und Division von Dualzahlen entsprechen dem Rechnen im dekadischen Zahlensystem.

Dualzahlen:

$$110 \cdot 101$$
$$110$$
$$000$$
$$110$$
$$11110$$

$$11110 : 101 = 110$$
$$-101$$
$$101$$
$$-101$$
$$00$$

dekadische Zahlen:

$$6 \cdot 5 = \underline{30}$$

$$30 : 5 = \underline{6}$$

Sedezimalsystem
(ältere Bezeichnung: Hexadezimalsystem)

Um Bits (8 Bit = 1 Byte) einfacher und schneller zu übertragen, wird das Sedezimalsystem (sedezi lat. 16) verwendet. Anstelle der 2 wird hier die Zahl 16 als Basis verwendet. Dadurch verkürzt sich die Anzahl der Stellen erheblich. Zusätzlich zu den Ziffern 0 bis 9 werden die Buchstaben A bis F als Ziffern eingesetzt.

Sedezimalzahlen und dekadische Zahlen

Sedezimalzahl	F	E	D	C	B	A	9	8	7	6	5	4	3	2	1	0
dekadische Zahl	15	14	13	12	11	10	9	8	7	6	5	4	3	2	1	0

Stellenwerte im Sedezimalsystem

Potenz	Stellenwert 16^{11}	16^{10}	16^9	16^8	16^7	16^6	16^5	16^4	16^3	16^2	16^1	16^0
Potenzwert		←	usw.				1048576	65535	4096	256	16	1

Beim **Umrechnen einer dekadischen Zahl** in eine Sedezimalzahl wird die Zahl durch 16 dividiert und der Rest als Sedezimalzahl notiert. Das Teilergebnis wird wieder durch 16 geteilt und der Rest notiert usw. Das Ergebnis wird in umgekehrter Reihenfolge geschrieben.

$541 \rightarrow$ Sedezimalzahl
$541 : 16 = 33$ Rest $13 \rightarrow D$
$33 : 16 = 2$ Rest $1 \rightarrow 1$
2 21D
$ 541 = \underline{21D}$

Beim **Umrechnen einer Sedezimalzahl** in eine dekadische Zahl wird von links nach rechts entsprechend dem Stellenwert in dekadische Zahlen umgewandelt.

$CA4 \rightarrow$ dekadische Zahl
$CA4 = C \cdot 16^2 + A \cdot 16^1 + 4 \cdot 16^0$
$CA4 = 12 \cdot 256 + 10 \cdot 16 + 4 \cdot 1$
$CA4 = 3072 + 160 + 4$
$CA4 = \underline{3236}$

Aufgaben

1. Umwandeln in Dualzahlen.

$7 \rightarrow III$

9; 12; 212; 473

2. Umwandeln in dekadische Zahlen.

$IOI \rightarrow 5$

IIII; IOOOI; IIOOII;
IIIOOIO; IOIOIOIOIOI

3. Addition von Dualzahlen.

```
  IOOO        IIOII       IOIIII
+ IIOI       +IOOIO      +IOIOO
 IOIOI
```

```
  IIOIIO       IOIIIO      IIIOIO
+IOIIOO       + IOIIO     +IIIOIOI
```

4. Subtraktion von Dualzahlen.

$IOO - IO = IO$

IIIOI − IOOOI;   IIIIII − IOOOII;
IIOOI − IOOOO;   IIIIIOI − IIII

5. Multiplikation von Dualzahlen.

$IIOO \cdot IIOI = IOOIIIOO$

IOOOI · IOII;   IIIOI · IOOI;
IIIOI · IOI;   IIII · IOOI

6. Division von Dualzahlen.

$IIIO : IOI = IO$

IIIOOI : II;   IOOOI : III;
IIOOO : IOOI;   IOOOI : IIII

7. Umrechnen von dekadischen Zahlen in Sedezimalzahlen.
14; 34; 147; 222; 1000; 4678; 12367

8. Umrechnen von Sedezimalzahlen in dekadische Zahlen.
AA; CD2; 12; FF5; 75AB; 3ABC2; 12AC

9. Berechnung der fehlenden Werte.

Dezimalzahl n_{10}	Dualzahl n_2	Sedezimalzahl n_{16}
0		
3		
	IOO	
		C
16		
	IOIII	
		30
113		
	IIIIIIOI	

4.2 CNC-Technik

Bei computerunterstützten, numerisch gesteuerten Holzbearbeitungsmaschinen werden die Befehle im Dual- oder häufiger im Sedezimalsystem codiert, übertragen und ausgeführt. Dabei übernehmen Übersetzungsprogramme (Compiler oder Interpreter) das Umrechnen von realen Daten in die jeweilige Maschinensprache.

Werkstattorientierte Programmierverfahren WOP (Workshop Oriented Programming) ermöglichen die grafische Eingabe von Geometriedaten (Weginformationen), Technologiedaten (Schaltinformationen) und gegebenenfalls Korrekturen.

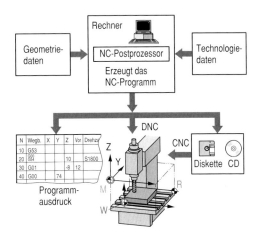

Koordinatensysteme

Um die Lage eines Punktes im Raum anfahren zu können, benötigen CNC-Maschinen genaue Maßangaben. Diese werden mittels Koordinaten nach DIN 66 217 angegeben. Die Anordnung der Koordinatenachsen wird meist auf das Werkstück bezogen. Dabei hilft die „Rechte-Hand-Regel".

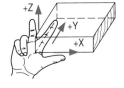

Bei **rechtwinkligen (kartesischen) Koordinaten** werden die Maße vom gewählten Nullpunkt ausgehend auf der waagerechten Achse als x-Werte und rechtwinklig dazu als y-Werte bezeichnet. Auf der senkrechten Achse werden die z-Werte angegeben, die für Höhen und Tiefenangaben verwendet werden. Dabei wird wie beim Zahlenstrahl (s. S. 8) zwischen positiven und negativen Werten unterschieden.

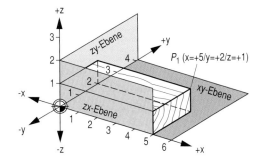

Bei **Polarkoordinaten** geht man von einem Nullpunkt aus, der meist in der Mitte (Pol) eines Werkstücks liegt. Die Maße geben den Abstand R (Radius) und den Winkel zur x-Achse an, wobei die Drehung A in Grad gegen den Uhrzeigersinn mit positiven Werten bezeichnet wird.

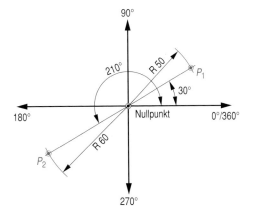

Vom gewählten **Nullpunkt** hängen die Koordinatenmaße ab. Sie dienen als Programmierungsbezugspunkte. Man unterscheidet:

⊕ **Werkstücknullpunkt** → Entspricht nicht immer einem Eckpunkt, weshalb sich die Messbereiche nach allen Seiten hin erstrecken können.

⊕ **Maschinennullpunkt** → Wird vom Hersteller der Maschine festgelegt und entspricht dem Nullpunkt der Maschinenkoordinaten.

⊕ **Referenzpunkt** → Wird benützt, wenn der Maschinennullpunkt nicht angefahren werden kann.

Bemaßung

Bei der **Absolutbemaßung (G 90)** werden für alle Punkte die tatsächlichen Abstände zum Werkstücknullpunkt angegeben. Somit gibt jeder angefahrene Koordinatenpunkt auf der positiven oder negativen Seite die tatsächlichen Abstände zum gewählten Nullpunkt an. Bei negativen Werten muss das Minuszeichen geschrieben werden, das Pluszeichen kann entfallen.

Bei der **Kettenbemaßung (G 91)** (Relativbemaßung) ist jeder angefahrene Koordinatenpunkt der Startpunkt (Nullpunkt) für die nachfolgende Bemaßung. Die Abstände von Punkt zu Punkt nennt man Wegabschnitte. Den kleinsten Wegabschnitt nennt man Inkrement. Diese Bemaßungsart wird daher auch als Inkrementalbemaßung bezeichnet.

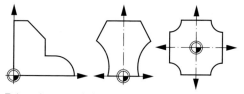

Eckpunkt   Achsensymmetrie   Mittensymmetrie

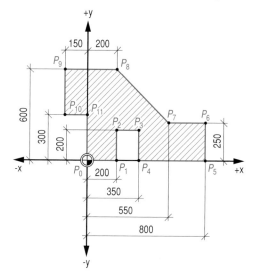

Absolut- und Kettenbemaßung

Punkt	G 90/Absolutbemaßung in mm		G 91/Kettenbemaßung in mm	
	x-Achse	y-Achse	x-Achse	y-Achse
P_0	0	0	Ausgangspunkt	
P_1	200	0	200	0
P_2	200	200	0	200
P_3	350	200	150	200
P_4	350	0	0	-200
P_5	800	0	450	0
P_6	800	250	0	250
P_7	550	250	-250	0
P_8	200	600	-350	350
P_9	-150	600	-350	0
P_{10}	-150	300	0	-300
P_{11}	0	300	150	0
P_0	0	0	0	-300

Die **Polarkoordinatenbemaßung** verwendet man vorteilhaft bei Werkstücken, bei denen die Punkte vom Nullpunkt ausgehend durch Abstände R (Radien) und Winkel A (Drehung in Grad, gegen den Uhrzeigersinn) bemaßt sind. Diese kann nach G 90 oder G 91 erfolgen.

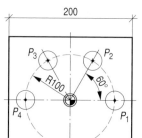

Polarkoordinaten nach Absolutbemaßung

Punkt	Abstand in mm	Winkel in °
P_1	R 100	A 0
P_2	R 100	A 60
P_3	R 100	A 60
P_4	R 100	A 60

Programmierung

Bei der Programmierung von CNC-Maschinen werden die Verfahrwege, die Bedingungen des Vorschubs, die Drehzahl und die Auswahl der Werkzeuge nach DIN 66 025 in eine für die Steuerung der Maschinen lesbare Form gebracht.

Das **Programm** besteht aus Daten, die in Form von Programmsätzen in die Steuerung eingegeben werden.

Die **Programmiersprache** für die NC-Steuerung ist aus Sätzen und Wörtern aufgebaut. Die Wörter bestehen aus einem Adressbuchstaben und einer Ziffernfolge.

Programmtechnische Anweisungen

Satznummer	Weginformationen	
	Wegbedingungen	Koordinaten-angaben
number **N** 50	**g**o **G** 00	X 20, Y 30, Z 10
Satznummer 50	Weg im Eilgang	Position des Werkzeugs

Technologische Anweisungen (Schaltinformationen)

Vorschub	Drehzahl	Werkzeug	sonstige Funktion
feed **F** 800	**s**peed **S** 30	**t**ool **T** 03	**m**iscellanius **M** 03
0,8 m/min (800mm/min)	3000 1/min	Werkzeug Nr. 3	Rechtslauf des Werkzeugs

Für den rundbogenförmigen Ausschnitt aus einer Möbeltür (MDF-Platte, 19 mm) soll eine CNC-Maschine programmiert werden. Dabei übernimmt Fräser Nr. 1 die Außenkontur und Fräser Nr. 2 die Innenkontur. Die Programmsätze sollen nur die Weginformationen enthalten.

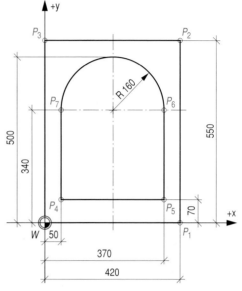

Lösung:

Satznummer	Weginformationen			
Außenkontur	**Fräser Nr. 1**			
N 010	G 01	X 420	Y 0	Z 20
N 020	G 01	X 420	Y 550	
N 030	G 01	X 0	Y 550	
N 040	G 01	X	Y 0	
N 050	G 01			Z 20
Innenkontur	**Fräser Nr. 2**			
N 100	G 00	X 50	Y 0	
N 110	G 01			Z 20
N 120	G 01	X 370	Y 70	
N 130	G 01	X 370	Y 340	
N 140	G 01	X 370	Y 340	
N 150	G 03	X 370	Y 340	U 160
N 160	G 01	X 50	Y 70	
N 170	G 01			Z 20

Die **Wegbedingungen** geben die Art und Weise der Bewegung an. Sie bestehen aus dem Adressbuchstaben G und einer zweistelligen Zahl.

Zusatzfunktionen M nach DIN 66 025 T 2 – Auswahl

M-Wort	Bedeutung
M 00	programmierter Halt
M 01	wahlweiser Halt
M 02	Einlesestopp, Programmende
M 03	Rechtslauf des Werkzeugs
M 04	Linkslauf des Werkzeugs
M 06	Werkzeugwechsel

Wegbedingungen G nach DIN 66 025 T2 – Auswahl

G-Wort	Bedeutung
G 00	Werkzeugpositionierung im Eilgang
G 01	Werkzeugbewegung gerade
G 02	Kreisbogen im Uhrzeigersinn
G 03	Kreisbogen im Gegenuhrzeigersinn
G 40 ... 44	Werkzeugkorrekturen
G 54 ... 59	Nullpunktverschiebungen
G 81 ... 89	Arbeitszyklen
G 90	Maßangaben absolut
G 91	Maßangaben inkremental
G 94	Vorschubgeschwindigkeit in mm/min
G 96	konstante Schnittgeschwindigkeit in m/min

Aufgaben

1. Für die vorgegebene Fläche mit den Eckpunkten P_1 bis P_9 sind tabellarisch die Koordinaten nach Kettenbemaßung und Absolutbemaßung zu ermitteln.

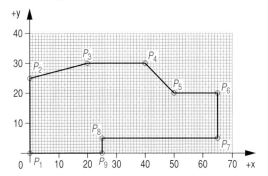

2. Aus den Absolutmaßen (G 90) der Tabelle ist die Fläche im Maßstab 1 : 10 in ein Koordinatensystem zu zeichnen.

Punkt	Maße in mm	Punkt	Maße in mm
P_1	X 50 Y 100	P_5	X 500 Y 500
P_2	X 200 Y 400	P_6	X 500 Y 400
P_3	X 300 Y 400	P_7	X 600 Y 400
P_4	X 300 Y 500	P_8	X 750 Y 100

3. Für eine Schranktür sind tabellarisch die Koordinaten für die Bemaßung zu erstellen.
   a) Der Werkstücknullpunkt liegt bei Absolutbemaßung (G 90) achssymmetrisch.
   b) Der Werkstücknullpunkt ist nach P_1 zu verschieben und eine Kettenbemaßung (G 91) ist durchzuführen.

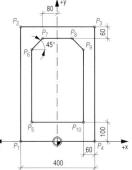

4. Für eine Kabinendusche ist eine Platte aus Corian zu fräsen. Das Programm soll nur die Weginformationen in Kettenbemaßung (G 91) enthalten.

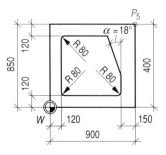

5. Für die Segmentbogentür ist ein Programm mit Weginformationen in Absolutbemaßung (G 90) zu erstellen. Der Werkstücknullpunkt liegt im Eckpunkt links unten. Zuerst soll rechnerisch (pythagoreischer Lehrsatz) der Radius des Segmentbogens ermittelt werden.

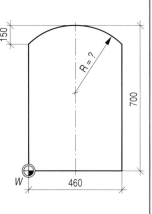

6. Ein Schrankprofil soll programmiert werden. Die Weginformationen sollen nach Absolutbemaßung erstellt werden. Dabei sind die Punkte P_1 und P_2 rechnerisch zu ermitteln.

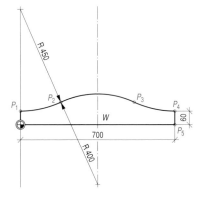

7. Für ein Geschicklichkeitsspiel sind 21 Bohrungen nach Zeichnung notwendig. Für die Mittelpunkte der Bohrungen sind die Weginformationen nach allen drei Bemaßungsarten zu bestimmen. Der Werkstücknullpunkt liegt mittensymmetrisch.
   Für Kettenbemaßung und Absolutbemaßung sind zuerst die Abstände x und y zu berechnen.

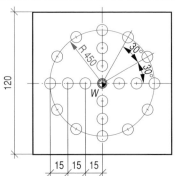

5 Geometrische Grundlagen und Anwendungen

5.1 Längen und Strecken

Längen

Eine Länge kann sein:
- die geradlinige und kürzeste Verbindungslinie zwischen zwei Punkten. Sie wird Strecke genannt.
- die gekrümmte Verbindungslinie zwischen zwei Punkten, die länger ist als die geradlinige.

Längeneinheiten sind die Bezugsgrößen für Längen.

> Die Länge ist eine Basisgröße.
> Das Meter (m) ist die Einheit der Länge.

Das Meter ist die Strecke, die Licht im Vakuum in 1/299 792 488 Sekunden durchläuft.

1 Kilometer	= 1 km	=	1000 m
1 Dezimeter	= 1 dm	=	0,1 m
1 Zentimeter	= 1 cm	=	0,01 m
1 Millimeter	= 1 mm	=	0,001 m
1 Seemeile	= 1 sm	=	1852 m

Die **Umrechnungszahl** bei den Längeneinheiten m, dm, cm und mm ist 10.
Wird in eine nächst kleinere Einheit umgerechnet, multipliziert man den Zahlenwert der Länge mit 10.
Wird in eine nächst größere Einheit umgerechnet, dividiert man den Zahlenwert durch 10.

Umrechnen von Längeneinheiten

1 m	= 10 dm	= 100 cm	=	1000 mm
	1 dm	= 10 cm	=	100 mm
		1 cm	=	10 mm
1 mm	= 0,1 cm	= 0,01 dm	=	0,001 m
	1 cm	= 0,1 dm	=	0,01 m
		1 dm	=	0,1 m

Streckenteilungen

Bei Streckenteilungen unterscheidet man:
- Länge der Gesamtstrecke l,
- Anzahl der Teilstrecken n_1,
- Anzahl der Teilpunkte n_2,
- Länge der gleich langen Teilstrecken l_T.

Bei **Streckenteilungen ohne Randabstand** berechnet man die gleich langen Teilstrecken aus der Gesamtstrecke und der Anzahl der Teilstrecken bzw. Teilpunkte.

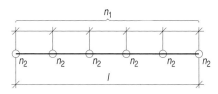

Länge der Teilstrecken =	Gesamtstrecke
	Anzahl der Teilstrecken

$$l_T = \frac{l}{n_1}$$

Bei einer Gesamtstrecke von 360 mm kommen 6 Teilstrecken vor. Wie viel mm betragen die gleich langen Teilstrecken?

Lösung:
$$l_T = \frac{l}{n_1}$$

$$l_T = \frac{360 \text{ mm}}{6} = \underline{\underline{60 \text{ mm}}}$$

$$\text{Länge der Teilstrecken} = \frac{\text{Gesamtstrecke}}{\text{Anzahl der Teilpunkte} - 1}$$

$$l_T = \frac{l}{n_2 - 1}$$

Bei einer 205 cm langen Schrankseite werden bei einem unteren Abstand von 50 cm auf einer Länge von 142,8 cm sieben Bohrungen angebracht. Wie viel mm beträgt die Teilstrecke zwischen den Bohrungen?

Lösung:

$$l_T = \frac{l}{n_2 - 1}$$

$$l_T = \frac{1428\ mm}{7 - 1} = \underline{238\ mm}$$

$$\text{Anzahl der Teilpunkte} = \frac{\text{Gesamtstrecke}}{\text{Länge der Teilstrecke}} + 1$$

$$n_2 = \frac{l}{n_1} + 1$$

Eine Gesamtstrecke von 352 mm erhält Bohrungen im gleich großen Abstand von 32 mm. Wie viel Bohrungen werden benötigt?

Lösung:

$$n_2 = \frac{l}{n_1} + 1$$

$$n_2 = \frac{352\ mm}{32\ mm} + 1 = 11 + 1 = \underline{12}$$

$$\text{Anzahl der Teilpunkte} = \text{Anzahl der Teilstrecken} + 1$$

$$n_2 = n_1 + 1$$

Bei einem Treppengeländer sind für die Geländerstäbe 11 Teilstrecken vorgesehen.
Wie viel Stäbe werden benötigt?

Lösung:
$$n_2 = n_1 + 1$$
$$n_2 = 11 + 1 = \underline{12}$$

$$\text{Anzahl der Teilstrecken} = \text{Anzahl der Teilpunkte} - 1$$

$$n_1 = n_2 - 1$$

Wie viel Teilstrecken müssen bei einer Bohrung von 9 Löchern angerissen werden?

Lösung:
$$n_1 = n_2 - 1$$
$$n_1 = 9 - 1 = \underline{8}$$

Bei **Streckenteilungen mit Randabstand** müssen bei der Berechnung der gleich langen Teilstrecken die Randabstände subtrahiert werden.

$$\frac{\text{Länge der}}{\text{Teilstrecken}} = \frac{\text{Gesamtstrecke} - \text{Summe Randabstand}}{\text{Anzahl der Teilpunkte} - 1}$$

$$l_T = \frac{l - (l_1 + l_2)}{n_2 - 1}$$

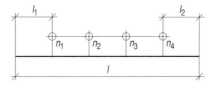

Ein 42 cm langes Schlüsselbrett erhält 12 Haken. Der beidseitige Randabstand beträgt jeweils 23 mm. Wie viel mm beträgt jede Teilstrecke?

Lösung:
$$l_T = \frac{l - (l_1 + l_2)}{n_2 - 1}$$

$$l_T = \frac{420\ mm - (23\ mm + 23\ mm)}{12 - 1} = \underline{34\ mm}$$

Aufgaben

1. Umrechnung in die gesuchten Einheiten.

	m =	dm =	cm =	mm
a)	1,14	?	?	?
b)	0,79	?	?	?
c)	0,03	?	?	?
d)	6,01	?	?	?
e)	23,46	?	?	?
f)	?	3,70	?	?
g)	?	0,29	?	?
h)	?	0,01	?	?
i)	?	26,55	?	?
j)	?	1,51	?	?
k)	?	?	5,0	?
l)	?	?	290,0	?
m)	?	?	100,3	?
n)	?	?	0,7	?
o)	?	?	73,5	?
p)	?	?	?	60
q)	?	?	?	2650
r)	?	?	?	13
s)	?	?	?	535
t)	?	?	?	1004

2. Umrechnung in die gesuchten Einheiten und Addition.

a) 4 m + 2,2 dm + 67 cm + 12 mm = ? m

b) 65 m + 10,1 dm + 32 cm + 6 mm = ? m

c) 0,6 m + 17,3 dm + 210 cm + 81 mm = ? m

d) 423 mm + 62,5 cm + 1,8 dm + 0,05 m = ? mm

e) 2,03 m + 1,57 m + 26 mm + 1,8 cm = ? m

f) 19 mm + 71 cm + 0,42 m + 9,7 m = ? m

g) 43 cm + 151 cm + 6 mm + 57 mm = ? cm

h) 1,92 m + 0,8 dm + 0,4 cm + 93 mm = ? m

3. Es werden vier 2-türige Schränke mit Türen in Rahmenkonstruktion und Füllung hergestellt.
Wie viel m Füllungsstab werden benötigt?

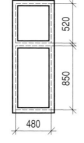

4. Vor dem Furnieren werden an 5 Tischlerplatten 8 mm dicke Rotbuchenkanten angeleimt. Eckverbindung stumpf auf Gehrung.
Wie viel m Kanten müssen bereitgestellt werden?

5. Bei einer Zimmertür in Rahmenkonstruktion werden 3 quadratische Füllungen (540 mm/540 mm) mit einem überfälzten, auf Gehrung angeschnittenen Füllungsstab befestigt. Maßangaben sind der Abbildung zu entnehmen.
Wie viel m Füllungsstab müssen mit der Tischfräse hergestellt werden, wenn eine Bearbeitungszugabe von 10 % dazugerechnet wird?

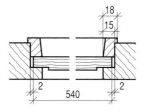

6. Ein Rahmen wird verglast. Die 3 gleich großen Scheiben liegen in einem 8 mm hohen Kittfalz und haben ringsum 1 mm Luft.
Zu berechnen sind für den Zuschnitt der Scheiben in mm:
a) Scheibenbreite,
b) Scheibenhöhe.

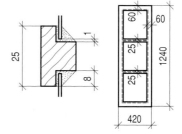

7. Eine Latte erhält Bohrungen mit 17 gleich großen Abständen.
Wie viele Bohrungen sind erforderlich?

8. Ein Bücherregal erhält außer dem oberen und dem unteren Boden noch 3 Fachböden. Die Holzdicke für die Seiten und die beiden Böden beträgt je 22 mm, die Holzdicke für die Fachböden beträgt je 15 mm.
Zu berechnen sind:
a) Länge eines Fachbodens,
b) lichter (gleich großer) Abstand zwischen den beiden Böden und den Fachböden.

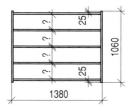

9. Ein furniertes Regal besteht aus 2 Seiten mit dazwischengedübeltem oberem und unterem Boden. Die Fertigdicke der Böden beträgt jeweils 20 mm.
Zu berechnen sind:
a) Länge der gedübelten Böden in mm,
b) lichter Abstand in mm zwischen dem unteren und oberen Boden,
c) Anzahl der 16 mm dicken, fertigbeschichteten Fachböden, wenn der lichte Abstand zwischen den Fachböden untereinander sowie zwischen den Fachböden und Böden nicht weniger als 350 mm betragen soll,
d) lichter Abstand in mm zwischen den Fachböden und Böden.

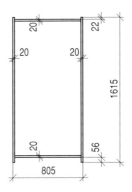

10. Eine Tischzarge erhält drei Bohrungen mit je 8 mm Durchmesser.
Wie viel mm beträgt die gleich große Teilstrecke zwischen den Achsen der Bohrlöcher?

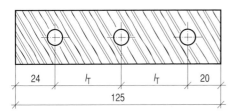

11. Eine Unterkonstruktion für eine Wandbekleidung besteht aus 2 Außenlatten und weiteren 5 dazwischenliegenden Dachlatten. Alle Latten sind 48 mm breit.
Zu berechnen ist der Achsabstand der Latten, wenn alle gleich weit voneinander entfernt sind.

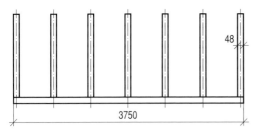

12. Für eine Dübelverbindung erhält eine Spanplatte fünf Bohrungen.
Wie viel mm beträgt der gleich große Achsabstand zwischen den Bohrungen, wenn die äußeren Bohrungen 280 mm voneinander entfernt sind?

13. Korpuszwischenwände erhalten in einem Abstand von 540 mm vier Bohrungen für Fachbodenträger.
Wie viel mm beträgt der Achsabstand zwischen den Bohrungen?

14. Ein Konstruktionsteil erhält auf einer Länge von 966 mm Bohrungen im Achsabstand von 42 mm.
Wie viele Bohrungen sind erforderlich?

15. Eine Lattentür besteht aus zwei 130 mm breiten Randbrettern und 8 Latten mit einer Breite von je 48 mm.
Wie viel mm beträgt der lichte Abstand zwischen den Latten?

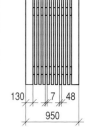

16. Für eine Fußbodenunterkonstruktion werden auf einer Betondecke 10 Rahmenschenkel mit einem Querschnittsmaß 80 mm/80 mm verlegt.
Zu berechnen ist der lichte Abstand zwischen den Rahmenschenkeln in mm.

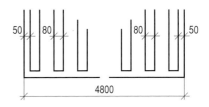

17. Die Gitterstäbe für ein Kinderbett sollen einen lichten Abstand $l_1 \approx 38$ mm haben.
Zu berechen sind:
a) Abstand l_3 zwischen den Stäben,
b) Endabstand l_2 zwischen Stab und Eckpfosten,
c) Anzahl der Stäbe,
d) Gesamtlänge aller Stäbe in m, wenn diese unten und oben jeweils 14 mm tief eingesetzt werden.

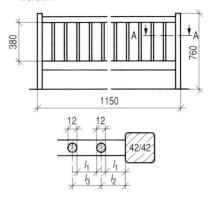

5.2 Flächeneinheiten

Flächen haben in der Ebene zwei Ausdehnungen:
- Länge l,
- Breite b.

Länge und Breite stehen rechtwinklig zueinander. Zur Berechnung von Flächen dient das Rechteck als Grundlage.

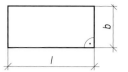

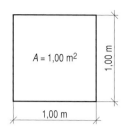

Der **Flächeninhalt A** ist das Produkt aus den Faktoren Länge und Breite.

Fläche = Länge · Breite
$$A = l \cdot b$$

Die Größe einer Fläche wird in Flächeneinheiten angegeben.

$$\left.\begin{array}{l} a \\ ha \\ km^2 \end{array}\right\rangle m^2 \left\langle\begin{array}{l} dm^2 \\ cm^2 \\ mm^2 \end{array}\right.$$

größer als   kleiner als

Das Quadratmeter (m^2) ist die Einheit der Fläche.

Die **Umrechnungszahl** von einer Flächeneinheit in die nächst größere oder kleinere ist 100.

$0,75\ m^2 = ?\ cm^2$
2 Einheiten ≙ 100 · 100 = 10 000

Umrechnung in die nächst kleinere Einheit

$1\ m^2\ = 100\ dm^2 = 10\ 000\ cm^2 = 1\ 000\ 000\ mm^2$
$\quad\quad 1\ dm^2 = \quad 100\ cm^2 = \quad 10\ 000\ mm^2$
$\quad\quad\quad\quad\quad 1\ cm^2 = \quad\quad 100\ mm^2$

$0,75\ m^2 \cdot 10\ 000\ \dfrac{cm^2}{m^2} = \underline{7\ 500\ cm^2}$

$1\ km^2\ = \quad 100\ ha = \quad 10\ 000\ a = 1\ 000\ 000\ m^2$
$\quad\quad\quad 1\ ha = \quad 100\ a = \quad 10\ 000\ m^2$
$\quad\quad\quad\quad\quad\quad 1\ a = \quad\quad 100\ m^2$

Umrechnung in die nächst größere Einheit

$1\ mm^2 = 0,01\ cm^2 = 0,000\ 1\ dm^2 = \quad 0,000\ 001\ m^2$
$\quad\quad 1\ cm^2 = \quad 0,01\ dm^2 = \quad 0,000\ 1\ m^2$
$\quad\quad\quad\quad 1\ dm^2 = \quad\quad 0,001\ m^2$

$125\ dm^2 = ?\ m^2$
1 Einheit ≙ 100
$125\ dm^2 : \dfrac{100\ dm^2}{m^2} = \underline{1,25\ m^2}$

$1\ m^2\ = \quad 0,01\ a = 0,000\ 1\ ha = 0,000\ 001\ km^2$
$\quad\quad\quad 1\ a = \quad 0,01\ ha = \quad 0,000\ 1\ km^2$
$\quad\quad\quad\quad\quad 1\ ha = \quad\quad 0,01\ km^2$

Aufgaben

Umrechnung von Flächenmaßen.

1.	m^2	= dm^2
a)	2,75	?
b)	24,80	?
c)	0,80	?
d)	0,925	?
e)	384,05	?
f)	0,0080	?

2.	m^2	= cm^2
a)	3,8435	?
b)	36,0998	?
c)	69,7850	?
d)	0,0750	?
e)	4,0360	?
f)	0,0080	?

3.	cm^2	= m^2
a)	5675	?
b)	12068	?
c)	78	?
d)	38,60	?
e)	92850	?
f)	12	?

4.	mm^2	= cm^2
a)	38403,50	?
b)	684932,50	?
c)	8964,80	?
d)	693,80	?
e)	142,58	?
f)	3,40	?

5.3 Rechteck und Quadrat

Das **Rechteck** ist ein Viereck mit vier rechten Winkeln, bei dem die gegenüberliegenden Seiten gleich lang sind.

Der **Flächeninhalt A** ist das Produkt aus Länge l und Breite b.

> Fläche = Länge · Breite
> A = l · b

Der **Umfang U** ist die Summe der vier Seiten.

> Umfang = 2 · (Länge + Breite)
> U = 2 · $(l$ + $b)$

Die **Diagonale e** berechnet sich mit dem pythagoreischen Lehrsatz (s. S. 53).

> Diagonale = $\sqrt{\text{Länge}^2 + \text{Breite}^2}$
> e = $\sqrt{l^2 + b^2}$

Ein Rechteck ist 4,80 m lang und 3,25 m breit.
Zu berechnen sind:
a) Flächeninhalt A,
b) Umfang U,
c) Diagonale e.

Lösung:
a) $A = l \cdot b$
   $A = 4{,}80 \text{ m} \cdot 3{,}25 \text{ m} = \underline{15{,}60 \text{ m}^2}$
b) $U = (l + b) \cdot 2$
   $U = (4{,}80 \text{ m} + 3{,}25 \text{ m}) \cdot 2 = \underline{16{,}10 \text{ m}}$
c) $e = \sqrt{l^2 + b^2}$
   $e = \sqrt{(4{,}80 \text{ m})^2 + (3{,}25 \text{ m})^2}$
   $e = \sqrt{23{,}04 \text{ m}^2 + 10{,}56 \text{ m}^2}$
   $e = \sqrt{33{,}6 \text{ m}^2} = \underline{5{,}80 \text{ m}}$

Das **Quadrat** ist ein Viereck mit 4 gleich langen Seiten (Länge = Breite) und 4 rechten Winkeln.

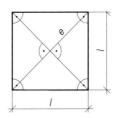

Der **Flächeninhalt A** ist das Produkt aus zwei gleich langen Quadratseiten l.

> Fläche = Länge · Länge
> A = l · l = l^2

Der **Umfang U** ist die Summe der vier Seiten.

> Umfang = 4 · Länge
> U = 4 · l

Die **Diagonale e** berechnet sich mit dem pythagoreischen Lehrsatz (s. S. 53)

> Diagonale = $\sqrt{2}$ · Länge
> e = $\sqrt{2}$ · l

Zu berechnen sind bei einem Quadrat mit der Seite $l = 3{,}45$ m:
a) Fläche A,
b) Umfang U,
c) Diagonale e.

Lösung:
a) $A = l \cdot l$
   $A = 3{,}45 \text{ m} \cdot 3{,}45 \text{ m} = \underline{11{,}90 \text{ m}^2}$
b) $U = 4 \cdot l$
   $U = 4 \cdot 3{,}45 \text{ m} = \underline{13{,}80 \text{ m}}$
c) $e = \sqrt{2} \cdot l$
   $e = \sqrt{2} \cdot 3{,}45 \text{ m} \approx \underline{4{,}88 \text{ m}}$

Aufgaben

1. Zu berechnen sind Fläche A und Umfang U der folgenden Rechtecke.

	Länge in m	Breite in m	A in m²	A in dm²	A in cm²	U in m
a)	1,45	0,73	?	?	?	?
b)	5,13	2,66	?	?	?	?
c)	27,30	13,82	?	?	?	?
d)	518,15	0,22	?	?	?	?
e)	0,62	0,89	?	?	?	?
f)	0,27	0,14	?	?	?	?

2. Eine überfälzte Schranktür hat die Fertigmaße von 487 mm/715 mm. Um die Fälzung einfräsen zu können, werden die Plattenkanten mit einem 10 mm dicken Anleimer versehen, der an den Ecken auf Gehrung abgesetzt ist.
Zu berechnen sind:
   a) Furnierverbrauch in m², wenn Türinnen- und Türaußenseite furniert werden,
   b) Bedarf an Anleimer in m.

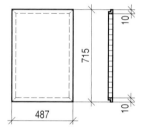

3. Wie hoch ist der Gesamtglaspreis für Isolierverglasungen bei Fenstern mit folgenden Falzmaßen: Breiten = 1,22 m, 1,08 m, 1,17 m, 1,31 m, 1,12 m, dazugehörende Höhen = 1,68 m, 1,55 m, 1,60 m, 1,57 m, 0,88 m? Der Quadratmeterpreis beträgt 85,65 €.

4. Die Platten für einen Ausziehtisch werden beidseitig in Kirschbaum furniert, auf allen Kanten wird ein Furnier aufgerieben. Beim Zusammensetzen des Furniers lässt man das Furnier ringsum 50 mm über die Plattenkante vorstehen.
Zu berechnen sind:
   a) Furnierverbrauch in m²,
   b) Bedarf an Kantenfurnier in m.

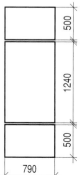

5. Ein metallverarbeitender Betrieb bestellt für die Ablage verschiedener Werkzeugteile 15 Holzkisten in Rotbuche mit 8 mm dickem Boden aus Furniersperrholz. Da die Kisten schwere Lasten aufnehmen müssen, werden die Seiten offen gezinkt.
Zu berechnen ist der Gesamtbedarf an:
   a) Rotbuchenholz in m²,
   b) Furniersperrholz in m².

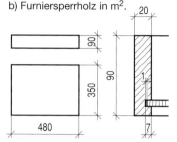

6. Ein Büroraum erhält zur Verbesserung der Raumakustik eine Deckenbekleidung aus porösen Holzfaserplatten mit je 100 cm/125 cm Plattengröße. Die Decke des Raumes ist 13,20 m lang und 8,95 m breit. Die Deckenbekleidung hat ringsum 100 mm Abstand von der Wand.
Zu berechnen sind:
   a) m²-Bedarf an Holzfaserplatten,
   b) Anzahl der Holzfaserplatten, wenn die Schmalseiten der Platten an der 13,20 m langen Deckenseite verlegt werden.

7. Für eine gefälzte Zimmertür in Rahmenkonstruktion sind mit Hilfe der untenstehenden Holzliste Holzmenge und Holzkosten zu ermitteln.
Konstruktion: Eckverbindungen sind gedübelt, die Füllung aus Furniersperrholz liegt in einem 15 mm breiten Falz.
Materialkosten für:
Kiefernholz 40 mm = 38,75 €/m²,
Furniersperrholz 8 mm = 27,85 €/m².

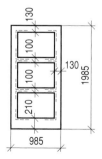

Bezeichnung	Holzart	Anzahl	Länge in cm	Breite in cm	Dicke in mm	m²	€/m²	Preis in €
Senkrechter Fries	KI	?	?	?	?	?	?	?
Oberer Fries	KI	?	?	?	?	?	?	?
Mittlerer Fries	KI	?	?	?	?	?	?	?
Unterer Fries	KI	?	?	?	?	?	?	?
Füllung	FU	?	?	?	?	?	?	?

8. Von sechs Quadraten ist jeweils die Seitenlänge l bekannt:
   a) 620 mm,   b) 1180 mm,   c) 78 mm,
   d) 2010 mm,   e) 372 mm,   f) 895 mm
   Zu berechnen sind jeweils die Fläche A in m², cm² und mm², der Umfang U in m und mm.

9. Von sechs Quadraten ist jeweils die Fläche A bekannt:
   a) 1,00 m²,   b) 0,49 m²,   c) 2,50 m²,
   d) 1,74 m²,   e) 14,00 m²,   f) 0,24 m²
   Zu berechnen sind jeweils die Seitenlänge l in m, cm und mm, die Diagonale e in m ($\sqrt{2} \approx 1{,}414$), gerundet auf zwei Stellen nach dem Komma.

10. Wie viel m² Flachpressplatten werden für die Herstellung von 23 quadratischen Tischen mit einer Seitenlänge von je 670 mm benötigt?

11. Ein Schachbrett hat 64 Felder. Jedes der quadratischen Felder ist an den Seiten 50 mm lang.
    Zu berechnen sind:
    a) Fläche des Schachbretts in m², wenn das Spielfeld mit einem 65 mm breiten Fries versehen ist.
    b) Klebstoffbedarf zum beidseitigen Furnieren von 14 Schachbrettern, wenn für 1 m² Klebfläche 180 g Klebstoff benötigt werden.

12. In einem quadratischen Zimmer mit einer Wandlänge von 4,30 m wird ein Fußboden verlegt. Die beiden Türen sind einschließlich der Türverkleidung je 1080 mm breit.
    Zu berechnen sind:
    a) Fußbodenfläche in m²,
    b) Sockelleiste in m.

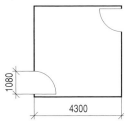

13. Ein Hauseingangselement in Rahmenkonstruktion erhält 52 quadratische Gussglasscheiben mit einer Kantenlänge von je 115 mm.
    a) Wie viel m² Glas werden eingebaut?
    b) Wie viel m Glasleisten werden für die Befestigung der Scheiben im Falz benötigt?

14. Eine Kathedralglasscheibe besitzt eine Diagonale (Eckenlinie) von 1800 mm.
    Zu berechnen sind:
    a) Länge der quadratischen Scheibe in m,
    b) Materialkosten bei einem Preis von 50,00 € je m².

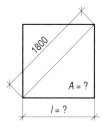

15. Ein Innenausbaubetrieb hat den Auftrag erhalten, eine Wand- und Deckenbekleidung aus geformten Kassetten in Rio-Palisander herzustellen. Nach der Maßaufnahme ergab sich eine zu bekleidende Fläche von 124,00 m².
    a) Wie viel vorgefertigte Kassettenplatten mit den Maßen 500 mm/500 mm müssen bestellt werden?
    b) Wie teuer ist das Material bei einem m²-Preis von 186,30 €?

16. In einem quadratischen Zimmer, das eine Seitenlänge von 5,27 m hat, wird ein Boden verlegt, der aus 50 cm/50 cm großen Fertigparkettplatten besteht. Damit der verlegte Boden genügend Raum zum Quellen und Schwinden hat, wird zwischen Wand und Boden eine 3,0 cm breiter Abstand gelassen.
    Zu berechnen sind:
    a) Fläche des verlegten Parkettbodens,
    b) Anzahl der verlegten Fertigplatten.

17. Für einen größeren Auftrag werden 38 quadratische Möbeltüren mit dem Fertigmaß von 432 mm Seitenlänge hergestellt. Die Spanplattentüren erhalten wegen der vorgesehenen Fälzung und Profilierung einen 12 mm dicken Anleimer, der an den Ecken auf Gehrung zugeschnitten wird.
    Zu berechnen sind:
    a) Zuschnittmaße für die Spanplatte,
    b) Spanplattenverbrauch in m²,
    c) Länge des Anleimers in m.

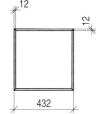

18. Eine Decke, 11,07 m lang und 8,57 m breit, wird mit Kassetten 0,50 m/0,50 m so bekleidet, dass ringsum eine Schattenfuge entsteht. Der m²-Preis der Kassetten beträgt 243,50 €.
    Zu berechnen sind:
    a) Anzahl der Kassetten,
    b) Schattenfuge in cm,
    c) Preis der benötigten Kassetten in €.

5.4 Verschnitt

Bei der Herstellung von Produkten werden mehr Voll-holz, Plattenwerkstoffe, Furniere und Belagstoffe benötigt, als im Halb- oder Fertigprodukt enthalten sind. Man unterscheidet:

- Rohmenge R = gesamtes verbrauchtes Material,
- Fertigmenge F = Halb- und Fertigprodukte,
- Verschnittmenge V (Verschnitt) = Materialverlust.

Der Verschnitt ist abhängig von Materialart, Qualität und Form des Produkts. Er entsteht bei manueller und maschineller Bearbeitung (Materialzuschnitt) des Mate-rials. Die Kosten des Verschnitts stellt der Unternehmer bei der Preisermittlung seines Produkts dem Kunden in Rechnung.

Rohmenge – Fertigmenge – Verschnittmenge

Bezeichnung/Formel	Einheit	Beispiel	
Rohmenge R $R = F + V$	m^3 m^2	Rundholz, Schnittholz (Bohlen, Bretter, Kanthölzer) Schnittholz, Holz- und Platten-werkstoffe, Belagstoffe	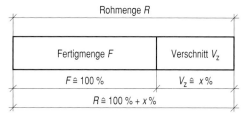
Fertigmenge F $F = R - V$	m^3 m^2 m	Balken, Kantholz Schnittholz, Holz- und Platten-werkstoffe, Belagstoffe, Furniere Leisten, Latten	
Verschnittmenge V $V = R - F$	m^3 m^2 m	Volumenverschnitt: Balken, Kanthölzer Flächenverschnitt: Schnittholz, Plattenwerkstoffe, Belagstoffe, Furniere Längenverschnitt: Leisten, Latten, An- und Umleimer	

Mit dem **Verschnittzuschlag V_Z** wird bei der Herstel-lung von Möbeln, Fenstern und Türen sowie im Innen-ausbau gerechnet. Der Verschnitt V wird prozentual der Fertigmenge F zugeschlagen. Die Fertigmenge F wird mit 100 % angenommen.

$$\text{Verschnittzuschlag} = \frac{(\text{Rohmenge} - \text{Fertigmenge}) \cdot 100\,\%}{\text{Fertigmenge}}$$

$$V_Z = \frac{(R - F) \cdot 100\,\%}{F}$$

oder:

$$\text{Verschnittzuschlag} = \frac{\text{Verschnittmenge} \cdot 100\,\%}{\text{Fertigmenge}}$$

$$V_Z = \frac{V \cdot 100\,\%}{F}$$

Rohmenge R

Fertigmenge F	Verschnitt V_Z
$F \cong 100\,\%$	$V_Z \cong x\,\%$

$R \cong 100\,\% + x\,\%$

Wie viel Prozent Verschnittzuschlag entsteht, wenn von 16,00 m^2 Spanplatte 12,50 m^2 zugeschnitten werden?

Lösung:

$$V_Z = \frac{(R - F) \cdot 100\,\%}{F}$$

$$V_Z = \frac{(16,00\ m^2 - 12,50\ m^2) \cdot 100\,\%}{12,50\ m^2} = \underline{28\,\%}$$

$$\text{oder: } V_Z = \frac{V \cdot 100\,\%}{F} = \frac{3,50\ m^2 \cdot 100\,\%}{12,50\ m^2} = \underline{28\,\%}$$

Mit dem **Verschnittabschlag V_A** wird in der Säge-industrie gerechnet. Die Verschnittmenge F wird als Ein-schnittverlust auf die Rohmenge R (vorwiegend Rund-holz) bezogen, die mit 100 % angenommen wird.

$$\text{Verschnitt-abschlag} = \frac{(\text{Rohmenge} - \text{Fertigmenge}) \cdot 100\,\%}{\text{Rohmenge}}$$

$$V_A = \frac{(R - F) \cdot 100\,\%}{R}$$

oder:

$$\text{Verschnittabschlag} = \frac{\text{Verschnittmenge} \cdot 100\,\%}{\text{Rohmenge}}$$

$$V_A = \frac{V \cdot 100\,\%}{R}$$

Rohmenge R

Fertigmenge F	Verschnitt V
$F \cong R - x\,\%$	$V_A \cong x\,\%$

$R \cong 100\,\%$

Ein Rotbuchenstamm hat ein Volumen von 2,386 m^3. Die Fertigmenge der daraus zugeschnittenen Bohlen beträgt 1,632 m^3. Mit wie viel Prozent Verschnittab-schlag muss gerechnet werden?

Lösung:

$$V_A = \frac{(R - F) \cdot 100\,\%}{R}$$

$$V_A = \frac{(2,386\ m^3 - 1,632\ m^3) \cdot 100\,\%}{2,386\ m^3} = \underline{31,60\,\%}$$

Mit dem **Zuschlagfaktor** kann die Rohmenge bestimmt werden. Ist der durchschnittliche Verschnittzuschlag V_Z durch Erfahrung oder aus Tabellen bekannt, wird vereinfacht mit dem Zuschlagfaktor gerechnet. Dabei wird die Fertigmenge F mit 100 % angenommen. Der Zuschlagfaktor berechnet sich zunächst prozentual aus $\dfrac{100\ \% + V_Z\ \%}{100\%}$ und wird in eine Dezimalzahl umgerechnet, die über 1 liegt.
Die Fertigmenge wird mit dem Zuschlagfaktor multipliziert.

Rohmenge	= Fertigmenge	·	Zuschlagfaktor
R	= F	·	1,...

Bei einer Fertigmenge von 12,50 m^2 wird ein Verschnittzuschlag von 28 % angenommen.
Wie viel m^2 beträgt die Rohmenge?

Lösung:
$F + V_Z \; \triangleq \; 100\ \% + 28\ \% = 128\ \%$
$128\ \% \; \triangleq \; 1{,}28$

$R = F \cdot$ Zuschlagfaktor
$R = 12{,}50 \text{ m}^2 \cdot 1{,}28$
$R = \underline{16{,}00 \text{ m}^2}$

Verschnittzuschläge als Richtwerte, Angaben in Prozent

Holzart	Vollholz	Furnier	Holzart	Vollholz	Furnier
Abachi	30 … 40	–	Limba	25	40
Afrormosia	30	40	Makoré	35	25 … 35
Ahorn	40	50	Mahagoni	30	40
Birnbaum	40	50	Sapelli, Sipo		
Birke	60	50	Meranti	30	–
Buche	30 … 50	25 … 40	Nussbaum	60	80
Carolina-Pine	35	40	Oregon-Pine	30	40
Douglasie	–	40	Palisander,		
Eiche	50	60	ostindisch	–	80
Erle	40	–	Rio	–	100
Esche	50	60	Ramin	30	–
Fichte	30	40	Rüster	50	80
Gabun	30	25	Sen-Esche	40	70
Hemlock	30	–	Tanne	30	40
Kiefer	30 … 40	40 … 50	Teak	40	60
Kirschbaum	50 … 60	70 … 80	Zirbelkiefer	80	80
Lärche	40 … 50	50			
Holzwerkstoffe, Kunststoffe			**Plattenwerkstoffe**		
Furniersperrholzplatten	20		Lagermaße	15	
Holzfaserplatten	20		Fixmaße	3	
Holzspanplatten, FPY, FPO, MDF, beschichtet, furniert	15 … 20				
Stab- und Stäbchensperrholzplatten	20				
Furnierumleimer	10				
Vollholzumleimer	15				
Dekorative Schichtpressstoffplatten	20 … 30				

Aufgaben

1. Ein Innenausbaubetrieb hat für einen Auftrag 20,30 m² Strangpressplatten (Fertigmaß) zugeschnitten. Die Verschnittmenge betrug 1,75 m². Zu berechnen ist der Verschnittzuschlag in %.

2. Aus der Zeichnung für einen Auftrag berechnete man 11,32 m² als Fertigmenge für Tischlerplatten. Da der Zuschnitt aus Restbeständen erfolgte, benötigte man 14,40 m² als Rohmenge.
   Zu berechnen sind:
   a) Verschnittmenge in m²,
   b) Verschnittzuschlag in Prozent.

3. Aus einem Lärchenbrett werden 0,77 m² Rahmenfriese zugeschnitten.
   a) Welcher Verschnittzuschlag lässt sich nach Tabelle (s. S. 90) als Richtwert einsetzen?
   b) Wie viel Prozent und wie viel m² beträgt die Rohmenge? Zwei Lösungsmöglichkeiten.

4. Für die Verglasung eines Fensterflügels wird eine Scheibe mit den Maßen 753 mm/1270 mm zugeschnitten. Man rechnet mit 25 % Verschnittzuschlag.
   Zu berechnen ist die Rohmenge in m².

5. Für eine kleinere Serie werden aus 5 mm dicken Furniersperrholzplatten rechteckige Konstruktionsteile mit zusammen 28,50 m² Fläche zugeschnitten. Als Rohmenge stehen 32,40 m² zur Verfügung. Wie viel Prozent beträgt der Verschnittzuschlag?

6. Ein Unternehmer bezahlt für eine 2,44 m² große kunstharzbeschichtete Furniersperrholzplatte 50,73 €.
   Wie viel € Verlust hätte er, wenn nur das Fertigmaß von 3 · 573 mm/1050 mm in Rechnung gestellt würde?

7. Aus einem Brett, 4,00 m lang und 34,0 cm breit, werden 28 m Latten mit einer Breite von 45 mm herausgeschnitten.
   Zu berechnen sind:
   a) Verschnittmenge in m²,
   b) Verschnittzuschlag in Prozent.

8. Aus 4 Stäbchensperrholzplatten mit je 1730 mm/ 4600 mm werden je Platte 16 Teile mit je 820 mm/550 mm zugeschnitten.
   a) Wie viel m² Verschnittmenge ergeben sich insgesamt?
   b) Wie viel Prozent Verschnittzuschlag muss man bei jedem Teil berechnen?

9. Für eine größere Serie erhält ein Betrieb auf Fixmaß zugeschnittene Furniersperrholzplatten. Die Fertigmaße je Platte betragen
   a) 0,37 m², b) 0,82 m² und c) 1,33 m².
   Zu berechnen ist die jeweilige Rohmenge in m² (s. Tab. S. 90).

10. Bei der Herstellung eines einflügeligen Verbundfensters mit den Rahmenaußenmaßen 1030 mm/ 1260 mm ergaben sich folgende Fertigmengen: Rahmenholz 0,028 m³, inneres und äußeres Flügelholz 0,017 m³.
    Die Rohmenge, aus der Rahmen und Flügel zugeschnitten wurden, betrug 0,069 m³.
    Zu berechnen ist der Verschnittzuschlag in Prozent.

11. Aus einem 4,50 m langen Balken, 14 cm/20 cm, mit einem Volumen von 0,126 m³ werden 6 Kanthölzer, 6 cm/6 cm, mit einer Länge von 4,30 m und einem Volumen von je 0,016 m³ zugeschnitten.
    Zu berechnen sind:
    a) Fertigmenge in m³,
    b) Verschnittabschlag in Prozent,
    c) Verschnittzuschlag in Prozent.

12. Aus 4 parallel besäumten, 32 cm breiten und 5,10 m langen Eichenbohlen werden je Bohle 6 Treppenstufen mit den Fertigmaßen 29,5 cm/ 80,0 cm zugeschnitten.
    Zu berechnen sind:
    a) gesamte Rohmenge der Eichenbohlen in m²,
    b) Verschnittzuschlag je Treppenstufe in Prozent.

13. Eine kreisrunde Platte (Durchmesser $d = 1,42$ m, Fläche $A = 1,58$ m²) wird aus einer quadratischen Platte (die Seitenlänge ist um 1,3 cm größer als der Durchmesser) herausgeschnitten.
    Zu berechnen ist der Verschnittzuschlag in Prozent.

5.5 Parallelogramm, Trapez

Parallelogramm

Das Parallelogramm ist ein Viereck mit zwei gegenüberliegenden parallelen Seiten, die gleich lang sind. Man
unterscheidet:
- **Rhombus (Raute)** = verschobenes Quadrat mit 4
  gleich langen Seiten. Die Diagonalen stehen senkrecht aufeinander und halbieren die Eckwinkel.
- **Rhomboid** = verschobenes Rechteck mit je zwei
  gegenüberliegenden gleich langen Seiten.

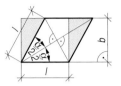

Rhombus

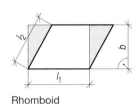

Rhomboid

Der **Flächeninhalt A** von Parallelogrammen berechnet
sich aus dem flächengleichen Quadrat oder Rechteck.

Fläche	=	Länge$_1$ · Breite
A	=	l_1 · b

Der **Umfang U** ist die Summe der vier Seiten.

Umfang = 2 · (Länge$_1$ + Länge$_2$)
U = 2 · (l_1 + l_2)

Eine Wandbekleidung hat die Form eines Rhomboids:
l_1 = 2850 mm, l_2 = 880 mm, b = 670 mm.
Zu berechnen sind:
a) A = ? m^2,
b) U = ? m.

Lösung:
a) $A = l_1 · b$
   A = 2,85 m · 0,67 m = 1,91 m^2

b) $U = 2 · (l_1 + l_2)$
   U = 2 · (1,85 m + 0,88 m) = 5,46 m

Trapez

Das Trapez ist ein Viereck. Zwei ungleich lange gegenü-
berliegende Seiten (l_1 und l_2) verlaufen parallel. Die
Breite steht senkrecht auf l_1 und l_2.

Der **Flächeninhalt A** ist das Produkt aus der mittleren
Länge und der Breite.

Fläche = mittlere Länge · Breite
A = l_m · b
mittlere Länge = $\dfrac{Länge_1 + Länge_2}{2}$
l_m = $\dfrac{l_1 + l_2}{2}$

Der **Umfang U** ist die Summe der vier Seiten.

Umfang = Länge$_1$ + Länge$_2$ + Länge$_3$ + Länge$_4$
U = l_1 + l_2 + l_3 + l_4

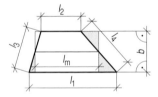

Eine Holzspanplatte hat die Form eines Trapezes:
l_1 = 1370 mm, l_2 = 730 mm, l_3 = 1540 mm,
l_4 = 1560 mm, b = 1520 mm.
Zu berechnen ist die Fläche A in m^2.

Lösung:
$$A = \frac{l_1 + l_2}{2} · b$$

$$A = \frac{1,37 \text{ m} + 0,73 \text{ m}}{2} · 1,52 \text{ m} = 1,596 \text{ m}^2$$

Aufgaben

1. Für die Preisermittlung ist die Fläche in m^2 eines isolierverglasten Treppenhausfensters zu berechnen.

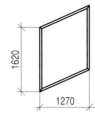

2. Ein Sitzungssaal erhält eine Bekleidung mit 12 gleichgroßen Flächenelementen, deren Trägermaterial Flachpressplatten sind.

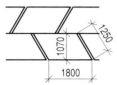

Zu berechnen sind:
   a) Rohmenge an Flachpressplatten in m^2 bei 25 % Verschnittzuschlag,
   b) Länge des Kantenfurniers in m, wenn alle Kanten belegt werden.

3. In einem Zweifamilienhaus sind im Treppenhaus an drei gleichen Flächen gespundete Zirbelholzriemen anzubringen.
   Zu berechnen ist die Rohmenge in m^2 bei 20 % Verschnittzuschlag.

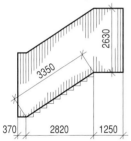

4. Ein Konferenztisch wird beidseitig furniert. Die Sichtseite erhält Palisanderfurnier, die Unterseite Nussbaumfurnier 2. Wahl.
   Zu berechnen sind:
   a) Rohmenge an Palisanderfurnier in m^2 bei 60 % Verschnittzuschlag,
   b) Rohmenge an Nussbaumfurnier in m^2 bei 35 % Verschnittzuschlag.

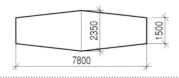

5. In einer Dachzimmerwohnung werden die Längswand mit Kniestock und Dachschräge und die beiden trapezförmigen Seitenwände mit furnierten Platten bekleidet.
   Wie viel m^2 Wandfläche werden belegt?

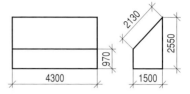

6. Ein Kunde bestellt einen Blumentrog in Eiche, der innen mit Kupfer ausgekleidet wird; Eckverbindungen offen gezinkt (Trichterzinkung).
   a) Wie viel m^2 Eichenholz, 28 mm dick, werden bei 50 % Verschnittzuschlag benötigt?
   b) Wie viel m^2 Kupferblech müssen zur Verfügung stehen? (Für die Berechnung werden, um den Verschnitt zu berücksichtigen, die Trogaußenmaße genommen.)

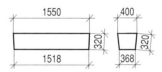

7. Ein Innenausbaubetrieb stellt in einer Kleinserie 23 Küchenhängegeschränke her. Die Schrankseiten sind innen und außen mit dekorativer Schichtpressstoffplatte versehen. Plattengröße 1200 mm/2400 mm.
   a) Zu zeichnen ist im Maßstab 1 : 20 eine Zuschnittsskizze, bei der möglichst wenig Verschnitt entsteht.
   b) Zu berechnen ist der Verschnittzuschlag je Trapezfläche in Prozent.

8. Für eine Verglasungsarbeit werden 7 Flachglas-
   scheiben aus einem 750 mm breiten Glasstreifen
   zugeschnitten.
   Zu berechnen sind:
   a) Fertigmenge in m²,
   b) Länge des gesamten Glasstreifens in m, aus
      dem die Scheiben zugeschnitten werden,
   c) Rohmenge in m² bei einem Verschnittzu-
      schlag von 7 %.

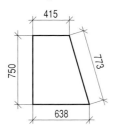

9. Unter einer Geschosstreppe wird eine Riemen-
   verschalung angebracht. Die Tür wird dabei ausgespart.
   Zu berechnen sind:
   a) Fertigmenge in m²,
   b) Verschnittzuschlag in Prozent, wenn 11,75 m²
      Riemen für diesen Auftrag gekauft wurden.

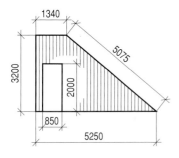

10. Ein Stuhlsitz hat folgende
    Maße: Vorderkante 450 mm,
    Hinterkante 370 mm, Sitztiefe
    420 mm. 28 Sitze werden
    gebraucht. Man rechnet mit
    einem Verschnittzuschlag von
    23 %.
    Zu berechnen ist die Rohmen-
    ge an Furniersperrholzplatte in
    m².

11. Ein Kaufhaus bestellt für die
    Dekoration der Schaufenster
    150 Dekorationsflächen. Als
    Material werden 6 mm dicke,
    harte Holzfaserplatten ver-
    wendet.
    Zu berechnen sind:
    a) Fertigmenge je Platte in
       m²,
    b) Verschnitt je Platte in m²,
       wenn der Zuschnitt aus
       einem 615 mm/1780 mm
       großen Holzfaserplattenabschnitt erfolgt,
    c) Verschnittzuschlag in Prozent,
    d) Rohmenge für den Gesamtauftrag in m².

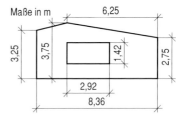

12. Zur besseren Wärmedämmung einer Außenwand
    werden Wärmedämmplatten und eine Paneelbe-
    kleidung montiert.
    Wie viel m² Bekleidung müssen ohne Berück-
    sichtigung eines Verschnittzuschlags angebracht
    werden?

5.6 Bretter

Bretter werden nach Quadratmetern gehandelt und in DM/m² berechnet. Die Höhe des Preises hängt von Holzart, Qualität und Holzdicke ab.

Parallel besäumte Bretter

Die **Gesamtfläche gleichdicker Bretter** kann als Rechteck berechnet werden, da parallel besäumte Bretter eine rechteckige Fläche haben.

> Fläche = Länge · Breite
> A = l · b

Bei **gleicher Länge und gleicher Breite** wird das Produkt aus Länge, Breite und Anzahl gebildet.

> Gesamtfläche = Länge · Breite · Anzahl
> A_{ges} = l · b · n

Bei **gleicher Länge und unterschiedlicher Breite** wird die Länge mit der Summe der Breiten multipliziert.

> Gesamtfläche = Länge · Summe der Breiten
> A_{ges} = l · $(b_1 + b_2 + b_3 ...)$

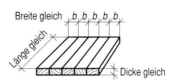

Wie viel m² Fläche haben 5 Bretter mit den Einzelmaßen: l = 4000 mm, b = 220 mm, d = 24 mm?

Lösung:
$A = l \cdot b \cdot n$
$A = 4,00 \text{ m} \cdot 0,22 \text{ m} \cdot 5 = \underline{4,40 \text{ m}^2}$

5 Eichenbretter haben die Einzelmaße: l = 3250 mm, d = 18 mm, b = 140 mm, 160 mm, 240 mm, 260 mm, 280 mm. Wie groß ist die Fläche in m²?

Lösung:
$A = l \cdot (b_1 + b_2 + b_3 + b_4 + b_5)$
$A = 3,25 \text{ m} \cdot (0,14 \text{ m} + 0,16 \text{ m} + 0,24 \text{ m} + 0,26 \text{ m} + 0,28 \text{ m})$
$A = \underline{3,51 \text{ m}^2}$

Bei **unterschiedlicher Länge und gleicher Breite** wird die Breite mit der Summe der Längen multipliziert.

> Gesamtfläche = Breite · Summe der Längen
> A_{ges} = b · $(l_1 + l_2 + l_3 ...)$

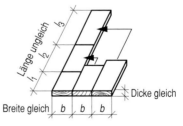

3 Buchenbretter, je 25 mm dick und 23 cm breit, sind 0,75 m, 1,13 m und 1,82 m lang. Wie groß ist die Fläche in m²?

Lösung:
$A = b \cdot (l_1 + l_2 + l_3)$
$A = 0,23 \text{ m} \cdot (0,75 \text{ m} + 1,13 \text{ m} + 1,82 \text{ m}) = \underline{0,85 \text{ m}^2}$

Ungehobelte, parallel besäumte Bretter aus Nadelholz nach DIN 4071

Dicke (Nennmaß) in mm	Breite in mm	Länge in mm
16; 18; 22; 24; 28; 38	75; 80; 100; 115; 120; 125; 140; 150; 160; 175; 180; 200; 220; 225; 240; 250; 260; 275; 280; 300	von 1 500 … 6 000 gestuft von 250 zu 250 oder von 300 zu 300

Einseitig glatt, rückseitig gleichmäßig gehobelte Bretter aus Nadelholz nach DIN 4073

Dicke (Nennmaß) in mm		Breite in mm	Länge in mm
Europäische Hölzer (außer nordische)	Nordische Hölzer (Finnland, Schweden, Norwegen)		
13,5; 15,5; 19,5; 25,5; 35,5	9,5; 11; 12,5; 14; 16; 19,5; 22,5; 25,5; 28,5	75; 80; 100; 115; 120; 125; 140; 150; 160; 175; 180; 200; 220; 225; 240; 250; 260; 275; 280; 300	von 1 500 … 6 000 gestuft von 250 zu 250 oder von 300 zu 300

Profilbretter

Profilbretter haben zwei Breitenmaße:
- **Deckmaß b_D** (Brettbreite ohne Feder) → Berechnung der eingebauten Fläche A_D,
- **Profilmaß b_F** (Brettbreite mit Feder) → Berechnung der einzelnen Brettfläche A_F.

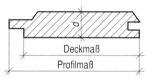

Deckmaß

Profilmaß

eingebaute Fläche = Länge · Deckmaß · Anzahl
$$A_D = l \cdot b_D \cdot n$$

Brettfläche = Länge · Profilmaß
$$A_F = l \cdot b_F$$

Eine 2,25 m hohe Wandbekleidung besteht aus 54 Profilbrettern mit einem Deckmaß von je 107 mm. Wie viel m² Fläche hat diese Wand?

Lösung:
$$A = l \cdot b_D \cdot n$$
$$A = 2,25 \text{ m} \cdot 0,107 \text{ m} \cdot 54 = \underline{\underline{13,00 \text{ m}^2}}$$

Profilbretter (gehobelte, gespundete Bretter) mit Schattennut (Fase und breitem Grund) aus Nadel- und Laubholz nach DIN 68126

	Dicke in mm	Breite (Profilmaß) in mm	Länge in mm
Europäische Hölzer (außer nordische)	13,5; 15,5; 19,5;	95; 115	von 1 500 … 4 500 gestuft von 250 zu 250 von 4 500 … 6 000 gestuft von 500 zu 500
Nordische Hölzer (Finnland, Schweden, Norwegen)	12,5; 14; 19,5	71; 96; 146	1 800; 2 100; 2 400; 2 700; 3 000; 3 300; 3 600; 3 900; 4 200; 4 500; 4 800; 5 100; 5 400; 5 700; 6 000
Überseeische Hölzer	9,5; 11; 12,5	69; 94	1 830; 2 130; 2 440; 2 740; 3 050; 3 350; 3 660; 3 960; 4 270; 4 570; 4 880; 5 180; 5 490; 5 790; 6 100

Konisch besäumte und unbesäumte Bretter

Konisch (nicht parallel) besäumte und unbesäumte Bretter haben eine Trapezfläche.

> Fläche = mittlere Breite · Länge
> $A = b_m · l$

Gemessen wird Nadel- und Laubschnittholz nach DIN 68250 bzw. DIN 68371:
- Länge → am kürzesten Abstand zwischen den annähernd rechtwinklig zur Längsachse liegenden Enden.
- Breite (auf volle cm auf- oder abgerundet) →
  - *unbesäumt:* auf der Seite ohne Baumkante,
  - *nicht parallel besäumt:* auf der schmalen Seite in der Mitte der Länge senkrecht zur Längsachse.
  - *parallel besäumt:* an beliebiger Stelle ohne Baumkante, jedoch 150 mm von den Enden entfernt.

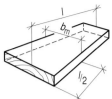

Brett, konisch besäumt   Brett, unbesäumt

Ein unbesäumtes Brett ist 4,25 m lang und hat eine mittlere Breite von 36 cm. Wie viel m^2 beträgt die Fläche?

Lösung:
$A = b_m · l$
$A = 0,36 \text{ m} · 4,25 \text{ m} = \underline{\underline{1,53 \text{ m}^2}}$

Aufgaben

1. Wie viel m^2 beträgt die Fläche des unbesäumten Bretts?

2. Wie teuer ist ein nicht parallel besäumtes, 30 mm dickes Brett, wenn der Preis je m^2 14,50 € beträgt?

3. Ein parallel besäumtes Brett ist 32 cm breit und 4,50 m lang.
   Wie viel Friese mit einer Breite von je 60 mm und einer Länge von je 1070 mm können daraus zugeschnitten werden, wenn durch den Sägeschnitt jeweils 4 mm Holzverlust entstehen?

4. Bei der Inventur wird auf einem Holzlagerplatz folgender Posten Schnittholz nachgemessen und berechnet.

Stückzahl	Länge in m	Breite in cm	Dicke in mm
12	4,50	24	22
1	4,75	20	24
1	4,75	22	24
1	4,75	26	24
1	4,75	14	24
1	4,75	18	24
1	4,75	28	24

Wie viel m^2 Bretter, getrennt nach Holzdicke, muss der Unternehmer bei der Inventur buchen?

5. Ein Innenausbaubetrieb erhält Bretter laut der folgenden Aufstellung.
Zu berechnen sind die Gesamtholzkosten dieser Lieferung.

lfd. Nr.	Holzart	Stück-zahl	Länge in m	Breite in cm	Dicke in mm	Menge in m^2	Preis einzeln in €/m^2	Preis in €/m^2
1	Nussbaum	1	4,50	28	24	?	65,40	? €
2	Eiche	1	5,00	30	24	?	32,00	? €
3	Buche	6	3,50	24	22	?	7,60	? €
4	Buche	15	4,00	22	18	?	8,10	? €
5	Kiefer	25	6,00	24	24	?	10,00	? €
6	Kiefer	9	4,50	18	18	?	7,40	? €

6. Eine Ladung nicht parallel besäumter Bretter ist geliefert worden.
Zu berechnen ist die jeweilige Menge.

lfd. Nr.	Stückzahl	Holzart	Länge in m	mittlere Breite in cm	Dicke in mm	Menge in m^2
1	3	Nussbaum	3,50	24	18	?
2	5	Rotbuche	4,25	45	28	?
3	4	Makoré	4,25	51	25	?
4	2	Eiche	5,00	47	28	?
5	6	Fichte	4,50	42	18	?

7. Wie viel m^2 misst das konisch besäumte Kiefernbrett?

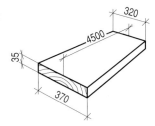

8. Ein konisch besäumtes Kiefernbrett mit einer Dicke von 24 mm misst am unteren Ende (Stammholz) 463 mm, am oberen Ende (Zopfholz) 378 mm und in der Länge 4,75 m. Fünf gleiche Bretter werden verwendet, um daraus Fertigteile zuzuschneiden. Dabei entsteht ein Schnittverlust von 26 %.
Zu berechnen ist die Fertigmenge in m^2.

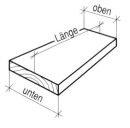

9. Ein Zimmer, 5,26 m lang und 4,13 m breit, erhält einen Bodenbelag aus 4,25 m langen Hobeldielen, die mit Feder 13 cm breit sind und deren Federbreite 6,5 mm beträgt.
Zu berechnen sind:
a) Anzahl der benötigten Hobeldielen,
b) Verschnittzuschlag in Prozent.

10. Ein 32 mm dickes, 3,75 m langes, unbesäumtes Eichenbrett misst in der Brettmitte linksseitig 270 mm und rechtsseitig 290 mm.
Zu berechnen ist die Fläche in m^2.

11. Zu berechnen sind Fläche und Preis eines unbesäumten, 4,75 m langen Brettes, dessen mittlere Breite 32 cm beträgt. Der m^2-Preis des 26 mm dicken Brettes beträgt 15,20 €.

12. Ein einseitig glatt gehobeltes, 19,5 mm dickes Kiefernbrett ist 5,25 m lang und hat eine mittlere Breite von 37,3 cm.
Wie teuer ist das Brett bei einem m^2-Preis von 15,00 €?

13. Ein 28 mm dickes, ungehobeltes, parallel besäumtes Tannenbrett ist 3,25 m lang und soll eine Fläche von 0,55 m^2 haben.
Wie viel cm beträgt die Breite?

14. Für eine Wandbekleidung werden 93 Profilbretter mit Schattennut gekauft. Die fertigmontierten Bretter sind 232 cm lang. Das Deckmaß beträgt 89 mm.
Wie viel m^2 beträgt die bekleidete Fläche?

15. Für eine Deckenbekleidung in nordischer Fichte werden Profilbretter mit 96 mm Profilmaß und 4800 mm Länge bestellt.
Wie viel m^2 beträgt die Fläche eines Profilbretts?

16. Eine 5,17 m lange Decke ist mit 77 Profilbrettern in europäischer Kiefer bekleidet. Das Deckmaß beträgt 106 mm.
Wie viel m^2 beträgt das Rohmaß der montierten Decke bei einem Verschnittzuschlag von 15 %?

17. Eine 4,30 m breite Wand ist mit Profilbrettern mit Schattennut bekleidet. Das Profilmaß beträgt 96 mm, die angefräste Feder 8 mm.
Wie viel Profilbretter wurden montiert?

5.7 Dreiecke

Dreiecke haben drei Seiten und drei Winkel.
Bezeichnet wird im Allgemeinen wie folgt:
- Eckpunkte → große lateinische Buchstaben im Gegenuhrzeigersinn,
- Seiten → kleine lateinische Buchstaben,
- Innenwinkel an den Eckpunkten → kleine griechische Buchstaben.

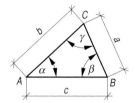

Dreiecksarten unterscheidet man nach den Winkeln und den Seiten.

Nach den **Winkeln** bezeichnet man Dreiecke als:
- rechtwinklig → ein rechter Winkel (= 90°) und zwei spitze Winkel (je < 90°),
- spitzwinklig → drei spitze Winkel (alle < 90°),
- stumpfwinklig → ein stumpfer Winkel (> 90°) und zwei spitze Winkel (je < 90°).

Nach den **Seiten** bezeichnet man Dreiecke als:
- gleichseitig → drei gleich lange Seiten,
- gleichschenklig → zwei gleich lange Seiten,
- ungleichseitig → drei verschieden lange Seiten.

Der **Flächeninhalt A** von Dreiecken berechnet sich aus der Hälfte der Fläche eines Rechtecks oder Parallelogramms. Die Dreiecksfläche ist das Produkt aus Länge und Breite geteilt durch zwei.

$$\text{Fläche} = \frac{\text{Länge} \cdot \text{Breite}}{2}$$

$$A = \frac{l \cdot b}{2}$$

Ein Dreieck hat folgende Maße: $l = 0{,}92$ m, $h = 0{,}50$ m. Wie groß ist die Fläche A in m^2?

Lösung:
$$A = \frac{l \cdot b}{2}$$

$$A = \frac{0{,}92 \text{ m} \cdot 0{,}50 \text{ m}}{2} = \underline{\underline{0{,}23 \text{ m}^2}}$$

Der **Umfang U** von Dreiecken ist die Summe aller Seiten.

$$\text{Umfang} = \text{Länge}_1 + \text{Länge}_2 + \text{Länge}_3$$

$$U = l_1 + l_2 + l_3$$

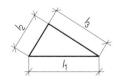

Ein Dreieck hat folgende Maße: $U = 4{,}64$ m, $l_2 = 1{,}31$ m, $l_3 = 1{,}53$ m. Wie groß ist l_1 in m?

Lösung:
$$U = l_1 + l_2 + l_3$$
$$l_1 = U - l_2 - l_3$$
$$l_1 = 4{,}64 \text{ m} - 1{,}31 \text{ m} - 1{,}53 \text{ m}$$
$$l_1 = \underline{\underline{1{,}80 \text{ m}}}$$

Aufgaben

1. Zu berechnen sind die fehlenden Werte folgender Dreiecke.

	Länge	Breite	Fläche
a)	74 cm	53 cm	? m^2
b)	146 cm	113 cm	? m^2
c)	41 cm	37 cm	? m^2
d)	1,65 m	? m	2,18 m^2
e)	0,24 m	? m	0,41 m^2
f)	? m	0,50 m	0,80 m^2

2. Ein Stoffgeschäft bestellt 7 Gestelle aus 6 mm dicker FU-Platte mit klappbarer Stütze.
Wie viel m^2 Furnier werden bei beidseitiger Furnierung der beiden Dreiecksflächen und einem Verschnittzuschlag von 40 % benötigt?

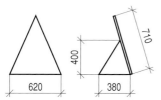

3. Für ein Wandregal werden 9 dreieckige Bretter aus 19 mm dicker Holzspanplatte zugeschnitten und beidseitig furniert.
   a) Wie viel m^2 Rohmenge Furnier werden bei 15 % Verschnittzuschlag benötigt?
   b) Wie viel m Kantenfurnier müssen bei einem Verschnittzuschlag von 10 % bereitgestellt werden?

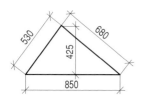

4. Für ein Schuhgeschäft werden 34 Fachbretter für Eckregale angefertigt.
Zu berechnen sind:
   a) Bruttoverbrauch an Spanplatten in m^2 bei 12 % Verschnittzuschlag,

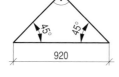

   b) Bruttoverbrauch an Nussbaumfurnier bei beidseitigem Furnieren und 25 % Verschnittzuschlag.

5. Für einen Ausstellungsstand werden einem Kunden 6 Scheiben Kathedralglas, 4 mm dick, geliefert. Für 1 m^2 Kathedralglas werden 38,50 € berechnet.
Wie viel € Materialkosten werden dem Kunden in Rechnung gestellt bei einem Verschnittzuschlag von 28 %?

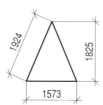

6. In eine Wandaussparung werden fünf dreieckige Fachböden eingepasst; sie werden direkt an die Wand geschraubt.
Zu berechnen sind:
   a) Fertigmenge an Stabsperrholz ST in m^2,
   b) Furnierrohmenge bei 25 % Verschnittzuschlag.

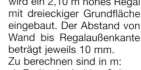

7. In eine Wandaussparung wird ein 2,10 m hohes Regal mit dreieckiger Grundfläche eingebaut. Der Abstand von Wand bis Regalaußenkante beträgt jeweils 10 mm.
Zu berechnen sind in m:
   a) Breite der beiden Seiten,
   b) Zuschnittmaße der beiden Seiten,
   c) Zuschnittmaße der Fachböden.

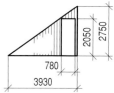

8. Zu berechnen ist der Preis der Verschalung ohne Tür. Für 1 m^2 Schalungsfläche müssen 152,00 € bezahlt werden.

9. Ein gleichschenkliges, rechtwinkliges Dreieck hat zwei Schenkel mit je 2,45 m Länge.
Zu berechnen ist die Fläche in m^2.

10. Für ein Restaurant werden 35 quadratische Felder angefertigt, die als Sichtblenden zwischen den Einzeltischen aufgestellt werden. Jedes Feld ist aus 4 Dreiecken zusammengesetzt, die beidseitig furniert sind.
Zu berechnen sind:
   a) Furnierverbrauch je Holzart bei 40 % Verschnittzuschlag für 1) Eiche, 2) Esche, 3) Rüster und 4) Wenge,
   b) Vollholzanleimer in m, wenn jede Dreiecksfläche einzeln mit 4 mm dicken Anleimern versehen wird, da diese Flächen in verschiedenen Ebenen liegen.

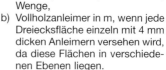

5.8 Vielecke

Regelmäßige Vielecke

Regelmäßige Vielecke haben jeweils gleich lange Seiten und gleich große Winkel. Sie können in eine bestimmte Anzahl gleichschenkliger Teildreiecke zerlegt werden.

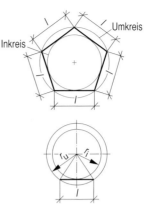

In- und Umkreis haben denselben Mittelpunkt. Der Inkreis berührt alle Seiten. Auf dem Umkreis liegen alle Eckpunkte. Verbindet man je zwei benachbarte Eckpunkte mit dem Mittelpunkt, entstehen gleichschenklige Dreiecke. Die Schenkellänge ist dabei der Radius des Umkreises. Der Radius des Inkreises ist gleich der Höhe der Teildreiecke. Die Grundlinie l ist eine Vieleckseite.

Der **Flächeninhalt A** eines regelmäßigen Vielecks ist das Produkt aus der Fläche und der Anzahl der Teildreiecke.

$$\text{Fläche} = \frac{\text{Länge} \cdot \text{Inkreisradius}}{2} \cdot \text{Anzahl}$$

$$A = \frac{l \cdot r_i}{2} \cdot n$$

Der **Umfang U** ist die Summe der Vieleckseiten.

$$\text{Umfang} = \text{Länge} \cdot \text{Anzahl}$$

$$U = l \cdot n$$

Ein fünfeckiger Spieltisch hat eine Seitenlänge von 68 cm und einen Inkreisradius von 48 cm.
Zu berechnen sind:
a) Fläche A in m^2,
b) Umfang U in m.

Lösung:

a) $A = \dfrac{l \cdot r_i \cdot n}{2}$

$A = \dfrac{0,68 \text{ m} \cdot 0,48 \text{ m} \cdot 5}{2} = \underline{0,82 \text{ m}^2}$

b) $U = l \cdot n$
$U = 0,68 \text{ m} \cdot 5 = \underline{3,40 \text{ m}}$

Mit Hilfe der **Tabelle** lässt sich der Flächeninhalt von regelmäßigen Vielecken vereinfacht aus der Seitenlänge, dem Umkreisradius oder dem Inkreisradius berechnen.

Ein sechseckiger Spieltisch hat eine Seitenlänge von 68 cm. Wie viel m^2 beträgt die Fläche A?

Lösung:
$A = 2,598 \cdot l \cdot l$
$A = 2,598 \cdot 0,68 \text{ m} \cdot 0,68 \text{ m} = \underline{1,20 \text{ m}^2}$

Berechnung von regelmäßigen Vielecken

| Vieleck | Fläche A | | | Seitenlänge l | | Umkreisradius r_u | | Inkreisradius r_i | |
	l^2 mal	r_u^2 mal	r_i^2 mal	r_u mal	r_i mal	l mal	r_i mal	r_u mal	l mal
Dreieck	0,433	1,299	5,196	1,732	3,464	0,577	2,000	0,500	0,289
Viereck	1,000	2,000	4,000	1,414	2,000	0,707	1,414	0,707	0,500
Fünfeck	1,720	2,377	3,633	1,175	1,453	0,851	1,236	0,809	0,688
Sechseck	2,598	2,598	3,464	1,000	1,155	1,000	1,155	0,866	0,866
Achteck	4,828	2,828	3,314	0,765	0,828	1,306	1,082	0,924	1,207
Zehneck	7,694	2,939	3,249	0,618	0,650	1,618	1.051	0,951	1,539

Unregelmäßige Vielecke

Unregelmäßige Vielecke haben verschieden große Winkel und unterschiedlich lange Seiten. Sie können in Teilflächen zerlegt und als Einzelflächen berechnet werden, z. B. als:

- Dreiecke,
- Rechtecke,
- Parallelogramme.

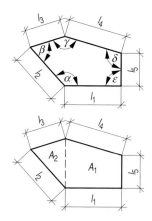

Der **Flächeninhalt A** ist bei unregelmäßigen Vielecken die Summe aller Teilflächen.

Gesamtfläche	=	Summe aller Teilflächen
A_{ges}	=	$A_1 + A_2 + A_3 \dots$

Der **Umfang U** von unregelmäßigen Vielecken ist die Summe aller Vieleckseiten.

Gesamtumfang	=	$Seite_1 + Seite_2 + Seite_3 \dots$
U_{ges}	=	$l_1 + l_2 + l_3 \dots$

Zu berechnen ist die Fläche eines unregelmäßigen Vielecks in m².

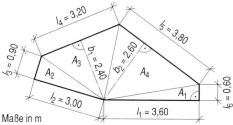

Maße in m

Lösung:

$$A_1 = \frac{l_1 \cdot l_6}{2} = \frac{3,60 \text{ m} \cdot 0,60 \text{ m}}{2} = 1,08 \text{ m}^2$$

$$A_2 = \frac{l_2 \cdot l_3}{2} = \frac{3,00 \text{ m} \cdot 0,90 \text{ m}}{2} = 1,35 \text{ m}^2$$

$$A_3 = \frac{l_4 \cdot b_1}{2} = \frac{3,20 \text{ m} \cdot 2,40 \text{ m}}{2} = 3,84 \text{ m}^2$$

$$A_4 = \frac{l_5 \cdot b_2}{2} = \frac{3,80 \text{ m} \cdot 2,60 \text{ m}}{2} = 4,94 \text{ m}^2$$

$$= \underline{\underline{11,21 \text{ m}^2}}$$

Aufgaben

1. Eine sechseckige Tischplatte wird aus einer STAE-Platte angefertigt. Der Umkreisradius r_u des Sechsecks beträgt 635 mm.
   Zu berechnen sind:
   a) Fläche der Tischplatte in m²,
   b) Verschnittzuschlag in Prozent, wenn die Seitenlänge der ursprünglich quadratischen STAE-Platte um 120 mm größer ist als der Umkreisdurchmesser der anzufertigenden Tischplatte,
   c) Länge des 8 mm dicken, auf Gehrung gestoßenen Anleimers in m unter Berücksichtigung von 10 % Verschnittzuschlag.

2. Ein Möbelhaus bestellt Tische in Form eines regelmäßigen Fünfecks.
   Zu berechnen sind für den Kostenvoranschlag je Tischplatte:
   a) Rohmenge an Flachpressplatte in m² bei 40 % Verschnittzuschlag, abzüglich des 12 mm dicken Anleimers,
   b) Rohmenge an Deckfurnier (1. Wahl für die Oberseite) bei 50 % Verschnittzuschlag,
   c) Rohmenge an Deckfurnier (2. Wahl für die Unterseite) bei 35 % Verschnittzuschlag,
   d) Länge des 12 mm dicken Anleimers in m, der für die Profilfräsung auf Gehrung gestoßen ist, bei einem Verschnittzuschlag von 10 %.

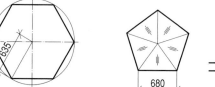

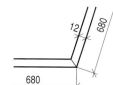

3. Die Seitenlänge einer regelmäßigen achteckigen Tischplatte hat das Maß von 675 mm.
Zu berechnen sind:
a) Rohmenge in m² des Deckfurniers bei 60 % Verschnittzuschlag mit Hilfe der Tabelle (s. S. 101),
b) Anleimer in m bei 15 % Verschnittzuschlag.

4. Eine Tischplatte in Form eines regelmäßigen Sechsecks wird beidseitig furniert. Die Seitenlänge beträgt 670 mm.
Mit Hilfe der Tabelle (s. S. 101) sind zu berechnen:
a) Durchmesser in m,
b) Furniermenge in m² bei einem Verschnittzuschlag von 30 %.

5. Bei einer Serienfertigung in einer Möbelfabrik werden 362 Schrankseiten aus Holzspanplatten, 19 mm dick, zugeschnitten.
Zu berechnen sind:
a) gesamte Fertigmenge in m²,
b) Bruttomenge in m² bei einem Verschnittzuschlag von 11,5 %.

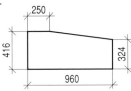

6. Zu berechnen ist die Fensterfläche eines Atelierfensters in m².

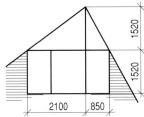

7. Für 14 furnierte Schrankrückwände wird als Trägermaterial 8 mm dickes Furniersperrholz (FU) verwendet. Die Rückwände werden innen mit Kirschbaum (KB), Verschnittzuschlag 35 %, außen mit Makoré (MAC), Verschnittzuschlag 15 %, furniert.
Zu berechnen sind die Rohmengen in m² an:
a) FU-Platte bei 12 % Verschnittzuschlag,
b) KB-Furnier,
c) MAC-Furnier.

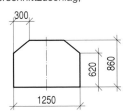

8. Für die Verglasung eines Giebelfensters wird eine Scheibe aus einer 6 mm dicken Kristallglastafel mit den Abmessungen 1500 mm/1800 mm zugeschnitten.
Zu berechnen sind:
a) Fertigmenge der Scheibe in m²,
b) Verschnittmenge in m²,
c) Verschnittzuschlag in Prozent,
d) Preis der Scheibe einschließlich Verschnittzuschlag, wenn der Preis je m² 53,20 € beträgt.

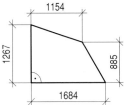

9. Zu berechnen ist die Fertigmenge in m², die für eine Deckenbekleidung benötigt wird.

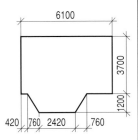

10. In einem Zimmer eines Altbaus werden auf einem unbrauchbaren Riemenboden 19 mm dicke Fußboden-Verlegeplatten montiert.
Zu berechnen sind:
a) Fertigmenge an Fußbodenplatten,
b) Rohmenge bei 30 % Verschnittzuschlag.

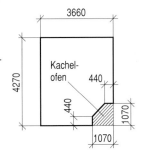

11. In einer Gärtnerei werden an drei Gewächshäusern jeweils die beiden Giebelseiten mit Drahtglas eingeglast. Die Tür an jeder Giebelseite einschließlich der Lüftungsklappe bleibt ausgespart. Für den Glaszuschnitt wird ein Verlust von 32 % angenommen.
Zu berechnen ist die Bruttomenge des benötigten Drahtglases in m².

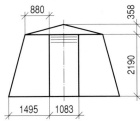

5.9 Kreis

Kreis

Der Kreis ist eine in sich geschlossene, ebene Linie (Kreislinie), die von einem festen Mitttelpunkt M aus überall die gleiche Entfernung hat.

Der **Durchmesser d** geht durch den Mittelpunkt (Symmetrieachse) und ist die geradlinige Verbindungslinie zwischen zwei Punkten auf der Kreislinie.

Der **Radius r** (Halbmesser $\frac{d}{2}$) ist die geradlinige Verbindungslinie vom Mittelpunkt M zur Kreislinie.

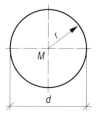

Der **Umfang U** des Kreises ist die Länge der Kreislinie. Bei allen Kreisen ist das Verhältnis des Umfangs zum Durchmesser gleich. Der Umfang ist das 3,1415927-fache des Durchmessers. Die Verhältniszahl heißt π (sprich: pi). Meistens wird der Näherungswert 3,14 verwendet.

Umfang	= Durchmesser · π
U	= d · π
Umfang	= 2 · Radius · π
U	= 2 · r · π

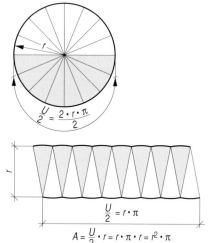

$$\frac{U}{2} = \frac{2 \cdot r \cdot \pi}{2}$$

$$\frac{U}{2} = r \cdot \pi$$

$$A = \frac{U}{2} \cdot r = r \cdot \pi \cdot r = r^2 \cdot \pi$$

Wie viel m beträgt der Umfang einer runden Tischplatte mit dem Durchmesser von 1,13 m?

Gegeben: d = 1,13 m
Gesucht: U = ? m

Lösung:
$U = d \cdot \pi$
$U = 1,13$ m $\cdot \pi = \underline{3,55 \text{ m}}$

Der **Flächeninhalt A** ist die Summe einer geraden Anzahl kleiner Sektoren, die näherungsweise zu einem Parallelogramm angeordnet werden. Die Länge entspricht dem halben Kreisumfang $\frac{U}{2}$, die Breite dem Radius r. Der Flächeninhalt A ist das Produkt aus dem Quadrat des Radius (des halben Durchmessers) und der Zahl π.

Fläche	= Radius^2 · π
A	= r^2 · π
Fläche	= $\left(\dfrac{\text{Durchmesser}}{2}\right)^2 \cdot \pi$
A	= $\left(\dfrac{d}{2}\right)^2 \cdot \pi = \dfrac{d^2 \pi}{4}$
Fläche	= Durchmesser^2 · 0,785*
A	= d^2 · 0,785*

*In der Praxis wird vorwiegend mit dem Näherungswert $\frac{\pi}{4} \approx 0{,}785$ gerechnet.

Die Kreisfläche entspricht ungefähr dem 0,785-fachen der Quadratfläche.

Wie viel m^2 beträgt der Flächeninhalt einer runden Tischplatte mit einem Durchmesser von 1,13 m?

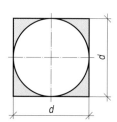

Gegeben: d = 1,13 m
Gesucht: A = ? m^2

Lösung:
$$A = d^2 \cdot \frac{\pi}{4}$$

$A = 1,13$ m $\cdot 1,13$ m $\cdot \dfrac{\pi}{4} = \underline{1,00 \text{ m}^2}$

Der **Durchmesser** *d* ist die Quadratwurzel aus dem Quotienten von Flächeninhalt und $\frac{\pi}{4}$.

$$\text{Durchmesser} = \sqrt{\frac{\text{Kreisfläche} \cdot 4}{\pi}}$$

$$d = \sqrt{\frac{A \cdot 4}{\pi}}$$

oder:

$$d = \sqrt{\frac{A}{0{,}785}}$$

Eine runde Tischplatte hat den Flächeninhalt von 0,61 m². Wie viel m beträgt der Durchmesser?

Gegeben: $A = 0{,}61 \text{ m}^2$
Gesucht: $d = ? \text{ m}$

Lösung: $d = \sqrt{\dfrac{A \cdot 4}{\pi}}$

$$d = \sqrt{\frac{0{,}61 \text{ m}^2 \cdot 4}{\pi}} = \underline{\underline{0{,}78 \text{ m}}}$$

Kreisring

Der Kreisring besteht aus zwei konzentrischen Kreisen mit verschiedenen Durchmessern.

Der **Flächeninhalt A** ist die Differenz zwischen größerer und kleinerer Fläche.

$$\begin{array}{rcccc} \text{Fläche} & = & \text{große Kreisfläche} & - & \text{kleine Kreisfläche} \\ A & = & A_1 & - & A_2 \end{array}$$

$$A = d_1^2 \cdot \frac{\pi}{4} - d_2^2 \cdot \frac{\pi}{4} = (d_1^2 - d_2^2) \cdot \frac{\pi}{4}$$

Der **Umfang U** ist die Summe des äußeren und inneren Kreisumfangs.

$$\begin{array}{rcccl} \text{Umfang} & = & \text{Kreisumfang}_1 & + & \text{Kreisumfang}_2 \\ U & = & U_1 & + & U_2 \\ U & = & d_1 \cdot \pi & + & d_2 \cdot \pi = (d_1 + d_2) \cdot \pi \end{array}$$

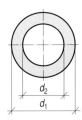

Wie viel m² beträgt die Fläche eines Kreisrings mit den Durchmessern $d_1 = 910$ mm und $d_2 = 695$ mm?

Gegeben:
$d_1 = 0{,}910$ m
$d_2 = 0{,}695$ m

Gesucht:
$A = ? \text{ m}^2$

Lösung:
$$A = (d_1^2 - d_2^2) \cdot \frac{\pi}{4}$$
$$A = (0{,}910 \text{ m} \cdot 0{,}910 \text{ m} - 0{,}695 \text{ m} \cdot 0{,}695 \text{ m}) \cdot \frac{\pi}{4}$$
$$A = \underline{\underline{0{,}28 \text{ m}^2}}$$

Aufgaben

1. Zu berechnen sind a) Kreisfläche A, b) Kreisumfang U.

d	0,53 m	1,09 m	810 mm	26 cm	3,19 m	11,3 dm	1,52 m	78 cm	1230 mm	93 cm	0,17 m	1613 mm
A in m^2	?	?	?	?	?	?	?	?	?	?	?	?
U in m	?	?	?	?	?	?	?	?	?	?	?	?

2. Zu berechnen sind die Durchmesser mit Hilfe des Näherungswerts 0,785.

A in m^2	1,62	0,46	6,70	3,90	0,22	0,88
d in m	?	?	?	?	?	?

3. Zu berechnen sind die Durchmesser.

U in m	1,87	1,10	0,59	7,85	4,40	0,67
d in m	?	?	?	?	?	?

4. Wie viel m^2 Flachpressplatte werden für die Herstellung von 15 kreisrunden Flächen mit je 1,35 m Durchmesser benötigt?

5. Es sollen 8 kreisrunde Tischplatten beidseitig furniert werden. Man rechnet mit einem Verschnittzuschlag von 60 %.
Zu berechnen ist die notwendige Rohmenge an Deckfurnier in m^2.

910

6. Wie viel m PVC-Kante müssen bereitgestellt werden, wenn 20 kreisrunde Platten mit Kanten versehen werden? Es werden 3 % Verschnittzuschlag – bedingt durch das Schweißen der Nahtstellen – einkalkuliert. Beim Erwärmen hingegen dehnen sich die Kanten um 8 % aus, ohne dass sie nach dem Erkalten zusammenschrumpfen.

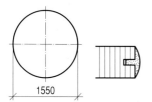

1550

7. Aus einer 19 mm dicken Flachpressplatte werden 6 kreisrunde Flächen herausgeschnitten.
Zu berechnen sind mit dem Näherungswert 0,785:
a) Fertigmenge in m^2,
b) Rohmenge in m^2,
c) Verschnittzuschlag in Prozent.

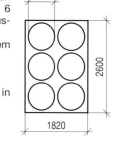

770　2600　1820

8. Aus dem Reststück einer dekorativen Schichtpressstoffplatte lässt sich noch eine Kreisfläche zuschneiden.
Wie viel Prozent Verschnittzuschlag können bei weiteren, gleichen Stücken eingesetzt werden?

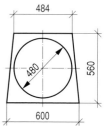

484　480　560　600

9. Aus dem Reststück einer 5 mm dicken Floatglastafel werden zwei kreisrunde Scheiben zugeschnitten.
Zu berechnen sind:
a) Fertigmenge der Scheiben in m^2,
b) Reststücke in m^2,
c) Verschnittzuschlag in Prozent,
d) Länge des Dichtungsstreifens für beide Scheiben in m.

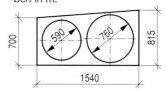

700　590　760　815　1540

10. Für den Ausbau der Empfangshalle in einem Hotel benötigt man abgerundete Aussteifungsflächen, über die eine mittelharte Holzfaserplatte gezogen wird.
Zu berechnen ist für 30 Flächen:
a) Fertigmenge in m^2 mit dem Näherungswert 0,785,
b) Verschnittzuschlag in Prozent. Je 2 Platten werden aus einer Platte von 1530 mm/2050 mm zugeschnitten.

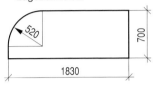

11. In das Wohnzimmer eines Einfamilienhauses wird eine furnierte Holzdecke eingebaut. Die Decke erhält eine Aussparung für die Wendeltreppe. Mit Unterkonstruktion kostet 1 m^2 fertige Deckenbekleidung 207,00 €.
Zu berechnen ist der Angebotspreis in DM.

12. Eine Theke in einer Bar wird beidseitig furniert: oben in Esche, unten in Rotbuche. Sämtliche Kanten werden ebenfalls mit Esche furniert.
Zu berechnen sind:
a) Fertigmenge in m^2 an Esche- bzw. Rotbuchenfurnier für die Thekenfläche mit dem Näherungswert 0,785,
b) Fertigmenge in m an Esche-Kantenfurnier.

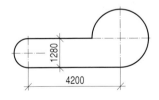

13. Da für die Fertigung einer Rundbogentür keine 38 mm dicke Flachpressplatte zur Verfügung stand, wurden zwei 19 mm dicke Flachpressplatten aufeinander geleimt.
Zu berechnen sind:
a) Rohmenge an 19 mm dicker Flachpressplatte in m^2 bei einem Verschnittzuschlag von 40 %,
b) Fertigmenge an 16 mm dicker Flachpressplatte für das Futter in m^2.

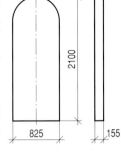

14. In eine 25 mm dicke, runde Tischplatte ist in der Mitte eine strukturierte Kupferplatte eingelassen. Das Nussbaumfurnier auf dem Kreisring ist sternförmig zusammengesetzt.
Zu berechnen sind mit dem Näherungswert 0,785:
a) Rohmenge der Kupferplatten in m^2 bei einem Verschnittzuschlag von 35 %,
b) Rohmenge an Nussbaumfurnier in m^2 bei einem Verschnittzuschlag von 30 %,
c) Länge des Kantenfurniers in m bei 15 % Verschnittzuschlag.

15. Eine Rundbogenzimmertür in Rahmenbauweise wird verglast. Die Ornamentglasscheibe liegt im Falz und hat ringsum 2 mm Luft.
Zu berechnen sind mit dem Näherungswert 0,785:
a) Zuschnittmaße für die Scheibe,
b) Glasverbrauch in m^2 bei 50 % Verschnittzuschlag,
c) Fertigmenge an Nussbaumholz in m^2, wenn der Sockelfries gedübelt ist.

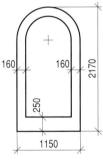

Kreisausschnitt

Der Kreisausschnitt (Sektor) wird durch zwei Radien und den eingeschlossenen Mittelpunktswinkel α gebildet. Dieser ist der $\frac{\alpha}{360°}$. Teil des Vollwinkels.

Der Flächeninhalt A des Kreisausschnitts verhält sich zur gesamten Kreisfläche wie der Mittelpunktswinkel α zur Gesamtgradzahl 360°.

$$\frac{\text{Sektorfläche}}{\text{Gesamtkreisfläche}} = \frac{\text{Mittelpunktswinkel}}{\text{Gesamtgradzahl}}$$

$$\frac{A_{\text{Sektor}}}{A_{\text{ges}}} = \frac{\alpha}{360°}$$

$$A_{\text{Sektor}} = \frac{A_{\text{ges}} \cdot \alpha}{360°}$$

$$A_{\text{Sektor}} = \frac{d^2 \cdot \pi \cdot \alpha}{360° \cdot 4}$$

Bei einem Kreisausschnitt sind der Durchmesser d = 870 mm und der Mittelpunktswinkel = 66,65° bekannt. Wie viel m² beträgt der Flächeninhalt?

Gegeben: d = 870 mm
α = 66,65°
Gesucht: A = ? m²

Lösung:

$$A = \frac{d^2 \cdot \pi \cdot \alpha}{360° \cdot 4}$$

$$A = \frac{(0,87 \text{ m})^2 \cdot \pi \cdot 66,65°}{360° \cdot 4} = \underline{0,11 \text{ m}^2}$$

Die **Bogenlänge b** hängt vom Mittelpunktswinkel α ab und ist somit der $\frac{\alpha}{360°}$. Teil des Kreisumfangs.

$$\text{Bogenlänge} = \frac{\text{Kreisumfang} \cdot \alpha}{360°}$$

$$b = \frac{d \cdot \pi \cdot \alpha}{360°}$$

Der **Flächeninhalt A** berechet sich auch aus dem Produkt von Bogenlänge und einem Viertel des Durchmessers.

$$\text{Fläche} = \frac{\text{Bogenlänge} \cdot \text{Durchmesser}}{4}$$

$$A_{\text{Sektor}} = \frac{b \cdot d}{4}$$

Wie viel m beträgt bei einem Kreisausschnitt die Bogenlänge b, wenn die Maße für den Durchmesser = 1230 mm und für den Mittelpunktswinkel = 70° sind?

Gegeben: d = 1230 mm
α = 70°
Gesucht: b = ? m

Lösung:

$$b = \frac{d \cdot \pi \cdot \alpha}{360°}$$

$$b = \frac{1,23 \text{ m} \cdot \pi \cdot 70°}{360°} = \underline{0,75 \text{ m}}$$

Der **Umfang U** berechnet sich aus der Bogenlänge und dem Durchmesser (= doppelter Radius).

$$\text{Umfang} = \text{Bogenlänge} + \text{Durchmesser}$$
$$U_{\text{Sektor}} = b + d$$
$$U_{\text{Sektor}} = d \cdot \pi \cdot \frac{\alpha}{360°} + d$$

Sechs Flachpressplatten in Form eines Kreisausschnitts (d = 875 mm, α = 72°) erhalten ringsum Furnierkanten. Wie viel m Kantenmaterial ohne Verschnittzuschlag werden benötigt?

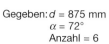

Gegeben: d = 875 mm
α = 72°
Anzahl = 6

Gesucht: U = ? m

Lösung:

$$U = \left(\frac{d \cdot \pi \cdot \alpha}{360°} + d\right) \cdot n$$

$$U = \left(\frac{0,875 \text{ m} \cdot \pi \cdot 72°}{360°} + 0,875 \text{ m}\right) \cdot 6 = \underline{8,55 \text{ m}}$$

Kreisabschnitt

Der Kreisabschnitt (Segment) entsteht durch die Sehne s, die den Kreisbogen in zwei Punkten (A und B) schneidet.

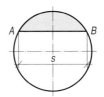

Der **Flächeninhalt A** des Kreisabschnitts berechnet sich aus der Differenz von Kreisausschnitt und Dreieck AMB.

Segmentfläche = Fläche$_{\text{Sektor}}$ − Fläche$_{\text{Dreieck}}$

$$A_{\text{Segment}} = \frac{b \cdot d}{4} - \frac{s(r-h)}{2}$$

Mit der Näherungsformel wird der Flächeninhalt A vereinfacht berechnet. Er beträgt zwei Drittel des Rechtecks aus Sehne s und Höhe h.

Segmentfläche $\approx \frac{2}{3}$ Sehne · Höhe

$$A_{\text{Segment}} \approx \frac{2}{3} s \cdot h$$

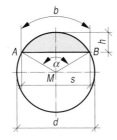

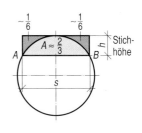

Für eine Stichbogentür mit der Stichhöhe 110 mm und der Sehnenlänge 900 mm wird nach der Näherungsformel der Flächeninhalt A des Kreisabschnitts in m^2 berechnet.

Lösung:

$$A_{\text{Segment}} \approx \frac{2}{3} s \cdot h$$

$$A_{\text{Segment}} \approx \frac{2}{3} \, 0{,}90 \text{ m} \cdot 0{,}11 \text{ m} = \underline{\underline{0{,}07 \text{ m}^2}}$$

Der **Segmentbogen (Stichbogen) b** ist der $\frac{\alpha}{360°}$. Teil des Kreisumfangs.

Segmentbogen = Kreisumfang · $\frac{\alpha}{360°}$

$$b = \frac{d \cdot \pi \cdot \alpha}{360°}$$

Der **Umfang U** ist die Summe aus dem Segmentbogen und der Sehne.

Umfang $= \dfrac{\text{Kreisumfang} \cdot \alpha}{360°} +$ Sehne

$$U_{\text{Segment}} = \frac{d \cdot \alpha}{360°} + s$$

Die **Sehne s** ist das Produkt aus dem Durchmesser und dem Sinus des halben Mittelpunktswinkels (Winkelfunktionen s. S. 58 f.).

Sehne = Durchmesser · $\sin \frac{\alpha}{2}$

$$s = d \cdot \sin \frac{\alpha}{2}$$

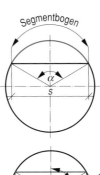

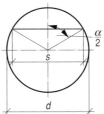

Aufgaben

16. Ein Küchenbauunternehmen fertigt Küchenmöbeltüren aus MDF-Platte an der CNC-Oberfräsmaschine. Bei den Türen wird die Außenkante profiliert. Für die Festlegung der Zeitvorgabe für eine größere Serie ist der Weg in mm zu berechnen, den das Fräswerkzeug je Tür zurücklegt.

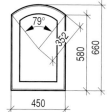

17. Ein Fotogeschäft lässt sich an einem Mauervorsprung 7 Konsolen für die Auslage von Fotoartikeln anbringen. Zu berechnen sind mit dem Näherungwert 0,785:
a) Fertigmenge der Konsolen in m²,
b) Gesamtlänge der Kantenanleimer in m an den sichtbaren Kanten.

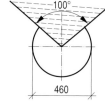

18. In einem Altbau werden 7 Fenster erneuert. Wie viel m² Fensterfläche sind bei der Kalkulation zugrunde zu legen?

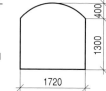

19. Die Eingangstür vom Foyer in einen Versammlungsraum hat eine Leibungstiefe von 420 mm. Der Radius des Stichbogens beträgt 2960 mm. Die Leibung wird aus 28 mm dicker FPY-Platte, sichtseitig mit Zebrano furniert, hergestellt. Zu berechnen sind:
a) Rohmenge in m² an FPY-Plattenmaterial bei 16 % Verschnittzuschlag,
b) Rohmenge in m² an Zebranofurnier bei einem Verschnittzuschlag von 23 %.

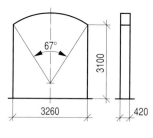

20. Für die Herstellung eines Verkaufsstandes in einer Ausstellung werden je zwei 25 mm dicke FPY-Platten mit den Rohmaßen 1500 mm/3000 mm aufeinander geleimt. Daraus werden jeweils die beiden Hälften des Kreisringes ausgeschnitten. Belegt wird die kreisförmige Fläche mit HPL-Platte.
Zu berechnen sind mit dem Näherungswert 0,785:
a) Rohmenge in m² an FPY-Platte,
b) Rohmenge in m² an HPL-Platte bei 70 % Verschnittzuschlag,
c) Länge des PVC-Anleimers in m, wenn alle Kanten belegt werden.

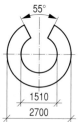

21. In eine Außentür wird eine einbruchsichere Isolierglasscheibe eingesetzt. Sie liegt ringsum in einem 18 mm breiten Falz und hat wegen des Dichtungsstreifens ringsum 5 mm Abstand vom Falzgrund.

Zu berechnen sind:
a) Bestellmaß für die Scheibe in mm für die Breite und die Höhe,
b) Bogenlänge der Scheibe in mm,
c) Scheibenfläche in m².

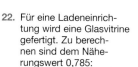

22. Für eine Ladeneinrichtung wird eine Glasvitrine gefertigt. Zu berechnen sind dem Näherungswert 0,785:
a) Fertigmenge an 25 mm dicker Stabsperrholzplatte für den unteren und oberen Boden,
b) Länge der Anleimer für beide Böden in m.

23. Eine Boutique bestellt 5 Fachböden, die direkt an der Wand befestigt und beidseitig mit Esche furniert werden.
Zu berechnen sind:
a) Rohmenge an Stäbchensperrholzplatte bei 45 % Verschnittzuschlag,
b) Rohmenge an Deckfurnier bei 60 % Verschnittzuschlag,
c) Kunststoffkante an den sichtbaren Kanten in m.

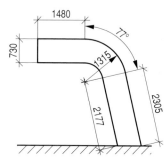

24. Zur Berechnung des Preises für die Herstellung einer Ladentischplatte ist die Fertigmenge an FPY-Platte in m² mit Hilfe des Näherungswerts 0,785 zu ermitteln.

25. In einer Möbelfabrik wird eine Serie von 570 rustikalen Stühlen mit ausgerundeter Rückenlehne hergestellt. Die Sitzfläche wird aus Vollholz Rotbuche gefertigt. Zu berechnen sind:
a) gesamte Fertigmenge an Rotbuchenholz in m²,
b) Rohmenge an Rotbuchenholz in m² bei einem Verschnittzuschlag von 23 %.

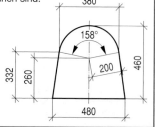

5.10 Ellipse

Die Ellipse entsteht beim Schrägschnitt eines kreisförmigen Zylinders und hat zwei verschieden lange Durchmesser d_1 und d_2.

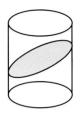
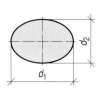

Der **Flächeninhalt A** ist das Produkt aus den beiden Durchmessern und der Zahl $\frac{\pi}{4}$ bzw. 0,785.

$$\text{Fläche}_{\text{Ellipse}} = \text{Durchmesser}_1 \cdot \text{Durchmesser}_2 \cdot \frac{\pi}{4}$$

$$A_{\text{Ellipse}} = d_1 \cdot d_2 \cdot \frac{\pi}{4}$$

$$A_{\text{Ellipse}} = d_1 \cdot d_2 \cdot 0{,}785$$

Der angenäherte **Umfang U** ist das Produkt aus dem mittleren Durchmesser und der Zahl π.

$$\text{Umfang}_{\text{Ellipse}} \approx \frac{\text{Durchmesser}_1 + \text{Durchmesser}_2}{2} \cdot \pi$$

$$U_{\text{Ellipse}} \approx \frac{d_1 + d_2}{2} \cdot \pi$$

Eine Ellipse hat die Durchmesser d_1 = 1350 mm und d_2 = 920 mm.

Zu berechnen sind:
a) Fläche A = ? m^2,
b) Umfang U = ? m.

Gegeben: d_1 = 1350 mm
$\quad\quad\quad\quad d_2$ = 920 mm

Gesucht: a) A = ? m^2
$\quad\quad\quad\quad$ b) U = ? m

Lösung:

a) $A = d_1 \cdot d_2 \cdot \frac{\pi}{4}$

$\quad A = 1{,}35 \text{ m} \cdot 0{,}92 \text{ m} \cdot \frac{\pi}{4} = \underline{\underline{0{,}98 \text{ m}^2}}$

b) $U = \frac{d_1 + d_2}{2} \cdot \pi$

$\quad U = \frac{1{,}35 \text{ m} + 0{,}92 \text{ m}}{2} \cdot \pi = \underline{\underline{3{,}57 \text{ m}}}$

Aufgaben

1. Aus einer 28 mm dicken Flachpressplatte mit den Maßen 1350 mm/1900 mm wird eine elliptische Fläche herausgeschnitten:
   Zu berechnen sind mit dem Näherungswert 0,785:
   a) Fertigmenge in m^2,
   b) Rohmenge in m^2,
   c) Verschnittzuschlag in Prozent.

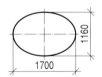

2. Eine Schreibtischplatte mit halbelliptischen Bogenabschlüssen wird aus einer Stäbchensperrholzplatte mit den Maßen 2560 mm/1720 mm zugeschnitten. Die Platte wird in Nussbaum furniert und erhält wegen der Profilierung der Kante einen 15 mm dicken Anleimer aus Nussbaum.
   Zu berechnen sind mit dem Näherungswert 0,785:
   a) Verschnittzuschlag in % für die STAE-Platte,
   b) Rohmenge in m^2 an Nussbaumfurnier bei 55 % Verschnittzuschlag,
   c) Länge des Vollholzanleimers in m bei 12 % Verschnittzuschlag.

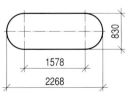

3. In eine elliptische Maueröffnung wird ein Fenster eingebaut. Der Rahmen hat in der Leibung ringsum 15 mm Luft.
   a) Wie viel m Rahmenholz werden berechnet?
   b) Wie teuer wird das Fenster, wenn mit einem m^2-Preis von 340,00 € kalkuliert wird?

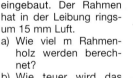
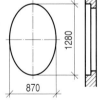

4. Ein Kaufhaus bestellt für die Schaufenster 45 Dekorationsflächen mit ellipsenförmigem Bogen. Die Kanten sind mit einer 130 mm breiten und 4 mm dicken Furniersperrholzplatte abgedeckt.
   Zu berechnen sind in m^2 die Rohmengen an:
   a) Flachpressplatte bei 35 % Verschnittzuschlag,
   b) Furniersperrholzplatte bei 20 % Verschnittzuschlag.

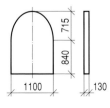

5.11 Volumeneinheiten

Das **Volumen V** (der Raum) eines Körpers hat drei Aus-
dehnungen:
- Länge l,
- Breite b ,
- Höhe h.

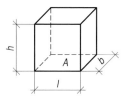

Bei Brettern und Bohlen bezeichnet man die Höhe als
Dicke d. Das Volumen V ist das Produkt aus Länge,
Breite und Höhe (Dicke).

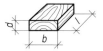

Volumen =	Länge ·	Breite ·	Höhe (Dicke)
V =	l ·	b ·	$h\,(d)$

Die Größe eines Volumens wird in Volumeneinheiten
angegeben.

Das Kubikmeter (m³) ist die Einheit des Volumens.

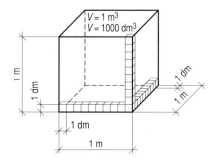

Die **Umrechnungszahl** von einer Einheit in die nächst
größere oder kleinere ist 1000.

Umrechnung in die nächst kleinere Einheit
$1\ m^3 = 1\ 000\ dm^3 = 1\ 000\ 000\ cm^3 = 1\ 000\ 000\ 000\ mm^3$
$\qquad 1\ dm^3 = \quad 1\ 000\ cm^3 = \quad 1\ 000\ 000\ mm^3$
$\qquad\qquad\qquad 1\ cm^3 = \quad\quad 1\ 000\ mm^3$

Umrechnung in die nächst größere Einheit
$1\ mm^3 = 0,001\ cm^3 = 0,000\ 001\ dm^3 = 0,000\ 000\ 001\ m^3$
$\qquad 1\ cm^3 = \quad 0,001\ dm^3 = \quad 0,000\ 001\ m^3$
$\qquad\qquad\qquad 1\ dm^3 = \quad\quad 0,001\ m^3$

Wie viel cm³ sind 0,750 m³?

Lösung:
$1\ m^3 = 1\ 000 \cdot 1\ 000\ cm^3$
$V = 0,750 \ \cdot 1\ m^3 = 0,750 \cdot 1\ 000 \cdot 1\ 000\ cm^3$
$V = \underline{750\ 000\ cm^3}$

Wie viel dm³ sind 125 cm³?

Lösung:
$1\ cm^3 = \dfrac{1}{1000}\ dm^3$

$V = 125 \cdot 1\ cm^3 = \dfrac{125}{1000}\ dm^3$

$V = \underline{0,125\ dm^3}$

Von **Hohlmaßen** spricht man, wenn das Volumen von Flüssigkeiten berechnet wird.

Liter (l) ist die Einheit des Hohlmaßes.

1 Liter = 1 l $\triangleq$ 1 dm^3
1 Hektoliter = 1 hl $\triangleq$ 100 l

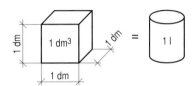

Ein Leimgebinde fasst 9,5 l. Es ist zu drei Vierteln gefüllt. Wie viel dm^3 stehen zur Verfügung?

Gegeben:
V_1 = 9,5 l
V_2 = 0,75 · V_1

Gesucht:
V_2 = ? dm^3

Lösung:
V_2 = 0,75 · 9,5 dm^3
V_2 = 7,125 dm^3

Aufgaben

1. Umrechnung in dm^3.

m^3	27,2	0,82	0,48	0,047	2,97
dm^3	?	?	?	?	?

2. Umrechnung in cm^3.

m^3	2,13	0,39	0,072	0,015	0,0007
cm^3	?	?	?	?	?

3. Umrechnung in cm^3.

dm^3	6,227	87,4	317	0,88	67,200
cm^3	?	?	?	?	?

4. Umrechnung in m^3.

cm^3	3820	653,4	570	9 727,0	131 721
m^3	?	?	?	?	?

5. Umrechnung in cm^3.

mm^3	2 137	717	55150	89	313 000
cm^3	?	?	?	?	?

6. Umrechnung in m^3.

l	5 170	802	43,2	118,7	1,07
m^3	?	?	?	?	?

7. Umrechnung in l.

cm^3	932	37	82,4	21 280	198,7
l	?	?	?	?	?

5.12 Prismen

Prismen sind säulenförmige Körper mit gleichbleibendem Querschnitt. Die Querschnittsform kann quadratisch, rechteckig, dreieckig, sechseckig oder vieleckig sein. Die Körperhöhe steht senkrecht auf der Grundfläche.

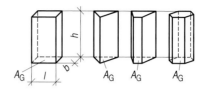

Das **Volumen V** ist das Produkt aus Grundfläche und Körperhöhe.

Volumen = Grundfläche · Körperhöhe
$$V = A_G \cdot h$$

Die **Mantelfläche A_M** ist die Summe aller Seitenflächen.

Mantelfläche = Summe aller Seitenflächen
$$A_M = A_1 + A_2 + A_3 + \ldots$$

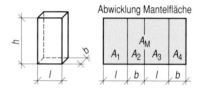

Abwicklung Mantelfläche

Die **Oberfläche A_O** ist die Summe aus Grundfläche, Deckfläche und Mantelfläche.

Oberfläche = Grundfläche + Deckfläche + Mantelfläche
$$A_O = A_G + A_D + A_M$$

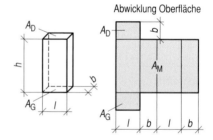

Abwicklung Oberfläche

Eine prismatische Stütze ist 420 mm lang, 310 mm breit und 1200 mm hoch. Zu berechnen sind:
a) Volumen in m³,
b) Mantelfläche in m².

Lösung:
a) $V = l \cdot b \cdot h$
$V = 0,42 \text{ m} \cdot 0,31 \text{ m} \cdot 1,20 \text{ m} = \underline{0,156 \text{ m}^3}$

b) $A_M = 2A_1 + 2A_2$
$A_M = 2 \cdot l \cdot h + 2 \cdot b \cdot h = 2h\,(l + b)$
$A_M = 2 \cdot 1,20 \text{ m} \cdot (0,42 \text{ m} + 0,31 \text{ m}) = \underline{1,75 \text{ m}^2}$

Aufgaben

1. Einem Innenausbaubetrieb wird ein Kanister mit Oberflächenmaterial geliefert.
Zu berechnen ist das Volumen in l.

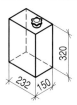

2. Einer Maschinenfabrik wird eine Kiste aus 22 mm dickem Fichtenholz geliefert. Boden und Deckel sind aufgeschraubt. Die Schmal- und Längsseiten erhalten als Eckverbindung Fingerzinken. Der Flächenverschnitt wird mit einem Zuschlag von 35 % berücksichtigt.
   a) Wie viel m² Rohmenge an 22 mm dickem Fichtenholz werden benötigt?
   b) Wie groß ist das Volumen der Kiste in m³?

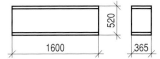

3. Für einen Kindergarten werden 55 Kindersitzmöbel bestellt. Materiel: Vollholz Fichte, Fertigdicke 18 mm. Konstruktion bei den Holzverbindungen: Seiten mit hinterer Rückenlehne offen gezinkt, Sitzfläche seitlich und hinten gedübelt.
   Zu berechnen sind:
   a) gesamte Fertigmenge an Fichtenholz in m²,
   b) Stapelraum in m³ für alle 55 Sitzmöbel.

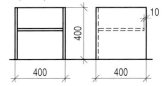

4. Ein Treppengeländer aus Sapelli-Mahagoni ist 8,75 m lang. Der Verschnittzuschlag beträgt 80 %.
   a) Wie viel m³ Rohmenge benötigt man zur Fertigung?
   b) Wie viel € betragen die Materialkosten bei einem Preis von 935,00 € je m³?

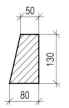

5. Die Bühne der Stadthalle besteht aus 4 Podesten. Material: 25 mm dicke Tischlerplatte. Konstruktion: Die Seiten sind auf Gehrung gefedert, der Boden ist stumpf auf die Seiten gedübelt. Die 5 Mittelseiten sind stumpf gedübelt.
   Zu berechnen sind:
   a) Zuschnittmaße für die einzelnen Teile,
   b) gesamte Fertigmenge in m².

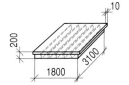

6. Für eine Glasvitrine, deren Umfassungswände und oberer Boden aus 8 mm Kristallspiegelglas bestehen, wird das Glas zugeschnitten.
   Wie viel m² Fertigmenge (ohne Berücksichtigung der Glasdicke) benötigt man für eine Vitrine?

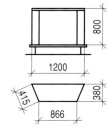

7. Für ein Museum werden 17 Ausstellungssäulen gefertigt. Verwendet wird 19 mm dicke kunstharzbeschichtete Holzspanplatte. Eckverbindung: auf Gehrung gefedert. Die kreisrunde Abdeckplatte hat einen Durchmesser von 290 mm. Der Verschnittzuschlag beträgt insgesamt 30 %.
   Wie viel m² Plattenmaterial müssen gekauft werden?

8. Sechs 5-eckige Stahlbetonsäulen werden mit nussbaumfurnierten, 19 mm dicken Holzspanplatten bekleidet. Eckverbindung: auf Gehrung gedübelt. Zur Befestigung der Konstruktion werden 24 mm dicke Latten an die Säule geschossen. Die Bekleidung ist 4,10 m hoch.
   Zu berechnen sind die Rohmengen in m²:
   a) Spanplatte bei 30 % Verschnittzuschlag,
   b) Nussbaumfurnier bei 50 % Verschnittzuschlag (Sichtseite),
   c) Limbafurnier bei 25 % Verschnittzuschlag (Blindseite).

9. Ein Wohnraum, 6,58 m lang und 4,45 m breit, erhält eine Deckenbekleidung. Die Anschlussleiste wird an den vier Ecken auf Gehrung geschnitten. Die Deckenbekleidung wird in Vollholzriemen ausgeführt. Die 18 mm dicken Riemen sind so angebracht, dass sie rings-um von der Wand 80 mm Abstand haben.
   a) Zu berechnen ist die Rohmenge in m³ der Anschlussleiste, wenn mit einem Verschnittzuschlag von 45 % gerechnet wird.
   b) Wie viel m³ Vollholz sind notwendig zur Herstellung der Riemen, wenn für Einschnitt- und Montageverluste 35 % angesetzt werden?

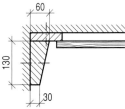

5.13 Würfel

Der Würfel wird von 6 gleich großen quadratischen Flächen begrenzt.

Das **Volumen V** ist das Produkt aus drei gleich langen Kanten oder aus Grundfläche und Körperhöhe.

Volumen	=	Kantenlänge	·	Kantenlänge	·	Kantenlänge	
V	=	l	·	l	·	l	$= l^3$

Volumen	=	Grundfläche	·	Körperhöhe
V	=	A_G	·	h

Die **Oberfläche A_O** ist die Summe der Quadratflächen.

Oberfläche	=	6	·	Quadratfläche
A_O	=	$6 \cdot l \cdot l = 6 \cdot l^2$		

Ein würfelförmiger Hohlkörper aus FPY-Platten hat eine Kantenlänge von 140 mm.
a) Wie viel dm^3 Raum nimmt der Körper ein?
b) Wie viel m^2 HPL-Platte wird für die Beschichtung benötigt?

Gegeben: $l = 140$ mm
Gesucht: a) $V = ?$ dm^3
           b) $A_O = ?$ m^2

Lösung:
a) $V = l^3$
    $V = (1,40 \text{ dm})^3 = \underline{2,744 \text{ dm}^3}$

b) $A_O = 6 \cdot l^2$
    $A_O = 6 \cdot 0,14 \text{ m} \cdot 0,14 \text{ m} = 0,1176 \text{ m}^2$
    $A_O \approx \underline{0,12 \text{ m}^2}$

Aufgaben

1. Für einen Kindergarten werden 70 Kleinmöbel in Würfelform hergestellt, die als Sitzmöbel und Spielzeugkisten verwendet werden können. Eine Seite dieser Würfelmöbel ist offen. Wegen der Stabilität werden die Seiten offen gezinkt. Der Boden wird zwischen die Seiten geschraubt. Die Fertigholzdicke beträgt überall 20 mm.
Zu berechnen sind:
a) Fertigmenge an Vollholz in m^2,
b) Volumen aller Kisten (Lagerung) in m^3.

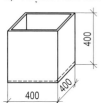

2. Aus 16 mm Stabsperrholz, 16 mm dick, werden 34 würfelförmige Behälter mit einer Seitenlänge von je 317 mm angefertigt.
Zu berechnen sind:
a) Stapelraum aller Behälter in m^3.
b) Gesamtverbrauch an ST-Platten in m^2 bei 15 % Verschnittzuschlag. (Die Eckverbindungen bleiben unberücksichtigt.)

3. Ein würfelförmiger Behälter aus 19 mm dicker kunststoffbeschichteter FPY-Platte hat eine Seitenlänge von 410 mm. Die vier Mantelflächen des Würfels werden mit Winkelfedern auf Gehrung verbunden. Der untere Boden ist 6 mm tief eingenutet und ist mit den Seitenunterkanten bündig.
Zu berechnen sind:
a) Zuschnittmaß für den unteren Boden in mm,
b) Hohlraum des Behälters in dm^3.

4. Für eine Schaufensterauslage werden 17 allseitig furnierte Würfel gefertigt. Jeder Würfel hat ein Volumen von 0,027 m^3.
Zu berechnen sind:
a) Seitenlänge eines Würfels in m,
b) Oberfläche eines Würfels in m^2,
c) gesamter Furnierverbrauch in m^2 bei 25 % Verschnittzuschlag,
d) gesamter Klebstoffverbrauch in kg bei einem Verbrauch von 170 g/m^2.
e) Die Kanten sind allseitig auf Gehrung gestoßen. Wie viel m Aluminiumwinkel werden für alle Würfel insgesamt bei einem Verschnittzuschlag von 10 % benötigt?

5.14 Kanthölzer, Balken und Bohlen

Kanthölzer, Balken und parallel besäumte Bohlen

Kanthölzer, Balken und parallel besäumte Bohlen sind prismatische Körper. Sie haben in jeder Ansicht die Form eines Rechtecks.

Das **Volumen V** ist das Produkt aus Querschnittsfläche und Körperlänge.

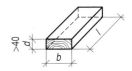

Ein Kantholz hat den Querschnitt 8 cm/12 cm und ist 5,25 m lang. Zu berechnen ist das Volumen in m^3.

Volumen =	Breite	·	Dicke	·	Länge
V =	b	·	d	·	l

Lösung:
$V = b \cdot d \cdot l$
$V = 0{,}08 \text{ m} \cdot 0{,}12 \text{ m} \cdot 5{,}25 \text{ m} = \underline{0{,}050 \text{ m}^3}$

Querschnittsmaße von Kanthölzern und Balken nach DIN 4074 und DIN 68252 (Auszug)

	Breite b	Dicke d	Beispiele in cm/cm
Kanthölzer	> 6,0 cm	3b … 18b	6/6; 6/8; 6/12; 8/8; 8/10; 8/12
Balken	> 7,0 cm	3b … 20b	10/20; 10/22; 12/24; 16/20

Konisch besäumte Bohlen

Konisch besäumte Bohlen haben in der Ansicht eine rechteckige Querschnittsfläche, in der Draufsicht die Form eines Trapezes.

Das **Volumen V** ist das Produkt aus mittlerer Breite – in halber Bohlenlänge –, Dicke und Länge.

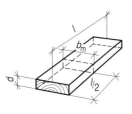

Volumen =	mittlere Breite	·	Dicke	·	Länge
V =	b_m	·	d	·	l

Unbesäumte Bohlen

Unbesäumte Bohlen berechnen sich wie prismatische Körper. Die Querschnittsfläche wird als Trapez berechnet.

Die **mittlere Breite b_m** wird – in halber Bohlenlänge – auf der schmalen (linken) Seite und auf der breiten (rechten) Seite gemessen.

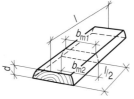

Eine unbesäumte Bohle ist auf der linken Seite 48 cm, auf der rechten Seite 56 cm breit und ist 60 mm dick und 4,50 m lang.
Zu berechnen ist das Volumen in m^3.

$$\text{mittlere Breite} = \frac{\text{mittl. Breite links} + \text{mittl. Breite rechts}}{2}$$

$$b_m = \frac{b_{m1} + b_{m2}}{2}$$

Gegeben: $b_{m1} = 48$ cm
$b_{m2} = 56$ cm
$d = 60$ mm
$l = 4{,}50$ m

Das **Volumen V** ist das Produkt aus dem Mittelwert der mittleren Breite, der Dicke und der Länge.

Gesucht: $V = ?$ m^3

Lösung:
$$V = \frac{b_{m1} + b_{m2}}{2} \cdot d \cdot l$$

$$\text{Volumen} = \frac{b_{m1} + b_{m2}}{2} \cdot \text{Dicke} \cdot \text{Länge}$$

$$V = \frac{b_{m1} + b_{m2}}{2} \cdot d \cdot l$$

$$V = \frac{0{,}48 \text{ m} + 0{,}56 \text{ m}}{2} \cdot 0{,}06 \text{ m} \cdot 4{,}50 \text{ m}$$

$$V = \underline{0{,}140 \text{ m}^3}$$

Aufgaben

1. Ein Innenausbaubetrieb erhält den Auftrag, 17 dreifüßige und 42 vierfüßige Tische herzustellen. Es wird mit 18 % Verschnittzuschlag gerechnet und mit einem Preis von 440,00 € je m³.
   a) Wie viel € kosten sämtliche Tischfüße?
   b) Wie hoch sind die Materialkosten für einen Fuß?

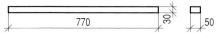

2. Für die Herstellung von Fenstern werden 4,158 m³ parallel besäumte Kiefernbohlen bestellt. Beim Einschnitt der Bohlen zum profilierten Fensterholz entsteht ein Verlust (Verschnittabschlag) von 37 %. Der Unternehmer weiß, dass für 1 m² Fensterfläche 0,041 m³ profiliertes Fensterholz benötigt wird.
   Zu berechnen sind:
   a) Anzahl der gelieferten Bohlen.
   b) Fensterfläche in m², die aus 4,158 m³ Rohmenge Fensterholz hergestellt werden kann.

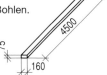

3. Aus einer parallel besäumten Fichtenbohle werden zugeschnitten:
   2 Friese mit je 12,6 cm Breite und 1,40 m Länge;
   2 Friese mit je 14,0 cm Breite und 2,17 m Länge.
   Zu berechnen sind:
   a) Volumen des Brettes in m³,
   b) Volumen der Friese in m³,
   c) Verschnitt in m³.

4. Ein 2,50 m langes Kantholz mit einem Querschnitt von 14 cm/14 cm wird der Länge nach geviertelt und so verleimt, dass das Arbeiten des Holzes weitgehend unterbunden ist. Aus dem verleimten Rohling wird ein 6-eckiges, 2,35 m langes Prisma hergestellt. (Berechnung von A s. Tabelle S. 101)
   a) Wie viel m³ betragen 1. die Rohmenge, 2. die Fertigmenge?
   b) Wie viel Prozent Verschnittzuschlag entstehen?

5. Eine unbesäumte Eichenbohle, 65 mm dick, hat eine Länge von 5,20 m. Sie misst in Stammmitte linksseitig 48 cm, rechtsseitig 54 cm.
   Zu berechnen ist das Volumen in m³.

6. Eine 50 mm dicke Birnbaumbohle wird zum Preis von 105,00 € gehandelt.
   Zu berechnen ist der Preis je m³ Birnbaumholz gleicher Qualität.

7. Ein Betrieb erhält unbesäumte Kiefernbohlen. Wie viel m³ wurden insgesamt geliefert?

lfd. Nr.	Stückzahl	Holzart	Länge in m	mittlere Breite in cm		Dicke in mm	Menge in m³
				links	rechts		
1	2	KI	4,80	45	53	75	?
2	1	KI	5,25	47	54	45	?
3	3	KI	6,00	38	44	50	?
4	1	KI	5,50	41	45	45	?
5	1	KI	5,00	36	45	85	?

8. Eine hochwertige Nussbaumbohle wird gekauft. Zur Preisberechnung ist das Volumen in m³ zu bestimmen.

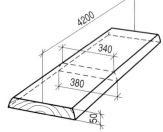

9. Ein Unternehmer kauft eine 65 mm dicke Eichenbohle. Der Holzhändler verlangt für 1 m³ Eichenholz 1430,00 €.
   a) Welchen Preis muss der Unternehmer bezahlen?
   b) Wie teuer wird der m³ Eichenholz, wenn beim Zuschnitt der Teile zum Fertigprodukt mit 23 % Verlust gerechnet wird?

5.15 Holz- und Preisumrechnungen

Rundholz wird zu Latten, Kantholz, Balken, Brettern oder Bohlen eingeschnitten und als Schnittholz gehandelt. Die verschiedenen Zuschnittsformen mit ihren Längen-, Flächen- und Volumeneinheiten werden aufeinander bezogen.

Umrechnung von m^3 in m^2

Die **Holzfläche A** in m^2 ist der Quotient aus dem Volumen V in m^3 und der Holzdicke d in m.

$$\text{Holzfläche} = \frac{\text{Volumen}}{\text{Holzdicke}}$$

$$A \text{ in } m^2 = \frac{V \text{ in } m^3}{d \text{ in } m}$$

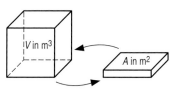

2,700 m^3 Fichtenholz wird zu 18 mm dicken Brettern zugeschnitten. Wie viel m^2 Bretter stehen zur Verfügung?

Lösung:

$$A = \frac{V}{d}$$

$$A = \frac{2,700 \text{ m}^3}{0,018 \text{ m}} = \underline{\underline{150 \text{ m}^2}}$$

Umrechnung von m^2 in m^3

Das **Volumen V** in m^3 ist das Produkt aus Holzfläche in m^2 und Holzdicke in m.

$$\text{Volumen} = \text{Holzfläche} \cdot \text{Holzdicke}$$
$$V \text{ in } m^3 = A \text{ in } m^2 \cdot d \text{ in } m$$

Wie viel m^3 ergeben 5,23 m^2 24 mm dicke Bretter?

Lösung:
$$V = A \cdot d$$
$$V = 5,23 \text{ m}^2 \cdot 0,024 \text{ m} = \underline{\underline{0,126 \text{ m}^3}}$$

Umrechnung von m^3-Preis in m^2-Preis

Der **Quadratmeterpreis** ist das Produkt aus dem Kubikmeterpreis in €/m^3 und der Holzdicke d in m.

$$\text{Quadratmeterpreis} = \text{Kubikmeterpreis} \cdot \text{Holzdicke}$$
$$m^2\text{-Preis} = m^3\text{-Preis in €/}m^3 \cdot d \text{ in } m$$

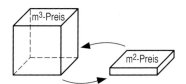

1 m^3 Fichtenholz kostet 420,00 €. Wie teuer ist 1 m^2 Brettware, 24 mm dick?

Lösung:
$$m^2\text{-Preis} = m^3\text{-Preis} \cdot d$$
$$m^2\text{-Preis} = 420,00 \text{ €/}m^3 \cdot 0,024 \text{ m} = \underline{\underline{10,08 \text{ €/}m^2}}$$

Umrechnung von m^2-Preis in m^3-Preis

Der **Kubikmeterpreis** ist der Quotient aus Quadratmeterpreis in €/m^2 und Holzdicke in m.

$$\text{Kubikmeterpreis} = \frac{\text{Quadratmeterpreis}}{\text{Holzdicke}}$$

$$m^3\text{-Preis} = \frac{m^2\text{-Preis in €/}m^2}{d \text{ in } m}$$

Wie teuer ist 1 m^3 Kiefernholz, wenn 1 m^2 Brettware, 35 mm dick, 19,50 € kostet?

Lösung:
$$m^3\text{-Preis} = \frac{m^2\text{-Preis}}{d \text{ in } m}$$

$$m^3\text{-Preis} = \frac{19,50 \text{ €/}m^2}{0,035 \text{ m}}$$

$$m^3\text{-Preis} = \underline{\underline{557,14 \text{ €/}m^3}}$$

Umrechnung von m³ in m

Die **Länge** l in m ist der Quotient aus dem Volumen V in m³ und der Fläche des Querschnitts A in m².

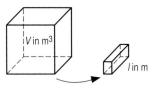

$$\text{Länge} = \frac{\text{Volumen}}{\text{Querschnittsfläche}}$$

$$l \text{ in m} = \frac{V \text{ in m}^3}{A \text{ in m}^2}$$

$$l \text{ in m} = \frac{V \text{ in m}^3}{b \text{ in m} \cdot d \text{ in m}}$$

Wie viel m Dachlatten mit dem Querschnittsmaß 48 mm/24 mm können aus 0,880 m³ zugeschnitten werden?

Gegeben: A = 48 mm/24 mm
$\qquad\quad\ V$ = 0,880 m³

Gesucht: l = ? m

Lösung:

$$l = \frac{V}{A}$$

$$l = \frac{0,880 \text{ m}^3}{0,048 \text{ m} \cdot 0,024 \text{ m}} = \underline{\underline{763,89 \text{ m}}}$$

Umrechnung von m²-Preis bzw. m³-Preis in m-Preis

Bei Latten (Kanthölzern) wird der Meterpreis in €/m aus dem m²-Preis bzw. dem m³-Preis berechnet.

Der **Meterpreis** ist entweder das Produkt aus dem Quadratmeterpreis in €/m² und der Latten-(Kantholz-)breite b in m oder das Produkt aus dem Kubikmeterpreis in €/m³ und dem Latten-(Kantholz-)querschnitt A in m².

Meterpreis = Quadratmeterpreis · Lattenbreite
m-Preis = m²-Preis in €/m² · b in m

Meterpreis = Kubikmeterpreis   · Querschnittsfläche
m-Preis = m³-Preis in €/m³ · A in m²
m-Preis = m³-Preis in €/m³ · b in m · d in m

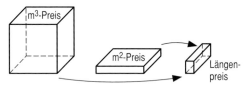

Aus 1 m³ Fichtenholz zum Preis von 520,00 € werden Latten mit dem Querschnitt 50 mm/30 mm zugeschnitten. Wie teuer ist der m-Preis?

Gegeben: m³-Preis = 520,00 €/m³
$\qquad\quad\ A\qquad\ \ $ = 50 mm/30 mm

Gesucht: m-Preis = ? €/m

Lösung:
m-Preis = m³-Preis · b · d
m-Preis = 520,00 €/m³ · 0,05 m · 0,03 m
m-Preis = $\underline{\underline{0,78 \text{ €/m}}}$

Aufgaben

1. Wie viel m² ungehobelte, 24 mm dicke Brettware lassen sich aus 1,400 m³ Kiefernholz zuschneiden?

2. Für den Fensterbau werden 75 mm dicke Bohlen benötigt, die aus 17,200 m³ Lärchenholz gewonnen werden.
Zu berechnen ist, wie viel m² Bohlen man erhält.

3. Für eine Verschalungsarbeit wurden 73 m² Bretter, 15 mm dick, bestellt.
Zu berechnen ist das Volumen in m³.

4. Ein Innenausbaubetrieb benötigt zur Erstellung schalldämmender Zwischenwände 12 m² Bohlen, Dicke 80 mm, für Kantholz.
Zu berechnen sind:
a) Volumen der Bohlen in m³,
b) Länge des Kantholzes in m bei einem Querschnitt von 8 cm/8 cm.

5. Bei einer abgehängten Decke wird die Unterbaukonstruktion aus Latten mit den Maßen 50 mm/30 mm gefertigt. 123 m sind für diese Arbeit vorgesehen.
Wie viel m³ Fichtenholz braucht man zur Herstellung dieser Latten?

6. 1 m³ Kiefernholz kostet 485,00 €.
Wie teuer ist 1 m² Brettware, 30 mm dick?

7. Eichenbrettware, 18 mm dick, wird zum m²-Preis von 17,00 € angeboten.
Wie teuer ist 1 m³ gleicher Holzqualität?

8. Ein Furnier- und Sägewerk lagert 3280 m³ Rundholz. Für Einschnitt und Schwartenabfall wird mit einem Verlust von 27 % gerechnet.
Wie viel m² Schnittware lassen sich aus dem Rundholz herstellen, wenn je ein Drittel zu Brettware von 18 mm, 22 mm und 24 mm Dicke eingeschnitten wird?

9. 3,175 m³ Fichtenholz werden für 848,00 € angeboten.
Wie teuer sind 46,00 m² Schnittware mit einer Dicke von 28 mm?

10. Zur Herstellung von Furnieren wird ein Eichenstamm mit einem Volumen von 2,320 m³ zum Preis von 4315,00 € gekauft.
a) Wie viel m² Messerfurnier mit einer Dicke von 0,75 mm können aus diesem Stamm hergestellt werden, wenn mit einem Gesamtverlust von 15 % für den unverwertbaren Splintholzanteil und das Messerreststück gerechnet wird?
b) Wie viel € betragen demnach die reinen Holzkosten für 1 m² Eichenfurnier?

11. Es werden 65,00 m² Kiefernbretter, 24 mm dick, benötigt. Zu berechnen sind:
a) Volumen in m³,
b) m²-Preis, wenn der m³-Preis 445,00 € beträgt.

12. Wie viel m Dachlatten mit einem Querschnitt von 48 mm/24 mm erhält man aus 5,271 m³ Fichtenholz?

13. 1 m³ Fichtenholz kostet 425,00 €. Daraus werden Latten mit dem Querschnitt von 50 mm/30 mm zugeschnitten.
Wie viel € beträgt der Materialpreis für 1 m Latte?

14. Aus 0,270 m³ Kiefernholz zum Preis von 104,00 € werden Latten mit dem Querschnitt von 50 mm/30 mm zugeschnitten.
Wie viel € beträgt der Materialpreis bei einer Lattenlänge von einem Meter?

15. Aus 34,5 m² 30 mm dicken Brettern zum Gesamtpreis von 341,30 € werden 50 mm breite Latten zugeschnitten. Es entsteht 15 % Schnittverlust.
a) Wie viel m Latten stehen zur Verfügung?
b) Wie viel € beträgt der Materialpreis der Latten pro Meter?

16. Für die Herstellung einer einläufigen Treppe ist die Materialliste für die Kalkulation (s. S. 211) zu erstellen. In der Spalte „Einzelpreis" wird der m²-Preis verlangt. Die Treppe besteht aus 18 Trittstufen aus Rotbuchenholz mit den Einzelmaßen 34,2 cm/123,0 cm. Die Stufen werden aus 50 mm dicken Bohlen zugeschnitten und auf 45 mm Dicke ausgehobelt.
a) Wie viel € beträgt der m²-Preis der rohen Rotbuchenbohle bei einem m³-Preis von 390,00 €?
b) Welcher Holzpreis muss für die Trittstufen bei einem Zuschlag von 30 % für den Flächenverschnitt berechnet werden?

17. In einem Sägewerk werden bestellt:
59,25 m² Kiefernholz, 30 mm dick,
34,74 m² Eichenholz, 24 mm dick,
2,84 m² Nussbaumholz, 50 mm dick.
Das Kiefernholz wird mit 405,00 €/m³, das Eichenholz mit 1290,00 €/m³ und das Nussbaumholz mit 1837,00 €/m³ gehandelt.
Zu berechnen sind:
a) m²-Preis je Holzart,
b) Gesamtpreis der Bestellung.

18. Der Holzeinkäufer eines Sägewerkes kauft bei einer Versteigerung im Wald 42,730 m³ Fichtenholz ein, das je zur Hälfte zu Kantholz mit den Querschnitten von 8 cm/14 cm und 10 cm/12 cm eingeschnitten wird. Für Schwartenabfall und Schnittverlust zusammen rechnet man 18 %.
Wie viel m können je Querschnittsmaß zugeschnitten werden?

5.16 Zylindrische Körper

Zylindrische Körper haben deckungsgleiche Grundflächen A_G und Deckflächen A_D, die parallel zueinander liegen. Der rechtwinklige Abstand zwischen den Flächen ist die Höhe h. Grund- und Deckflächen können ein Vollkreis, ein Kreisab- bzw. -ausschnitt oder eine Ellipse sein.

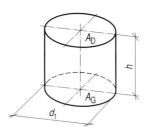

Kreiszylinder

Das **Volumen** berechnet sich aus dem Produkt von Kreisfläche und Höhe.

$$\text{Volumen} = \text{Kreisfläche} \cdot \text{Höhe}$$
$$V = A \cdot h$$
$$V = d^2 \cdot \frac{\pi}{4} \cdot h = d^2 \cdot 0{,}785 \cdot h$$

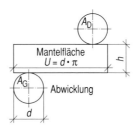

Abwicklung

Die **Mantelfläche A_M** ist das Produkt aus Körperumfang und Höhe.

$$\text{Mantelfläche} = \text{Umfang} \cdot \text{Höhe}$$
$$A_M = U \cdot h = d \cdot \pi \cdot h$$

Die **Oberfläche A_O** ist die Summe aus Grundfläche, Deckfläche und Mantelfläche.

$$\text{Oberfläche} = \text{Grundfläche} + \text{Deckfläche} + \text{Mantelfläche}$$
$$A_O = A_G + A_D + A_M$$

Ein Kreiszylinder hat einen Durchmesser von 220 mm und eine Höhe von 41,0 cm.
Zu berechnen sind:
a) Volumen in l,
b) Mantelfläche in m^2.

Gegeben: $d = 220$ mm
$ h = 41{,}0$ cm

Gesucht: a) $V = ?$ l
$ $ b) $A_M = ?$ m^2

Lösung:
a) $V = d^2 \cdot 0{,}785 \cdot h$
$ V = 2{,}2$ dm $\cdot\ 2{,}2$ dm $\cdot\ 0{,}785 \cdot 4{,}1$ dm
$ V = 15{,}58$ dm$^3 = \underline{15{,}58\ \text{l}}$

b) $A_M = d \cdot \pi \cdot h$
$ A_M = 0{,}22$ m $\cdot\ \pi \cdot 0{,}41$ m $= \underline{0{,}28\ m^2}$

Hohlzylinder

Das **Volumen V** berechnet sich aus dem Produkt von Kreisringfläche und Höhe.

$$\text{Volumen} = \text{Kreisringfläche} \cdot \text{Höhe}$$
$$V = A_K \cdot h$$
$$V = \frac{\pi}{4} \cdot (d_1{}^2 - d_2{}^2) \cdot h = 0,785 \cdot (d_1{}^2 - d_2{}^2) \cdot h$$

Die **äußere (innere) Mantelfläche** ist das Produkt des äußeren (inneren) Kreisumfangs und der Körperhöhe.

$$\text{Mantelfläche} = \text{Durchmesser} \cdot \pi \cdot \text{Höhe}$$
$$A_M = d \cdot \pi \cdot h$$

Die **Oberfläche A_O** ist die Summe der Kreisringflächen und der äußeren und inneren Mantelfläche.

$$\text{Oberfläche} = 2 \cdot \overset{\text{Kreis-}}{\text{ringfläche}} + \overset{\text{äußere}}{\text{Mantelfläche}} + \overset{\text{innere}}{\text{Mantelfläche}}$$

$$A_O = 2 \cdot A_K + A_{Ma} + A_{Mi}$$

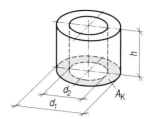

Von einem Hohlzylinder sind folgende Abmessungen bekannt: $d_1 = 150$ mm, $d_2 = 130$ mm, $h = 720$ mm. Zu berechnen ist das Volumen des Hohlzylinders in m^3.

Gegeben: $d_1 = 150$ mm
$d_2 = 130$ mm
$h = 720$ mm

Gesucht: $V = ?$ m^3

Lösung:
$V = 0,785 \, (d_1{}^2 - d_2{}^2) \cdot h$
$V = 0,785 \, [(0,15 \text{ m})^2 - (0,13 \text{ m})^2] \cdot 0,72 \text{ m}$
$V = \underline{\underline{0,003 \text{ m}^3}}$

Aufgaben

1. Ein zylindrisches Gebinde ist zu 3/5 mit Dichtungsmasse gefüllt. Beim Abdichten von Glasscheiben im Glasfalz werden für 1 m Länge 0,02 dm^3 benötigt.
   a) Mit Hilfe des Näherungswertes 0,785 ist die vorhandene Dichtungsmasse in dm^3 zu berechnen.
   b) Wie viel m Glasfalz können mit der Dichtungsmasse versiegelt werden?

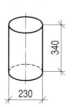

343
ø 217

2. 17 Verbundfenster in Kiefernholz werden mit einem Anti-Bläue-Holzschutzmittel behandelt. Je Stück werden 0,35 Liter gebraucht. Wie viel Gebinde müssen gekauft werden, um die Oberfläche fachgerecht behandeln zu können? Die Gebinde sind bis 2,5 cm unterhalb des oberen Randes gefüllt.

340
230

3. Ein Gebinde für Oberflächenmaterial ist zu 3/4 gefüllt.
   a) Wie viel Liter stehen zur Verfügung? (Berechnung mit dem Näherungswert 0,785.)
   b) Wie viel m^2 Holzoberfläche können bei einem Verbrauch von 0,14 l/m^2 lackiert werden?

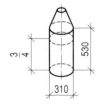

$\frac{3}{4}$
530
310

4. Für Dichtungsarbeiten bei der Verglasung werden Einhand-Druckluftspritzen eingesetzt. Die verwendeten Kartuschen sind mit Einkomponentendichtstoff gefüllt. Je Meter Verglasung werden 220 cm^3 Dichtstoff verbraucht. Wie viel Kartuschen werden bei 120 m Glasfalz verbraucht?

362
ø 49

5. Ein zylindrisches Spänesilo ist 4,50 m hoch mit Spänen angefüllt, die zur Weiterverarbeitung abgeholt werden.
Mit wie viel m³ Füllmenge kann man rechnen?

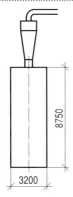

6. Ein Arbeitsamt lässt für eine Ausstellung 5 zylindrische Werbesäulen anfertigen. Konstruktion der Zylinder: Der mit Folie belegte Mantel aus 4 mm dicker Furniersperrholzplatte wird am Stoß mit einer PVC-Fugenleiste verbunden. Außer dem unteren und oberen Boden aus 13 mm dicker FPY-Platte werden noch 4 weitere gleich große Kreisscheiben zur Aussteifung eingebaut. Die Säulen stehen auf einem quadratischen Sockel, Material ebenfalls 13 mm FPY-Platte.
Zu berechnen sind für die 5 Säulen die Rohmengen in m² bei folgenden Verschnittzuschlägen
a) Folie: 35 %,
b) Furniersperrholzplatte: 25 %,
c) FPY-Platte: 35 %.

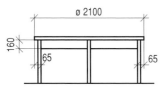

7. Die Tischzarge eines kreisrunden Tisches mit einem Durchmesser von 2100 mm wird furniert.
Wie viel m² Palisanderfurnier müssen zugerichtet werden, wenn die Zarge 160 mm hoch ist und ein Verschnittzuschlag von 45 % verrechnet wird?

8. Im Treppenhaus eines Kaufhauses wird eine Wandecke ausgerundet. Die Fläche wird aus 10 mm dicker Furniersperrholzplatte gefertigt; Konstruktionshöhe 5,20 m.
Zu berechnen ist die Fertigmenge an Furniersperrholzplatten in m².

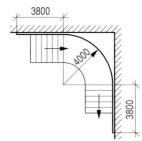

9. Das 6,27 m hohe Treppenhaus einer Wendeltreppe erhält eine Riemenbekleidung.
Wie viel m² Riemen werden bei 35 % Verschnittzuschlag verarbeitet?

10. Eine Zylinderschleifmaschine hat drei Schleifzylinder mit einer Länge von 800 mm und einem Durchmesser von 180 mm.
Wie viel m² Schleiffläche weist die Maschine auf?

5.17 Pyramidenförmige Körper

Pyramide

Die Pyramide ist ein spitzer Körper. Die Grundfläche ist ein ebenes Vieleck (z. B. Dreieck, Quadrat, Rechteck, Parallelogramm). Die Seitenflächen sind gleichschenklige Dreiecke.

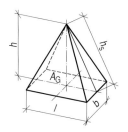

Das **Volumen V** beträgt ein Drittel des Raumes, den ein Prisma mit gleicher Grundfläche A_G und Körperhöhe h einnimmt.

$$\text{Volumen} = \frac{\text{Grundfläche} \cdot \text{Körperhöhe}}{3}$$
$$V = \frac{A_G \cdot h}{3}$$

Die **Mantelfläche A_M** ist die Summe aller Dreiecksflächen.

$$\text{Mantelfläche} = \text{Dreiecksfläche}_1 + \text{Dreiecksfläche}_2 + \text{Dreiecksfläche}_3 + \cdots$$
$$A_M = A_1 + A_2 + A_3 + \cdots$$

Die **Oberfläche A_O** ist die Summe aus Grundfläche A_G und Mantelfläche A_M.

$$\text{Oberfläche} = \text{Grundfläche} + \text{Mantelfläche}$$
$$A_O = A_G + A_M$$

Die **Seitenhöhe h_s** ist die Höhe eines Dreiecks der Mantelfläche und errechnet sich nach dem pythagoreischen Lehrsatz.

$$h_s = \sqrt{h^2 + \left(\frac{l}{2}\right)^2}$$

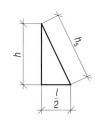

Von einer Pyramide mit quadratischer Grundfläche sind folgende Maße gegeben:
$l = 4{,}20$ dm, $h = 6{,}80$ dm, $h_s = 7{,}12$ dm.
Gesucht sind:
a) Volumen $V = ?$ dm³,
b) Mantelfläche $A_M = ?$ dm².

Lösung:

a) $V = \dfrac{A_G \cdot h}{3}$

$V = \dfrac{4{,}20 \text{ dm} \cdot 4{,}20 \text{ dm} \cdot 6{,}80 \text{ dm}}{3}$

$V = \underline{39{,}984 \text{ dm}^3}$

b) $A_M = $ Summe aller Dreiecksflächen

$A_M = \dfrac{4{,}20 \text{ dm} \cdot 7{,}12 \text{ dm} \cdot 4}{2}$

$A_M = \underline{59{,}81 \text{ dm}^2}$

Pyramidenstumpf

Der Pyramidenstumpf entsteht aus einer Pyramide durch einen Schnitt parallel zur Grundfläche. Dabei entfällt die Pyramidenspitze. Die Deckfläche entspricht in verkleinerter Form der Grundfläche.

Das **Volumen V** errechnet sich aus einem Drittel der Körperhöhe h, der Grundfläche A_G und der Deckfläche A_D.

$$V = \frac{h}{3} \cdot \left(A_G + A_D + \sqrt{A_G \cdot A_D}\right)$$

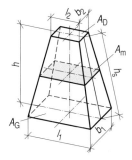

Das **Volumen V** ist als Näherungswert das Produkt aus der mittleren Fläche A_m und der Körperhöhe h.

$$V \approx A_m \cdot h$$

wobei: $A_m = \dfrac{l_1 + l_2}{2} \cdot \dfrac{b_1 + b_2}{2}$

Die **Mantelfläche A_M** ist die Summe aller Seitenflächen.

$$\text{Mantelfläche} = \text{Seiten-}_{\text{fläche}_1} + \text{Seiten-}_{\text{fläche}_2} + \text{Seiten-}_{\text{fläche}_3} + \dots$$

$$A_M = A_{M1} + A_{M2} + A_{M3} + \dots$$

Die **Oberfläche A_O** ist die Summe aus Grundfläche, Deckfläche und Mantelfläche.

$$\text{Oberfläche} = \text{Grundfläche} + \text{Deckfläche} + \text{Mantelfläche}$$

$$A_O = A_G + A_D + A_M$$

Die **Seitenhöhe h_s** der Seitenflächen errechnet sich nach dem pythagoreischen Lehrsatz.

$$h_s = \sqrt{h^2 + \left(\frac{l_1 - l_2}{2}\right)^2}$$

Ein Pyramidenstumpf mit quadratischem Querschnitt hat die Kantenlängen $l_1 = 60$ cm und $l_2 = 20$ cm; die Höhe h beträgt 75 cm.
Wie groß ist das Volumen V in m³?

Lösung:

$$V = \frac{h}{3} \cdot \left(A_G + A_D + \sqrt{A_G \cdot A_D}\right)$$

$A_G = l_1 \cdot l_1 = 0{,}60\ \text{m} \cdot 0{,}60\ \text{m} = 0{,}36\ \text{m}^2$
$A_D = l_2 \cdot l_2 = 0{,}20\ \text{m} \cdot 0{,}20\ \text{m} = 0{,}04\ \text{m}^2$
$\sqrt{A_G \cdot A_D} = \sqrt{0{,}36\ \text{m}^2 \cdot 0{,}04\ \text{m}^2} = 0{,}12\ \text{m}^2$
$$V = \frac{0{,}75\ \text{m}}{3} \cdot (0{,}36\ \text{m}^2 + 0{,}04\ \text{m}^2 + 0{,}12\ \text{m}^2)$$
$$V = \underline{\underline{0{,}13\ \text{m}^3}}$$

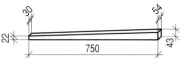

Aufgaben

1. Für einen Ausstellungsraum werden fünf quadratische Pyramiden hergestellt.
Zu berechnen sind:
a) Volumen als Lagerraum in m³,
b) Mantelfläche als Rohmenge in m² bei 25 % Verschnittzuschlag.

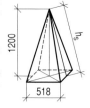

2. Eine Dreieckspyramide hat ein Volumen von 2,143 m³. Wie viel m beträgt die Körperhöhe?

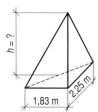

3. Es werden für 42 sechsfüßige Tische die Füße in Form eines rechteckigen Pyramidenstumpfes zugeschnitten.
Wie viel m³ Vollholz (Volumen als Näherungswert) wird benötigt, wenn mit einem Verschnittzuschlag von 20 % gerechnet wird?

4. Für eine Theaterdekoration werden 15 quadratische Pyramidenstümpfe hergestellt.
Zu berechnen sind:
a) Volumen in m³,
b) Mantelfläche in m².

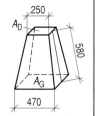

5.18 Kegelförmige Körper

Gerader Kreiskegel

Bei geraden Kreiskegeln ist die Grundfläche A_G eine Kreisfläche. Die Höhe ist das Lot von der Kegelspitze zur Grundfläche.

Das **Volumen V** ist ein Drittel des Volumens des Kreiszylinders mit gleicher Grundfläche und Höhe.

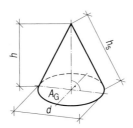

$$\text{Volumen} = \frac{\text{Grundfläche} \cdot \text{Höhe}}{3}$$

$$V = \frac{A_G \cdot h}{3}$$

$$V = \frac{d^2 \cdot \pi \cdot h}{3 \cdot 4} = \frac{d^2 \cdot 0{,}785 \cdot h}{3}$$

Ein auf der Spitze stehender gerader Kreiskegel mit einem Durchmesser von 140 mm wird mit 1 l Flüssigkeit gefüllt. Wie hoch muss der Kegel mindestens sein?

Gegeben: $d = 140$ mm; $V = 1$ l
Gesucht: $h = ?$ mm

Lösung:

$$V = \frac{d^2 \cdot 0{,}785 \cdot h}{3}$$

$$h = \frac{V \cdot 3}{d^2 \cdot 0{,}785}$$

$$h = \frac{1 \text{ dm}^3 \cdot 3}{1{,}4 \text{ dm} \cdot 1{,}4 \text{ dm} \cdot 0{,}785} = 1{,}95 \text{ dm} = \underline{\underline{195 \text{ mm}}}$$

Die **Mantelfläche A_M** ist in der Abwicklung ein Kreisausschnitt.

$$\text{Mantelfläche} = \text{Fläche des Kreisausschnitts}$$

$$A_M = \frac{d \cdot \pi \cdot h_s}{2}$$

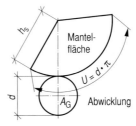

Mantelfläche

$U = d \cdot \pi$

Abwicklung

Die **Oberfläche A_O** ist die Summe aus Grundfläche A_G und Mantelfläche A_M.

$$\text{Oberfläche} = \text{Grundfläche} + \text{Mantelfläche}$$

$$A_O = d^2 \cdot 0{,}785 + A_M$$

Die **Seitenhöhe h_s** errechnet sich nach dem pythagoreischen Lehrsatz.

$$h_s = \sqrt{h^2 + \left(\frac{d}{2}\right)^2}$$

Gerader Kegelstumpf

Beim geraden Kegelstumpf entfällt die Kegelspitze durch einen Schnitt parallel zur Grundfläche.
Das **Volumen V** errechnet sich aus dem Sechstel der Körperhöhe h und der Summe aus Grundfläche A_G, Deckfläche A_D und 4 mal der mittleren Fläche A_m. Es wird auch aus dem großen und kleinen Durchmesser berechnet.

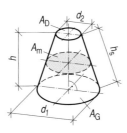

$$V = \frac{h}{6} \cdot (A_G + A_D + 4A_m)$$

$$\text{wobei: } A_m = \left(\frac{d_1 + d_2}{2}\right)^2 \cdot 0{,}785$$

$$V = \frac{\pi \cdot h}{12} \cdot (d_1{}^2 + d_2{}^2 + d_1 \cdot d_2)$$

Das **Volumen V** kann bei geringer Durchmesserdifferenz näherungsweise aus der mittleren Fläche A_m und der Höhe h berechnet werden.

> Volumen = mittlere Fläche · Höhe
>
> $$V \;=\; A_m \;\cdot\; h$$
>
> wobei: $A_m = \left(\dfrac{d_1+d_2}{2}\right)^2 \cdot 0{,}785$

Die **Mantelfläche A_M** ist die Abwicklung in Form eines kreisringförmigen Ausschnitts.

> Mantelfläche = mittlerer Durchmesser · Seitenhöhe
>
> $$A_M \;=\; \frac{d_1 + d_2}{2} \cdot \pi \;\cdot\; h_s$$

Die **Oberfläche A_O** ist die Summe aus Grundfläche A_G, Deckfläche A_D und Mantelfläche A_M.

> Oberfläche = Grundfläche + Deckfläche + Mantelfläche
>
> $$A_O \;=\; A_G \;+\; A_D \;+\; A_M$$

Die **Seitenhöhe h_s** errechnet sich nach dem pythagoreischen Lehrsatz.

> $$h_s = \sqrt{h^2 + \left(\frac{d_1+d_2}{2}\right)^2}$$

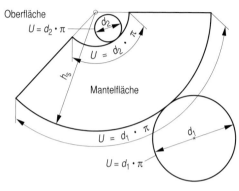

Oberfläche
$U = d_2 \cdot \pi$

$U = d_1 \cdot \pi$

Ein Kegelstumpf mit $d_1 = 630$ mm, $d_2 = 470$ mm und $h_s = 850$ mm wird gebeizt.
Wie viel m² beträgt die Mantelfläche?

Lösung:
$$A_M = \frac{d_1 + d_2}{2} \cdot \pi \cdot h_s$$
$$A_M = \frac{0{,}63\text{ m} + 0{,}47\text{ m}}{2} \cdot \pi \cdot 0{,}85\text{ m} = \underline{\underline{1{,}47\text{ m}^2}}$$

Aufgaben

1. Ein trichterförmiger Messbecher mit einem Durchmesser von 180 mm wird mit 1,4 l Beizlösung gefüllt.
   Wie hoch muss die Mindesthöhe des Bechers in dm sein?

2. Ein Kunststoffeimer ist mit KPVAC-Klebstoff bis 50 mm vom Rand gefüllt. Zu berechnen ist mit dem Näherungswert 0,785:
   a) Wie viel Liter sind im Eimer enthalten?
   b) Wie viel Liter würden vorhanden sein, wenn der Eimer bis 1 cm vom Rand gefüllt wäre?

3. Zur Raumentlüftung über einem Spritzstand wird ein Dachentlüfter eingebaut.
   Zu berechnen ist das Volumen des Lüfters. Die Materialdicken bleiben unberücksichtigt.

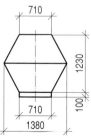

4. Zu berechnen ist das Volumen in m³ eines Zyklonabscheiders. Die Materialdicken des Mantels bleiben unberücksichtigt.

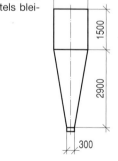

5. Wie viel m² Folie werden zum Kaschieren eines Kegelstumpfes benötigt, wenn mit einem Verschnittzuschlag von 35 % gerechnet wird?

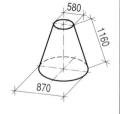

5.19 Kugel, Fass

Kugel

Bei der Kugel haben alle Punkte auf ihrer Oberfläche zum Mittelpunkt den gleichen Abstand (Radius r).

Das **Volumen V** wird vom Würfel abgeleitet, wobei der Kugeldurchmesser gleich lang wie die Würfelseiten ist.

$$V = \frac{d^3 \cdot \pi}{6}$$

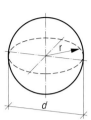

Eine Kugel hat einen Durchmesser von 80 mm.
Zu berechnen sind:
a) Volumen in dm^3,
b) Oberfläche in dm^2.

Der **Durchmesser d** berechnet sich aus dem Volumen.

$$d = \sqrt[3]{\frac{V \cdot 6}{\pi}}$$

Gegeben: $d = 80$ mm

Gesucht: a) $V = ?$ dm^3
b) $A_O = ?$ dm^2

Die **Oberfläche A_O** ist das Quadrat des Durchmessers multipliziert mit der Zahl π.

$$A_O = d^2 \cdot \pi$$

Lösung:

a) $V = \dfrac{d^3 \cdot \pi}{6}$

$V = \dfrac{(0,8 \text{ dm})^3 \cdot \pi}{6} = \underline{0,268 \text{ dm}^3}$

b) $A_O = d^2 \cdot \pi$
$A_O = (0,8 \text{ dm})^2 \cdot \pi = \underline{2,00 \text{ dm}^2}$

Fass

Das Fass ist ein unregelmäßig gekrümmter Hohlkörper.

Das **Volumen V** berechnet sich aus der Zahl π, einem Zwölftel der Höhe h und aus den Durchmessern d_1 und d_2.

$$V = \pi \cdot \frac{h}{12} \cdot (2 \cdot d_1{}^2 + d_2{}^2)$$

Ein Metallfass hat die Durchmesser $d_1 = 620$ mm und $d_2 = 440$ mm und ist 980 mm hoch.
Wie viel m^3 beträgt der Rauminhalt?

Gegeben: $d_1 = 620$ mm
$d_2 = 440$ mm
$h = 980$ mm

Gesucht: $V = ?$ m^3

Lösung:
$V = \pi \cdot \dfrac{h}{12} \cdot (2 \cdot d_1{}^2 + d_2{}^2)$

$V = \pi \cdot \dfrac{0,98 \text{ m}}{12} \cdot [2 \cdot (0,62 \text{ m})^2 + (0,44 \text{ m})^2]$

$V = \underline{0,247 \text{ m}^3}$

5.20 Stammberechnung – Blockmaß – Würfelmaß

Stammberechnung

Das **Stammholz** wird nach dem Holzeinschlag als Rundholz in der Volumeneinheit m³ berechnet. Dazu werden beim Rundholz Durchmesser und Länge gemessen. Stammholz hat ohne Rinde einen Durchmesser > 14 cm, gemessen 1 m oberhalb des Stammendes.

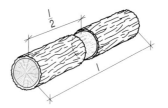
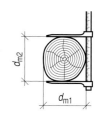

Der **Durchmesser** ergibt sich durch Kluppen an entrindeter Stelle in halber Stammlänge. Es wird
- 1 x gekluppt bei Durchmessern < 20 cm,
- 2 x gekluppt bei Durchmessern > 20 cm.

Die gemessenen Werte werden auf volle Zentimeter abgerundet.

Ein 8,00 m langer Buchenstamm wird zweimal gekluppt: d_{m1} = 28 cm, d_{m2} = 32 cm.

Wie viel m³ enthält der Stamm?

Der **mittlere Durchmesser** errechnet sich aus dem Mittelwert beider Durchmesser.

Gegeben: d_{m1} = 28 cm
d_{m2} = 32 cm
l = 8,00 m

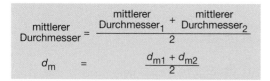

$$\text{mittlerer Durchmesser} = \frac{\text{mittlerer Durchmesser}_1 + \text{mittlerer Durchmesser}_2}{2}$$

$$d_m = \frac{d_{m1} + d_{m2}}{2}$$

Gesucht: V = ? m³

Lösung:
$$d_m = \frac{d_{m1} + d_{m2}}{2}$$
$$d_m = \frac{0,28\ m + 0,32\ m}{2} = 0,30\ m$$

Die **Länge** wird festgelegt auf
- volle Meter bei Fichte und Tanne,
- volle und halbe Meter und in geraden Dezimetern bei den übrigen Holzarten.

$V = d_{m2} \cdot 0,785 \cdot l$
$V = 0,30\ m \cdot 0,30\ m \cdot 0,785 \cdot 8,00\ m$
$V = \underline{0,565\ m^3}$

Das **Volumen** von Rundholz wird näherungsweise nach der Formel für den Kegelstumpf berechnet.

$$\text{Volumen} = (\text{mittlerer Durchmesser})^2 \cdot 0,785 \cdot \text{Länge}$$
$$V = d_m^2 \cdot 0,785 \cdot l$$

Blockmaß

Das Blockmaß (Rundmaß) errechnet sich aus dem unbesäumten Schnittholz. Säge- und Schwartenabfall werden mitgerechnet.
Der mittlere Durchmesser entspricht der Breite des breitesten Mittelbretts (Mittelbohle) in halber Länge des Blocks ohne Rinde.

Das **Volumen** wird nach der Formel des Stammes berechnet.

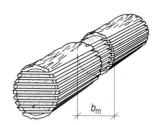

$$V = b_m^2 \cdot 0,785 \cdot l$$

Ein Block Fichtenholz ist 5,75 m lang und hat eine mittlere Breite von 41,00 cm. Wie groß ist das Volumen in m³?

Gegeben: l = 5,75 m
b_m = 41,00 cm

Gesucht: V = ? m³

Lösung:
$V = b_m^2 \cdot 0,785 \cdot l$
$V = (0,41\ m)^2 \cdot 0,785 \cdot 5,75\ m = \underline{0,759\ m^3}$

Würfelmaß

Das Würfelmaß errechnet sich aus dem nicht parallel besäumten Schnittholz. Säge- und Schwartenabfall werden nicht mitgerechnet.

Das **Gesamtvolumen** der Schnittware ergibt sich aus
- der Summe der Einzelvolumen oder
- der Summe der mittleren Breiten bei gleicher Dicke und der Länge.

V_{ges} = Summe der Einzelvolumen
$V_{ges} = V_1 + V_2 + V_3 + ...$
V_{ges} = Summe der mittleren Breiten · Dicke · Länge
$V_{ges} = (b_{m1} + b_{m2} + b_{m3} + ...) \cdot d \cdot l$

Je geringer die Dicke der Schnittware, desto größer ist der Unterschied zwischen Block- und Würfelmaß.

1 m³ Blockmaß ≙ 0,7 m³ ... 0,8 m³ Würfelmaß.

Brettdicke und Schnittverlust

Brettdicke in mm	15	22	24	26	30	35
Schnittverlust in %	31	26	24	23	21	20

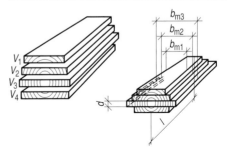

Aufgaben

1. Bei der Kluppung eines Eichenstammes ergeben sich folgende Messergebnisse für den mittleren Durchmesser: 52,0 cm und 47,0 cm. Die Stammlänge beträgt 6,80 m.
   Zu berechnen ist das Volumen des Stammes.

2. Ein Furnierwerk kauft einen hochwertigen Nussbaumstamm, um Messerfurniere daraus herzustellen. Der Preis je Kubikmeter beläuft sich auf 3 950,00 €. Der Stamm misst in der Länge 7,25 m und erbringt einen Mittendurchmesser von 56 cm. Wie teuer ist der Stamm? (Berechnung mit dem Näherungswert 0,785.)

3. Die Forstverwaltungen kennzeichnen die eingeschlagenen Stämme am Stammende durch fortlaufende Nummern und Angabe des gekluppten Durchmessers sowie der Stammlänge.
   Zu berechnen ist das Volumen des Kiefernstammes nach den Angaben auf dem Stammende.

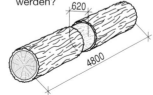

241
8,75/37

4. a) Wie viel m³ misst der abgebildete Eichenstamm?
   b) Wie viel m³ Bretter von 26 mm Dicke (vgl. Würfelmaß) können aus diesem Stamm gewonnen werden?

620
4800

5. Aus Übersee wird ein Mahagonistamm angeliefert. Bei über 2,00 m Durchmesser ist eine Kluppung nicht möglich; deshalb werden die mittleren Durchmesser der Stammholz- und der Zopfholzfläche gemessen. Die Messungen am Stammholz ergeben 2,18 m und 2,01 m, die am Zopfholz 2,12 m und 1,97 m. Der Stamm ist 8,00 m lang.
   Das Volumen in m³ ist mit dem Näherungswert 0,785 zu berechnen.

6. Ein Eichenstamm mit einem mittleren Durchmesser von 53 cm und einer Länge von 5,60 m wird in 35 mm dicke, nicht parallel besäumte Bretter mit den angegebenen mittleren Breiten aufgetrennt.

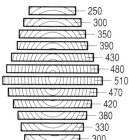

```
┌────────┐  250
├────────┤  300
├────────┤  350
├────────┤  390
├────────┤  430
├────────┤  480
├────────┤  510
├────────┤  470
├────────┤  420
├────────┤  380
├────────┤  330
└────────┘  300
```

a) Wie viel m³ werden nach dem Rundmaß berechnet?

b) Wie viel m³ ergeben sich nach dem Würfelmaß?

7. Aus einem 9,00 m langen Fichtenstamm werden 40 mm dicke Bohlen mit folgenden mittleren Breiten zugeschnitten: 1 Bohle mit 40 cm, je zwei Bohlen mit 38 cm, 36 cm, 32 cm, 28 cm und 20 cm.
Wie viel m³ werden nach dem Würfelmaß berechnet?

8. Ein Rotbuchenstamm mit einem mittleren Durchmesser von 43 cm hat eine Länge von 5,25 m. Daraus werden Bretter mit 18 mm Dicke zugeschnitten; die Brettbreiten ergeben folgende mittlere Maße in cm: 20; 24; 27; 29; 32; 35; 37; 39; 41; 39; 37; 36; 31; 28; 26; 22.
Zu berechnen sind:
a) Blockmaß in m³ mit dem Näherungswert 0,785,
b) Würfelmaß in m³,
c) Verschnittabschlag in Prozent.

9. Das Blockmaß eines Kiefernstammes betrug 2,340 m³. Beim Einschnitt von 30 mm dicken Brettern entstand für Sägeschnitt und Schwartenabfall ein Verlust von 22 %.
a) Wie groß war das Würfelmaß in m³?
b) Wie groß wäre das Würfelmaß gewesen, wenn der Stamm in 15 mm dicke Bretter aufgeschnitten worden wäre (s. Tabelle S. 131)?

10. Forstbeamte versteigerten den Holzeinschlag ihres Reviers. Ein Sägewerk bekam zum Preis von 520,00 € je Kubikmeter einen Stamm zugeschlagen, der 8,50 m lang war und bei der Kluppung einen mittleren Durchmesser von 54 cm aufwies. Beim Auftrennen des Stammes zu nicht parallel besäumter, 24 mm dicker Brettware ergab sich eine Ausbeute von 76 %.
Zu berechnen sind mit dem Näherungswert 0,785:
a) Preis des Stammes in €,
b) m³-Preis der 24 mm dicken Bretter ohne Berücksichtigung des Kostenaufwands, der durch Transport, Lagerung und Einschnitt entstanden ist.

11. Das Blockmaß eines Ahornstammes beträgt 1,382 m³. Der Schnittverlust beim Einschneiden einschließlich des Schwartenabfalls beläuft sich auf 28 %.
Zu berechnen sind:
a) Würfelmaß in m³,
b) Kosten der Schnittware (Würfelmaß) in € bei einem m³-Preis von 690,00 €.

12. Es wurden 5 Buchenstämme mit zusammen 4,573 m³ zum Preis von 732,00 € ersteigert. Der Aufwand für Einschnitt und Transport beträgt 225,00 €, der Sägeverlust beläuft sich auf 28 %.
Zu berechnen sind:
a) Kosten für 1 m³ Buchenstammholz im Wald.
b) Kosten für 1 m³ Buchenschnittholz im Sägewerk.

13. Ein Kiefernstamm, Länge 6,80 m, Mittendurchmesser 44 cm, wurde zu 45 mm dicken Bohlen aufgeschnitten. Der Einschnittverlust betrug 17 %.
Wie viel m² Bohlen ergab der Stamm?

14. Ein Kiefernstamm mit einem mittleren Durchmesser von 42 cm hat eine Länge von 8,50 m. Im Sägewerk wird der Stamm zu 70 mm dicken Bohlen aufgeschnitten. Das für den Fensterbau besonders gut geeignete Holz wird je m³ mit 360,00 € gehandelt.
Zu berechnen sind mit dem Näherungswert 0,785:
a) Einkaufspreis des Stammes in €,
b) Anzahl der m² an Bohlen bei einem Einschnittverlust von 16 %,
c) m²-Preis der Bohlen, wenn die Einschnittkosten nicht berechnet werden.

15. Ein Furnierwerk kauft zur Herstellung von Messerfurnieren einen Stamm Spessarteiche von überdurchschnittlich guter Qualität. Für den Kubikmeter werden 925,00 € bezahlt. Die Maße des vollholzig gewachsenen Stammes betragen: mittlere Kluppung am Stammende 86,0 cm, am Zopfende 78,0 cm, Länge 9,50 m.
Zu berechnen sind:
a) Volumen in m³ mit dem Näherungswert 0,785,
b) Preis des Stammes in €.

6 Technisch-physikalische Mathematik

6.1 Holztrocknung

Holzfeuchte

Holz enthält
- gebundenes Wasser in den Zellwänden und
- freies Wasser in den Zellhohlräumen.

Der **Wassergehalt** m_w ist die Differenz der Masse des nassen Holzes (Nassgewicht) m_u und der Masse des darrtrockenen Holzes (Darrgewicht) m_0.

$$\text{Masse}_{\text{Wasser}} = \text{Masse}_{\text{nasses Holz}} - \text{Masse}_{\text{darrtrockenes Holz}}$$
$$m_w = m_u - m_0$$

Die **Holzfeuchte** u ist das Verhältnis des Wassergehalts m_w zur Masse des darrtrockenen Holzes m_0 in Prozent.

$$\text{Holzfeuchte} = \frac{\text{Masse}_{\text{Wasser}}}{\text{Masse}_{\text{darrtrockenes Holz}}} \cdot 100\ \%$$
$$u = \frac{m_w}{m_0} \cdot 100\ \%$$

Die Holzfeuchte beträgt bei:
- fällfrischem Eichenholz   ca. 110 %,
  Fichtenholz   ca. 150 %,
  Pappelholz   ca. 220 %,
- lufttrockenem Holz   ca. 15 %,
- technisch getrocknetem Holz   ca.   8 %,
- darrtrockenem Holz   = 0 %.

Eine Holzprobe hat vor dem Trocknen die Masse von 192 g, danach darrtrocken die Masse von 175 g. Wie viel Prozent beträgt die Holzfeuchte?

Gegeben: $m_w = 192$ g
           $m_0 = 175$ g

Gesucht: u = ? %

Lösung:

$$u = \frac{m_u - m_0}{m_0} \cdot 100\ \%$$

$$u = \frac{192\ g - 175\ g}{175\ g} \cdot 100\ \% = \underline{9,71\ \%}$$

Holzfeuchte – Wassergehalt und Volumen

Wassergehalt in Zellhohlräumen und Zellwänden				
	fällfrisch	Fasersättigungs-bereich FSB*	lufttrocken	darrtrocken
Holzfeuchte	50 % ... > 100 % je nach Holzart nimmt ab	≈ 30 %	≈ 15 %	0 %
freies Wasser in Zellhohlräumen	nimmt ab			
gebundenes Wasser in Zellwänden	bleibt bis ≈ 30 % Holzfeuchte unverändert		nimmt ab	0 %
Volumen und Form des Holzes	unverändert		Schwinden ➝	◀— Quellen

* Der Fasersättigungsbereich FSB liegt je nach Holzart zwischen 25 % und 35 % Holzfeuchte.

Luftfeuchte

Die Luftfeuchte beeinflusst die Holzfeuchte.

Die **Sättigungsluftfeuchte** $\varphi_{\text{sät}}$ (sprich: phi) gibt an, wie viel Gramm Wasserdampf 1 m³ Luft bei einer bestimmten Temperatur höchstens aufnehmen kann. Je höher die Lufttemperatur, desto mehr Wasserdampf kann die Luft aufnehmen. Dieser Wert ist bei einer bestimmten Lufttemperatur immer gleich (konstant).

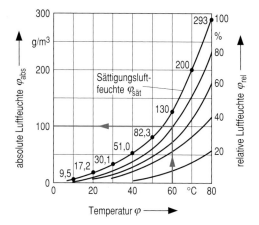

Die **absolute Luftfeuchte** φ_{abs} gibt an, wie viel Gramm Wasserdampf 1 m³ Luft tatsächlich aufgenommen hat.

Wie viel g/m³ Wasserdampf enthält 1 m³ Luft bei einer Lufttemperatur von 60 °C und einer rel. Luftfeuchte von 80 %?

Lösung nach Diagramm:
$\varphi_{\text{abs}} = \underline{100 \text{ g/m}^3}$

Die **relative Luftfeuchte** φ_{rel} wird in Prozent angegeben und berechnet sich aus dem Verhältnis von absoluter Luftfeuchte zur Sättigungsluftfeuchte.

$$\text{relative Luftfeuchte} = \frac{\text{absolute Luftfeuchte}}{\text{Sättigungsluftfeuchte}} \cdot 100\ \%$$

$$\varphi_{\text{rel}} = \frac{\varphi_{\text{abs}}}{\varphi_{\text{sät}}} \cdot 100\ \%$$

Bei einer Lufttemperatur von 26 °C beträgt die Sättigungsluftfeuchte $\varphi_{\text{sät}}$ 24,4 g/m³. Als absolute Luftfeuchte φ_{abs} werden jedoch nur 21,7 g/m³ festgestellt. Wie viel % beträgt die relative Luftfechte φ_{rel}?

Gegeben: $\varphi_{\text{abs}} = 21{,}7$ g/m³
$\qquad\qquad \varphi_{\text{sät}} = 24{,}4$ g/m³

Gesucht: $\varphi_{\text{rel}} = ?\ \%$

Lösung:

$$\varphi_{\text{rel}} = \frac{\varphi_{\text{abs}}}{\varphi_{\text{sät}}} \cdot 100\ \%$$

$$\varphi_{\text{rel}} = \frac{21{,}7 \text{ g/m}^3}{24{,}4 \text{ g/m}^3} \cdot 100\ \% = \underline{\underline{88{,}9\ \%}}$$

Holzfeuchtegleichgewicht

Das **Holzfeuchtegleichgewicht** u_{gl} ist abhängig von den messbaren Faktoren Holzfeuchte, relative Luftfeuchte und Lufttemperatur. Es ist dann erreicht, wenn kein Austausch zwischen Holzfeuchte und umgebender Luftfeuchte stattfindet.

Zu Beginn technischer Holztrocknungen soll das Holzfeuchtegleichgewicht erreicht sein, damit keine Trocknungsschäden auftreten (vgl. *TG*).

Das **Holzfeuchtediagramm** zeigt die Beziehung zwischen Holzfeuchtegleichgewicht, relativer Luftfeuchte und Lufttemperatur an.

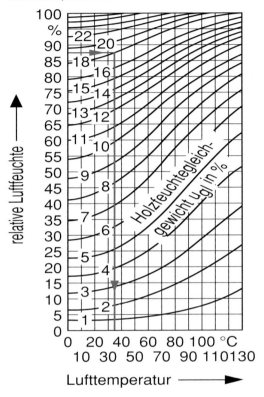

Es wird eine Holzfeuchte von 18 % gemessen. Die Lufttemperatur in der Trockenmaschine beträgt 35 °C. Welche relative Luftfeuchte ist zu Beginn des Trockenverfahrens notwendig?

Gegeben: $u = 18 \%$; $\vartheta = 35$ °C
Gesucht: $\varphi_{rel} = ?$ %

Lösung:
Im Diagramm vom Wert „Lufttemperatur 35 °C" in Pfeilrichtung nach oben bis zur Linie „18 %" gehen. Vom Schnittpunkt waagerecht nach links und auf der Skala „relative Luftfeuchte" den Wert „87 %" ablesen.

Trocknungsgefälle

Das **Trocknungsgefälle** *TG* bestimmt die Qualität des Trocknungsergebnisses. Ein zu großes Gefälle kann Rissbildungen und Spannungen im Holz ergeben. Ein zu kleines führt zu langen Trockenzeiten und ist unwirtschaftlich. Das Trocknungsgefälle ist das Verhältnis der momentanen Holzfeuchte u_m des Trockengutes zum Holzfeuchtegleichgewicht u_{gl}, das den vorliegenden Trocknungsbedingungen (Temperatur, relative Luftfeuchte) entspricht.

$$\text{Trocknungsgefälle} = \frac{\text{Holzfeuchte}}{\text{Holzfeuchtegleichgewicht}}$$

$$TG = \frac{u_m}{u_{gl}}$$

30 mm dicke Fichtenholzbretter werden technisch getrocknet. Ihre Holzfeuchte u_m beträgt 40 %. In der Trockenmaschine ist eine Trockentemperatur von 70 °C und eine relative Luftfeuchte von 70 %.
a) Wie groß ist das Trocknungsgefälle?
b) Ist das *TG* nach der Tabelle richtig gewählt?

Lösung:
a) Im Feuchtediagramm wird aus den Werten 70 °C und 70 % rel. Luftfeuchte das Holzfeuchtegleichgewicht u_{gl} von 10 % abgelesen.

$$TG = \frac{u_m}{u_{gl}} = \frac{40 \%}{10 \%} = 4$$

b) Lt. Tabelle ist das *TG* richtig gewählt.

Bestimmung des Trocknungsgefälles

Trocknung	Trocknungsgefälle *TG*		Trocknungszeit	rel. Luftfeuchte	Holzart
schonend	niedrig	1,5 … 1,9	lang	hoch	EI, ES, BU, MAS, MAC, MAE
normal	mittel	2,0 … 2,9	mittel	mittel	AH, BB, KB, NB, RU, TEK
scharf	hoch	3,0 … 3,9	schnell	gering	FI, KI, TA, ABA, PIR
sehr scharf	sehr hoch	4,0 … 5,2	sehr schnell	sehr gering	FI, TA, ABA

Aufgaben

1. Mit Hilfe der Darrprobe wird die prozentuale Holzfeuchte festgestellt. Das Probestück hat ein Nassgewicht von 119 g, darrtrocken wiegt es noch 95 g. Wie groß ist die Holzfeuchte in Prozent?

2. Für eine Kammertrocknung muss die Holzfeuchte bestimmt werden. Eine Holzprobe wiegt im feuchten Zustand 168 g, darrtrocken 132 g. Wie viel Prozent beträgt die Holzfeuchte?

3. Ein Probestück ist im darrtrockenen Zustand 455 g schwer. Wie viel g wiegt das Brettstück bei a) 8 %, b) 15 % und c) 23 % Holzfeuchte?

4. Mit einem elektrischen Holzfeuchtemessgerät wird bei einem Probestück ein Holzfeuchtegehalt von 18 % festgestellt; es wiegt 498 g. Wie viel Prozent Holzfeuchte hat das Holz, wenn nach dem Trocknen des Probestücks das Gewicht 453 g beträgt?

5. Zu berechnen ist die Holzfeuchte in Prozent bei folgenden Messergebnissen.

	a)	b)	c)	d)	e)	f)
Nassgewicht in g	138	181,5	252	160	1562	821
Darrgewicht in g	120	165	210	144	1285	766
Holzfeuchte in %	?	?	?	?	?	?

6. Eine Kiefernbohle mit den Abmessungen 3800 mm/280 mm/60 mm ist nass geworden und hat 2,7 l Wasser aufgenommen. Ihre Masse beträgt nach der Feuchtigkeitsaufnahme 36,50 kg. Die Rohdichte von Kiefernholz bei 0 % Holzfeuchte beträgt 480 kg/m^3.
   Zu berechnen sind:
   a) Holzfeuchte in Prozent vor dem Nasswerden,
   b) Holzfeuchte in Prozent nach dem Nasswerden.

7. Während einer technischen Holztrocknung wird eine Holzprobe im nassen Zustand mit 238 g gewogen. Die Darrprobe ergibt einen Wert von 203,4 g.
   Zu berechnen ist die Holzfeuchte in Prozent.

8. Ein Brett hat eine Holzfeuchte von 18 % und hat eine Masse von 8,560 kg. In der Trockenkammer wird es auf 8 % Holzfeuchte heruntergetrocknet. Zu berechnen ist die Masse in kg des getrockneten Brettes.

9. Mit Hilfe des Holzfeuchtediagrammes sind die in der tabellarischen Aufstellung nicht angegebenen Werte zu ermitteln.

	a)	b)	c)	d)	e)	f)
Holzfeuchte in %	24	20	?	?	12	10
rel. Luftfeuchte in %	?	88	80	65	?	63
Lufttemperatur in °C	20	?	40	80	100	?

10. Bei lufttrockener Schnittware wird eine Holzfeuchte von 15 % gemessen. Das Holzfeuchtegleichgewicht beträgt 8 %.
    Zu berechnen ist das Trocknungsgefälle.

11. Ein Rotbuchenbrett hat eine Holzfeuchte von 27 %. Die Trockenmaschine ist auf 65 °C aufgeheizt und die relative Luftfeuchte beläuft sich auf 85 %.
    a) Zu berechnen ist das Trocknungsgefälle.
    b) Stimmt der Wert mit der Tabelle überein und wie ist die Bezeichnung der Trocknung?

12. Eine Bohle mit einer Holzfeuchte von 35 % wird getrocknet. Das mittlere Trocknungsgefälle beträgt 2,4.
    Wie viel Prozent beträgt das Holzfeuchtegleichgewicht?

13. In der tabellarischen Aufstellung sind die fehlenden Werte zu bestimmen.
    Lösung nach Tabelle und Berechnungsformel.

	a)	b)	c)	d)	e)	f)
u_m	18	12	9	16	?	28
u_{gl}	7	?	?	?	3,5	14,5
TG	?	3,1	3,9	?	5,2	?
Bezeichnung der Trocknung	?	?	?	?	?	?
Holzarten	?	?	?	?	?	?

Holzschwund

Holzschwund entsteht, wenn Holz unterhalb des Fasersättigungsbereichs FSB trocknet. Dieser Bereich liegt zwischen 25 % und 35 % Holzfeuchte. Das Volumen der Zellen verkleinert sich.

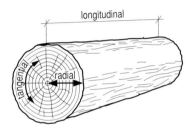

Drei Schwindrichtungen werden unterschieden:
- longitudinal (l) in Faserrichtung ≈ 0,3 %,
- radial (r) in Richtung der Holzstrahlen ≈ 4,0 %,
- tangential (t) in Richtung der Jahrringe ≈ 8,0 %.

Breiten- und Dickenschwund des Holzes hängen vom Verlauf der Jahrringe ab. Der Schwund in Faserrichtung bleibt wegen seiner geringen Bedeutung in der Praxis im Allgemeinen unberücksichtigt.

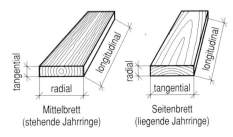

Mittelbrett
(stehende Jahrringe)

Seitenbrett
(liegende Jahrringe)

Das **Schwindmaß** β ist nach DIN 68252 das Maß, um das die Holzmaße bei sinkender Holzfeuchte abnehmen, also die Differenz zwischen den Maßen des feuchten (Grünmaß) und des getrockneten Holzes (Trockenmaß).

Schwindmaß	=	Grünmaß – Trockenmaß
β	=	β_1 – β_2

Das **Schwindmaß** β **in Prozent** gibt den Schwund bezogen auf das Grünmaß an.

$$\text{Schwindmaß in Prozent} = \frac{\text{Grünmaß} - \text{Trockenmaß}}{\text{Grünmaß}} \cdot 100\ \%$$

$$\beta \text{ in } \% = \frac{\beta_1 - \beta_2}{\beta_1} \cdot 100\ \%$$

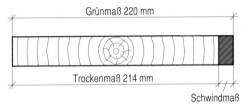

Grünmaß 220 mm

Trockenmaß 214 mm

Schwindmaß

Ein Mittelbrett misst in radialer Richtung vor der Trocknung 220 mm, nach der Trocknung 214 mm. Wie viel Prozent beträgt das Schwindmaß β?

Gegeben: $\beta_1 = 220$ mm
$\beta_2 = 214$ mm

Gesucht: $\beta = ?$ %

Lösung:

$$\beta = \frac{\beta_1 - \beta_2}{\beta_1} \cdot 100\ \%$$

$$\beta = \frac{220 \text{ mm} - 214 \text{ mm}}{220 \text{ mm}} \cdot 100\%$$

$$\beta = \underline{2,73\ \%}$$

Das **maximale Schwindmaß** β_{max} **in Prozent** gibt den Holzschwund vom fällfrischen bis zum darrtrockenen Zustand an (s. Tab. S. 139).

Das **Schwindmaß** β errechnet sich aus dem Grünmaß und dem Schwindmaß in %.

$$\beta = \frac{\beta_1 \cdot \beta \text{ in \%}}{100 \text{ \%}}$$

Holzschwund bei Holzfeuchteabnahme um 1 %

Die **Holzfeuchtedifferenz** Δu ergibt sich aus der Holzfeuchtemessung am Holz im feuchten Zustand und im getrockneten Zustand.

Holzfeuchtedifferenz	=	Holzfeuchte$_{grün}$	–	Holzfeuchte$_{getrocknet}$
Δu	=	u_1	–	u_2

Das **differenzielle Schwindmaß** V gibt den prozentualen Holzschwund q bei 1 % Holzfeuchteänderung an.

$$\text{differenzielles Schwindmaß} = \frac{\text{Holzschwund in \%}}{1 \text{ \% Holzfeuchteänderung}}$$

$$V = \frac{q \text{ in \%}}{1 \text{ \% } u}$$

Einheit: %/%

Differenzielles Schwindmaß V in %/%

Holzart	radial	tangential
FI	0,19	0,39
BB	0,15	0,33
MER	0,11	0,25
NB	0,18	0,28

Das **Schwindmaß** β von Breiten- oder Dickenmaßen des Holzes ist das Produkt des Holzmaßes, der Holzfeuchtedifferenz und des differenziellen Schwindmaßes V.

$$\text{Schwindmaß} = \frac{\text{Breite (bzw. Dicke)} \cdot \text{Holzfeuchtedifferenz} \cdot \text{diff. Schwindmaß}}{100 \text{ \%}}$$

$$\beta = \frac{b \text{ (bzw. } d) \cdot \Delta u \cdot V}{100 \text{ \%}}$$

Ein 280 mm breites Eschenbrett ist in radialer Richtung von 20 % auf 12 % Holzfeuchte getrocknet.
Wie viel mm Breitenmaß hat das Brett nach dem Schwund?

Gegeben: $b = 280$ mm
$\Delta u = u_1 - u_2 = 20 \text{ \%} - 12 \text{ \%} = 8 \text{ \%}$
$V = 0{,}21$ %/% nach Tabelle

Gesucht: Breitenmaß = ? mm

Lösung:
$$\beta = \frac{b \cdot \Delta u \cdot V}{100 \text{ \%}}$$

$$\beta = \frac{280 \text{ mm} \cdot 8 \text{ \%} \cdot 0{,}21 \text{ \%}}{100 \text{ \% } \cdot \text{ \%}} = 4{,}7 \text{ mm}$$

Breitenmaß = 280 mm – 4,7 mm = <u>275,3 mm</u>

Schwindmaße

Holzart	Kurz-zeichen	maximales Schwindmaß β_{max} in % fällfrisch bis darrtrocken			differenzielles Schwindmaß V in % Schwund je 1 % Holzfeuchteänderung	
		long.	radial	tangential	radial	tangential
Abachi	ABA	–	3,3	5,4	0,11	0,19
Ahorn	AH	0,4	3,0	8,0	0,21	0,30
Balsa	BAL	–	2,4	4,4	–	–
Birke	BI	0,5	5,3	7,8	0,29	0,41
Birnbaum	BB	0,4	4,6	9,1	0,15	0,33
Buche (Rot-)	BU	0,3	5,8	11,8	0,20	0,41
Eiche	EI	0,4	4,3	8,9	0,16	0,36
Erle	ER	0,4	4,4	7,3	0,16	0,27
Esche, gemeine	ES	0,26	4,7	7,5	0,21	0,38
Fichte	FI	0,3	3,6	7,8	0,19	0,39
Hemlock	HEM	–	4,3	7,9	–	–
Kiefer	KI	0,4	4,0	7,7	0,19	0,36
Kirschbaum	KB	–	5,0	8,7	–	–
Lärche	LÄ	0,3	3,3	7,8	0,14	0,30
Limba	LMB	–	3,5	6,3	0,17	0,22
Linde	LI	0,3	5,5	9,1	0,20	0,30
Mahagoni, echtes	MAE	–	3,2	4,6	0,15	0,20
Makoré	MAC	0,11	4,7	6,3	0,22	0,27
Meranti, Dark red	MER	–	4,1	9,7	0,11	0,25
Nussbaum	NB	0,5	5,4	7,5	0,18	0,28
Okoume, Gabun	OKU	–	4,1	6,6	0,16	0,24
Pappel	PA	0,35	5,2	8,3	0,13	0,31
Pockholz	POH	–	5,6	9,3	–	–
Ramin	RAM	–	4,0	9,4	0,19	0,39
Redwood, Sequoia	RWK	–	2,3	4,8	–	–
Rüster, Ulme	RU	0,3	4,6	8,3	0,20	0,43
Sapelli, Mahagoni	MAS	–	5,4	7,0	0,24	0,32
Sipo, Mahagoni	MAU	0,11	5,0	7,9	0,20	0,25
Tanne	TA	0,10	3,8	7,6	0,14	0,28
Teak	TEK	–	2,7	5,0	0,16	0,26
Weiß-, Hainbuche	HB	0,5	6,8	11,5	0,23	0,39
Weymouth-Kiefer	KIW	0,2	2,3	6,0	0,10	0,21

Aufgaben

14. Aus einer 65 mm dicken Kernbohle werden zwei Friese mit je 170 mm Breite zugeschnitten. Diese werden technisch getrocknet und haben einen Querschnitt von 163 mm/61 mm.
Wie viel Prozent beträgt das Schwindmaß für:
a) Friesbreite,
b) Friesdicke?

15. Acht fällfrische, konisch besäumte und ungehobelte Kiefernbretter mit einer Dicke von je 35 mm und einer mittleren Breite von je 42,0 cm werden luftgetrocknet. Die getrocknete Ware hat eine mittlere Dicke von 33,2 mm und eine mittlere Breite von 39,6 cm.
Wie viel Prozent betrug das Schwindmaß beim Dicken- und Breitenmaß?

16. Ein parallel besäumtes, fällfrisches Rotbuchenmittelbrett hatte ein Breitenmaß von 325 mm und ein Dickenmaß von 24 mm. Es wurde auf eine Holzfeuchte von 0 % getrocknet und ist dabei radial um 5,8 % und tangential um 11,8 % geschwunden.
Welchen Querschnitt hatte es nach dem Trocknen?

17. Für eine 6,20 m breite Wandbekleidung wurden 120 mm breite Lärchenriemen verwendet. Nach dem Einbau sind die Riemen um 3,3 % geschwunden.
a) Wie viel mm beträgt die entstandene Schwindfuge zwischen den Riemen?
b) Wie viel Riemen hätte man noch zusätzlich anbringen können?

18. Eine dekorative Schichtpressstoffplatte schwindet in Schleifrichtung (in der Länge) 0,4 %, quer zur Schleifrichtung doppelt so viel.
Wie viel mm betragen die Schwindmaße in Länge und Breite bei den Plattenmaßen von 2,80 m/1,25 m?

19. Zur Herstellung eines Fensters wird aus einer 65 mm dicken Seitenbohle ein 90 mm breites Blendrahmenholz herausgeschnitten. Nach dem Trocknen beträgt der Querschnitt 63,0 mm/84,5 mm.
a) Um wie viel Prozent ist das Holz in Dicke und Breite geschwunden?
b) Um welche Holzart kann es sich nach der Tabelle gehandelt haben?

20. In den Rahmen einer Möbelseite wird eine Vollholzfüllung in Lärchenholz eingesetzt. Die Füllung besteht wegen der Holzstruktur aus Seitenbrettern, die in der Breite verleimt sind. Das Breitenmaß der Füllung beträgt 527 mm, die gemessene Holzfeuchte beläuft sich auf 13 %. Durch die warme Raumluft trocknet das Lärchenholz auf 7 % Holzfeuchte nach. Schwindmaß für Lärchenholz siehe Tabelle.
Zu berechnen ist die Breite der Füllung in mm.

21. Ein Buchenseitenbrett mit dem Breitenmaß von 265 mm und dem Dickenmaß von 24 mm hat eine Holzfeuchte von 22 %. Für eine Innenausbauarbeit wird es auf 6,5 % heruntergetrocknet. Nach dem Trocknen erhält man für die Breite ein Schwindmaß von 16,8 mm und für die Dicke von 0,75 mm.
a) Wie groß ist das differenzielle Schwindmaß in tangentialer und radialer Schwindrichtung?
b) Wie viel mm beträgt das Breiten- und Dickenmaß nach dem Schwinden?

22. Ein Konstruktionsteil hatte beim Einbau die nach Zeichnung vorgegebenen Maße: Breite = 215 mm, Dicke = 27 mm.
Bei der Bauabnahme wurde die Passung dieses Teiles beanstandet. Das Breitenmaß betrug nur noch 207 mm, das Dickenmaß 25,5 mm.
Zu berechnen sind:
a) Schwindmaß in Prozent in der Breite,
b) Schwindmaß in Prozent in der Dicke.

23. Eine 300 mm breite und 60 mm dicke Eichenseitenbohle wiegt als Holzprobe im feuchten Zustand 337 g, im darrtrockenen Zustand 296 g. Die Holzprobe wird auf 8 % Holzfeuchte heruntergetrocknet.
Zu berechnen sind:
a) Holzfeuchte in %,
b) Schwindmaße für Breite und Dicke in mm,
c) Querschnittsmaße in mm.

24. Ein 425 mm breites Birnbaumseitenbrett wird von 16 % Holzfeuchte auf 9 % heruntergetrocknet.
a) Wie breit ist das getrocknete Seitenbrett?
b) Wie breit würde ein Birnbaumkernbrett sein?

25. Ein parallel besäumtes Kernbrett misst vor dem Trocknen in der Breite 0,257 m. Der maximale Schwindverlust beträgt radial 3,43 %.
Wie groß sind nach dem Trocknen:
a) Schwindmaß in mm,
b) Breite des Kernbrettes in mm?

6.2 Masse, Gewichtskraft, Dichte

Die **Masse** m ist eine physikalische Eigenschaft. Jeder Körper behält unabhängig vom Ort seine Masse.

> Die Masse m ist eine Basisgröße.
> Das Kilogramm (kg) ist die Einheit der Masse m.

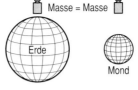

Die **Umrechnungszahl** von einer Einheit in die nächst größere oder kleinere ist 1000.

```
1 Tonne     = 1 t  = 1000 kg
1 Kilogramm = 1 kg = 1000 g   = 0,001 t
1 Gramm     = 1 g  = 1000 mg = 0,001 kg
1 Milligramm = 1 mg = 0,001 g
```

Werden Körper gewogen, wird eine unbekannte Masse mit einer bekannten Masse (Gewichts- oder Wägestücke) verglichen.

Die **Gewichtskraft** F_G eines Körpers hängt von seiner Masse und von der Anziehungskraft (Gravitation) der Erde ab. Die Gewichtskraft ist ortsabhängig. Sie ist umso geringer, je größer der Abstand eines Körpers vom Erdmittelpunkt ist.

Ein fallender Körper erhöht seine Geschwindigkeit je Zeiteinheit. Die auf der Erde im luftleeren Raum messbare Geschwindigkeitszunahme beträgt im Mittel 9,81 m/s^2 und wird als Fallbeschleunigung g bezeichnet. Für Berechnungen ist in der Praxis der gerundete Wert $g \approx 10$ m/s^2 ausreichend. Auf dem wesentlich kleineren Mond beträgt die Fallgeschwindigkeit nur 1,63 m/s^2. Die Gewichtskraft ist somit nur 1/6 von der auf der Erde.

Wie viel kg sind 0,385 t?

Lösung:
1 t = 1000 kg
0,385 t = 0,385 · 1000 kg = <u>385 kg</u>

Wie viel kg sind 368 g?

Lösung:

$$1 \text{ g} = \frac{1}{1000} \text{ kg}$$

$$368 \text{ g} = \frac{1 \cdot 368}{1000} \text{ kg} = \underline{0,368 \text{ kg}}$$

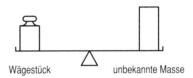

Wägestück   unbekannte Masse

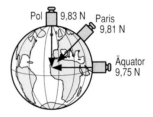

Die **Gewichtskraft** F_G ist das Produkt aus der Masse m und der Fallbeschleunigung g.

> Gewichtskraft = Masse · Fallbeschleunigung
> F_G = m · g

Das Newton (N) ist die Einheit der Gewichtskraft F_G.

```
1 N   = 1 kg · m/s²
1 daN = 10 N
1 kN  = 1000 N
```

Die Masse eines Körpers beträgt 2 kg. Wie groß ist die Gewichtskraft?

Gegeben: $m = 2$ kg
$\quad\quad\quad\quad g = 10$ m/s^2

Gesucht: $F_G = ?$ N

Lösung:
$F_G = m \cdot g$
$F_G = 2$ kg $\cdot$ 10 m/s^2 = <u>20 N</u>

Die **Dichte** ρ (sprich: rho) ist eine Stoffeigenschaft und ortsunabhängig wie die Masse. Sie berechnet sich aus dem Quotienten von Masse und Volumen.

$$\text{Dichte} = \frac{\text{Masse}}{\text{Volumen}}$$

$$\rho = \frac{m}{V}$$

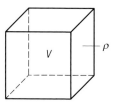

$$1 \frac{kg}{m^3} = \frac{1\ kg}{1\ m^3}$$

Weitere Einheiten: $\frac{g}{cm^3}$; $\frac{kg}{dm^3}$; $\frac{t}{m^3}$

Man unterscheidet:
- Reindichte ρ → Stoffe *ohne* Hohlräume (Glas, Metall),
- Rohdichte ρ_u → Stoffe *mit* Hohlräumen (Holz, Holzwerkstoffe), die Feuchte aufnehmen können.

Eine 19 mm dicke, 3050 mm lange und 1250 mm breite FPY-Platte hat eine Dichte von 0,700 kg/dm³.
Zu berechnen sind:
a) Masse in kg,
b) Gewichtskraft in N.

Gegeben: l = 3050 mm; b = 1250 mm
$\qquad\quad$ d = 19 mm; ρ = 0,700 kg/dm³

Gesucht: m = ? kg; F_G = ? N

Lösung:
a) $m = V \cdot \rho = l \cdot b \cdot d \cdot \rho$
$\quad m$ = 30,50 dm · 12,50 dm · 0,19 dm · 0,700 kg/dm³
$\quad m$ = <u>50,706 kg</u>

b) $F_G = m \cdot g$
$\quad F_G$ = 50,706 kg · 10 m/s²
$\quad F_G$ = 507,06 kg m/s² = <u>507,06 N</u>

Berechnungsmittelwerte verschiedener Dichten ρ

Holzarten	Rohdichte in kg/m³		Holzwerkstoffe	Rohdichte in kg/m³
	frisch ca. 50 % H_2O	lufttrocken ca. 12 % H_2O	Sperrholz FU, ST, STAE	600
			Holzspanplatte FPY	700
Ahorn	950	610	**Baustoffe**	**Rohdichte in kg/m³**
Balsaholz	–	150		
Birke	960	650	Polyurethan-Hartschaum	30 … 40
Birnbaum	–	740	Faserdämmstoffe	8 … 200
Buche	1000	690	Holzwolleleichtbauplatten	360 … 570
Eiche	1040	670	Gasbeton	600
Erle	820	530	Gipskartonplatte	900
Esche	900	690	Gipsputz	1200
Fichte	740	470	Leichtbeton, porig	1200
Kiefer	800	520	Mauerwerk, Lochziegel	1200
Lärche	810	590	Mauerwerk, Vollklinker	2000
Limba	–	580	Normalbeton	2400
Linde	740	490	Stahlleichtbeton	1400
Nussbaum	920	680	Zementmörtel	2100
Pappel	850	450		
Pockholz	–	1250	**weitere Werkstoffe**	**Reindichte in kg/m³**
Rüster (Ulme)	960	680		
Tanne	950	470	Acrylglas	1200
Teak	–	690	Aluminium	2700
			Kristallspiegelglas	2700
			Stahl	7850
			Kupfer	8930
			Blei	11300

Aufgaben

1. Ein Lkw mit 7,0 t Ladefähigkeit liefert einem Innenausbaubetrieb ungehobelte, parallel besäumte Brettware. Wie groß ist die Gesamtmasse in kg?

Holzart	Anzahl	Länge in m	Breite in cm	Dicke in mm	Volumen in m^3	Dichte in kg/dm^3	Masse in kg
Eiche	120	4,50	28,00	18	?	0,86	?
Fichte	55	4,00	18,00	35	?	0,47	?
Mahagoni	12	5,50	42,00	24	?	0,81	?
Rotbuche	56	4,70	22,00	28	?	0,74	?
						Gesamtmasse ?	

2. Welche Gewichtskraft F_G in daN hat Wasser mit der Masse von 1 kg?

3. Für die Lagerung von 87 Fußbodenverlegeplatten muss eine entsprechende Unterkonstruktion erstellt werden. Die Platten tragen den Stempelaufdruck „25/205/92,5". Die Dichte dieses Materials beträgt 650 kg/m^3.
Welche Masse in t hat die Gesamtlieferung?

4. Auf einem Pkw-Anhänger mit einer zulässigen Ladefähigkeit von 350 kg werden 15 halbschwere Spanplatten mit ρ = 600 kg/m^3 verladen. Die 19 mm dicken Platten sind 250 cm lang und 130 cm breit.
a) Die Masse der Ladung in kg ist zu berechnen.
b) Können die Platten mit einer Fahrt befördert werden?

5. In einem 7,30 m langen und 5,85 m breiten Raum wird eine abgehängte Decke eingebaut. Für die Wahl der Unterkonstruktion ist die Masse der Decke entscheidend. Verwendet wird 16 mm dicke Holzspanplatte mit Maserdekor, Flächengröße 260 cm/205 cm; ρ s. Tabelle S. 142.
Wie groß ist die Masse der Holzspanplatten in kg?

6. Eine Glaskiste enthält 42 m^2 Spiegelglas von 3,0 mm Dicke, ρ = 2,6 kg/dm^3.
Wie viel kg beträgt die Masse des Glases?

7. Eine Isolierglasscheibe ist 1,75 m breit und 1,62 m hoch; sie besteht aus zwei 4,0 mm dicken Spiegelglasscheiben.
Wie viel kg wiegt diese Isolierglasscheibe bei einer Dichte des Glases von 2,5 kg/dm^3, sofern der Leichtmetallrahmen einschließlich Versiegelungsmasse unberücksichtigt bleibt?

8. In einem Innenausbaubetrieb wird für die fachgerechte Lagerung von Schichtpressstoffplatten ein Regal mit 5 übereinanderliegenden Zwischenböden gefertigt. Jede Lagerfläche wird mit maximal 50 Platten von je 1,3 mm Dicke und einer Plattengröße von 2,80 m/1,30 m belegt. Die Dichte beträgt 1400 kg/m^3.
Welche Gewichtskraft in N muss das Regal im Höchstfall aufnehmen?

9. In einem Laden wird eine Schaufensterscheibe mit einer Breite von 4,75 m und einer Höhe von 2,15 m eingebaut. Es wird 15 mm dickes Kristallspiegelglas verwendet, dessen Dichte 2,7 kg/dm^3 beträgt.
Zu berechnen ist die Masse dieser Scheibe in kg.

10. Für ein Aquarium wird eine Bodenscheibe benötigt.
Zu berechnen ist die Wassermasse m_W und die Glasmasse m_G in kg, die von der Scheibe aufgenommen werden müssen, wenn das Aquarium 82 cm lang, 37 cm breit und 46 cm hoch ist. Der Wasserstand liegt 3 cm unterhalb der Seitenoberkante. Für die Mantelfläche des Aquariums wird 10 mm dickes Glas, ρ = 2,5 kg/dm^3, verwendet.

11. Ein Lkw kann 4,5 t Nutzlast befördern.
Wie viel m^3 Kiefernholz in
a) fällfrischem, b) lufttrockenem Zustand dürfen höchstens geladen werden?

12. Für ein Konferenzzimmer wird eine schalldämmende Tür (Breite 1040 mm, Höhe 2230 mm) hergestellt, deren doppelschaliges Türblatt mit einer Fertigdicke von 85 mm aus zwei Schalen 19 mm dicker Holzspanplatte (ρ = 700 kg/m^3) besteht. Auf den Innenseiten der Schalen ist zur Erhöhung der Masse je eine 1,5 mm dicke Bleiplatte (Dichte ρ = 11300 kg/m^3) aufgeschraubt. Die Bleiplatten sind wegen des ringsumlaufenden Rahmens links und rechts sowie oben und unten 80 mm schmaler als das genannte Türmaß. Die Masse des Rahmens und der Mineralwollefüllung bleiben unberücksichtigt. Für die Auswahl der geeigneten Türbänder ist die Masse des Türblatts in kg zu berechnen.

6.3 Kraft, Hebel, Drehmoment

Kraft

Kräfte können bei Körpern Form, Lage und Bewegung ändern.

Die **Kraft F** (force engl. Kraft) ist das Produkt aus Masse m und Beschleunigung a.

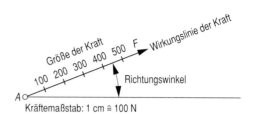

Kräftemaßstab: 1 cm ≙ 100 N

Kraft =	Masse ·	Beschleunigung
F =	m ·	a

Das Newton (N) ist die Einheit der Kraft F.

Kräfte können durch Pfeile dargestellt werden:
- Größe der Kraft → Pfeillänge in einem bestimmten Maßstab,
- Richtung der Kraft → Wirkungslinie,
- Ort der Krafteinwirkung → Angriffspunkt A.

Die **resultierende Kraft F_R** kann zeichnerisch oder rechnerisch ermittelt werden.

Addition von Kräften ist möglich, wenn diese auf einer Wirkungslinie in gleicher Richtung wirken.

$$F_R = F_1 + F_2$$

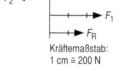

Kräftemaßstab:
1 cm ≙ 200 N

$F_R = F_1 + F_2$
$F_R = 540\ N + 300\ N = \underline{840\ N}$

Subtraktion von Kräften ist möglich, wenn diese auf einer Wirkungslinie in entgegengesetzten Richtungen wirken. Kleinere Kräfte werden von größeren abgezogen.

$$F_R = F_1 - F_2$$

Kräftemaßstab:
1 cm ≙ 200 N

$F_R = F_1 - F_2$
$F_R = 540\ N - 300\ N = \underline{240\ N}$

Mit dem **Kräfteparallelogramm** können zwei Kräfte und ihre Resultierende zeichnerisch und rechnerisch dargestellt werden.

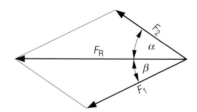

Werden zwei **Kräfte F_1 und F_2 zusammengefasst,** hat die resultierende Kraft F_R die gleiche Wirkung wie die beiden Einzelkräfte.

Vom Angriffspunkt aus wirkt die Kraft $F_1 = 1125$ N unter dem Winkel $\alpha = 15°$ und die Kraft $F_2 = 575$ N unter dem Winkel $\beta = 30°$. Die resultierende Kraft F_R ist mit dem Kräfteparallelogramm zu ermitteln. Kräftemaßstab: 1 cm $\triangleq$ 250 N.

Lösung:

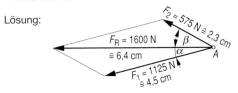

Die **resultierende Kraft F_R** kann in zwei Kräfte F_1 und F_2 **zerlegt** werden, die vom Angriffspunkt aus unter einem bestimmen Winkel wirken.

Die resultierene Kraft $F_R = 2700$ kN ist in die Kräfte F_1 und F_2 zu zerlegen. Winkel α bei $F_1 = 30°$, Winkel β bei $F_2 = 45°$. Kräftemaßstab: 1 cm $\triangleq$ 400 kN.

Lösung:

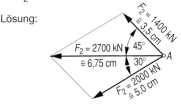

Aufgaben

1. Eine Kraft F ist a) 3800 N, b) 8280 N groß.
   Wie lang ist die Pfeillinie im KM 1 cm $\triangleq$ 2000 N zu zeichnen?

2. Für eine Kraft F, dargestellt im KM 1 cm $\triangleq$ 5000 N, ist die Pfeillinie a) 4,2 cm, b) 6,24 cm lang gezeichnet.
   Zu ermitteln ist die Kraft F in kN.

3. Die Kräfte $F_1 = 28,20$ kN, $F_2 = 51,80$ kN und $F_3 = 30,40$ kN sind auf derselben Wirkungslinie in gleicher Richtung dargestellt.
   Zu ermitteln ist die Gesamtkraft (resultierende Kraft) F_R in kN:
   a) rechnerisch, b) zeichnerisch.

4. Auf derselben Wirkungslinie wirken die Kräfte $F_1 = 41,6$ kN, $F_2 = 24,1$ kN und $F_3 = 52,8$ kN in gleicher Richtung.
   Die resultiere Kraft F_R ist zeichnerisch zu ermitteln. KM 1 cm $\triangleq$ 10 kN.

5. Die Kraft $F = 1,22$ kN (0,94 kN) ist unter einem Winkel von 60° (45°) gegen die Waagerechte im KM 1 cm $\triangleq$ 0,25 kN zu zeichnen.

6. Zwei Kräfte, $F_1 = 6800$ N und $F_2 = 8600$ N, wirken rechtwinklig zueinander am gleichen Angriffspunkt. Das Kräfteparallelogramm mit der Resultierenden F_R ist im KM 1 cm $\triangleq$ 2000 N zu zeichnen.

7. Von einem gemeinsamen Angriffspunkt aus wirken mit jeweils 650 N die Kräfte F_1 und F_2, die den Winkel $\alpha = 60°$ einschließen.
   Mit Hilfe des Kräfteparallelogramms ist die resultierende Kraft F_R zu ermitteln. Kräftemaßstab: 1 cm $\triangleq$ 100 N

8. An 2 Seilen wirkt eine Gewichtskraft $F_G = 3600$ N. F_G ist in die Seitenkräfte F_1 und F_2 zu zerlegen:
   a) zeichnerisch, b) rechnerisch.

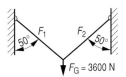

Hebel

Der Hebel ist eine starre Stange, die um eine feste Achse drehbar ist. Teile des Hebels sind vom Drehpunkt aus gesehen:
- Hebelarm l_1,
- Hebelarm l_2.

Kraft F_1 und Kraft F_2 wirken rechtwinklig auf die Hebelarme l_1 und l_2.

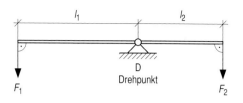

Das **Drehmoment M** entsteht, wenn an einem Hebel eine senkrecht wirkende Kraft F eine Drehbewegung verursacht. Die Größe des Drehmoments ist abhängig von der Größe der Kraft, der Wirkungsrichtung und der Länge des Hebelarms.

rechtsdrehendes Moment

Drehmoment = Kraft · Hebelarm
$$M = F \cdot l$$

$1\ \text{Nm} = 1\ \text{N} \cdot 1\ \text{m}$

Vom Drehpunkt aus gesehen ist die Wirkung eines Drehmoments entweder rechts- (im Uhrzeigersinn) oder links- (gegen den Uhrzeigersinn) drehend.

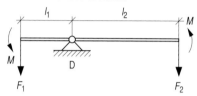

Das **Hebelgesetz** gilt, wenn die Summe der rechtsdrehenden Momente gleich der Summe der linksdrehenden Momente ist. Dann ist das Produkt aus Kraft F_1 und Hebelarm l_1 so groß wie das Produkt aus Kraft F_2 und Hebelarm l_2.

Kraft F_1 · Hebelarm l_1 = Kraft F_2 · Hebelarm l_2
$$F_1 \cdot l_1 = F_2 \cdot l_2$$

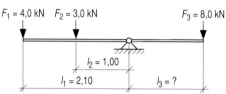

$F_1 = 4{,}0$ kN $F_2 = 3{,}0$ kN $F_3 = 8{,}0$ kN

$l_2 = 1{,}00$

$l_1 = 2{,}10$ $l_3 = ?$

Wie lang ist l_3?

Lösung:
$$F_1 \cdot l_1 + F_2 \cdot l_2 = F_3 \cdot l_3$$

$$l_3 = \frac{F_1 \cdot l_1 + F_2 \cdot l_2}{F_3}$$

$$l_3 = \frac{4{,}0\ \text{kN} \cdot 2{,}10\ \text{m} + 3{,}0\ \text{kN} \cdot 1{,}00\ \text{m}}{8{,}0\ \text{kN}} = \underline{\underline{1{,}425\ \text{m}}}$$

Bei einem **einseitigen Hebel** liegt der Drehpunkt am Anfang des Hebelarms.

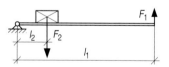

Bei einem **zweiseitigen Hebel** liegt der Drehpunkt zwischen den Kräften F_1 und F_2.

Von einem einseitigen Hebel sind gegeben:
$F_2 = 1400$ N, $l_1 = 0{,}60$ m, $l_2 = 2{,}20$ m.
Gesucht ist: $F_1 = ?$ N.

Lösung:
$$F_1 \cdot l_1 = F_2 \cdot l_2$$

$$F_1 = \frac{F_2 \cdot l_2}{l_1}$$

$$F_1 = \frac{1400\ \text{N} \cdot 2{,}20\ \text{m}}{0{,}60\ \text{m}} = 5133{,}33\ \text{N} \approx \underline{\underline{5133\ \text{N}}}$$

Aufgaben

9. Am einseitigen Hebel betragen:

	Kraft F_1	Hebelarm l_1	Hebelarm l_2
a)	2200 N	1,85 m	3,40 m
b)	1680 N	2,10 m	3,05 m

Wie groß ist jeweils die Gleichgewichtskraft F_2?

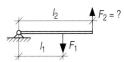

10. Am zweiseitigen Hebel betragen:

	Kraft F_1	Hebelarm l_1	Hebelarm l_2
a)	1450 N	1,60 m	2,34 m
b)	2700 N	1,25 m	1,85 m

Wie groß ist jeweils die Gleichgewichtskraft F_1?

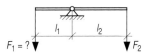

11. Am zweiseitigen Hebel betragen:

	Kraft F_1	Hebelarm l_1	Hebelarm l_2
a)	3200 N	2460 N	2,44 m
b)	2840 N	1900 N	3,12 m

Wie lang ist jeweils der Hebelarm l_1?

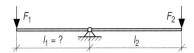

12. Am einseitigen Hebel betragen:

	F_1	F_2	l_1	l_2	l_3
a)	3,10 kN	1,96 kN	2,06 m	2,90 m	3,90 m
b)	2,25 kN	1,50 kN	1,06 m	1,54 m	2,14 m

Wie groß ist jeweils F_3?

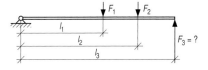

13. Beim Befestigen eines Blendrahmens im Maueranschlag wird eine Schraube mit einem 250 mm langen Schraubenschlüssel eingedreht. Der Kraftaufwand beträgt 210 N.
Zu berechnen ist das Drehmoment in Nm.

14. Beim Wechseln eines Kreissägeblattes wird zum Befestigen der Schraubenmutter auf der Sägeblattwelle ein Schraubenschlüssel mit einer Länge von 425 mm verwendet. Der zugelassene Schraubenschlüssel misst jedoch 280 mm. Das Drehmoment darf höchstens 55 Nm betragen.
Zu berechnen ist die Kraft F in N für beide Schlüssel.

15. Unter einer Tischkreissägemaschine mit der Gewichtskraft von 10870 N werden Schalldämpfkörper angebracht. Mit einer Stahlrohrstange wird die Maschine angehoben.
Zu berechnen sind:
a) Hebelarm l_2 in m, b) Kraft F_2 in N.

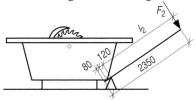

16. Mit einer Beißzange wird die Länge eines Drahtstiftes gekürzt. Dazu muss an der Schneide der Zange eine Kraft von 1760 N aufgewendet werden.
Zu berechnen sind:
a) Kraft F in N an den Zangengriffen,
b) Krafterhöhung in Prozent, wenn die Länge an den Zangengriffen nur 120 mm beträgt.

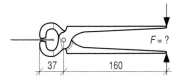

6.4 Arbeit, Leistung, Wirkungsgrad

Arbeit

Arbeit wird verrichtet, wenn ein Körper mit einer Kraft F
- entgegen seiner Gewichtskraft F_G um den Weg s angehoben wird (Hubkraft) oder
- um den Weg s in Gegenrichtung zur Reibungskraft F_R geschoben wird (Schubkraft).

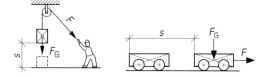

Mechanische Arbeit W (engl. work) ist bei Bewegung eines Körpers das Produkt aus Kraft F und dem zurückgelegten Weg s.

Arbeit = Kraft · Weg
$$W = F \cdot s$$

Das Joule (J) ist die Einheit der mechanischen Arbeit W.

1 Joule = 1 Newton · 1 Meter (1 J = 1 Nm)
1 Kilojoule = 1 kJ = 1 000 J
1 Megajoule = 1 MJ = 1 000 000 J

Ein Fenster (F_G = 670 N) wird mit einem Aufzug 14 m hoch befördert. Wie viel kJ beträgt die Arbeit?

Lösung:
$W = F \cdot s$
W = 670 N · 14 m = 9380 Nm
W = 9380 J = <u>9,380 kJ</u>

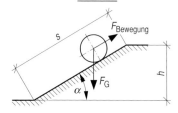

Die **goldene Regel der Mechanik** besagt: Was an Weg gewonnen wird, geht an Kraft verloren und umgekehrt.

Mit der **schiefen Ebene** kann eine Last in eine bestimmte Höhe befördert werden. Je länger der zurückgelegte Weg und je kleiner der Neigungswinkel, desto geringer ist die Bewegungskraft.

Kraft · Kraftweg = Gewichtskraft · Höhe
$$F \cdot s = F_G \cdot h$$

Eine Last (F_G = 1550 N) wird mit Hilfe einer schiefen Ebene von 3,80 m Länge 90 cm hoch geschoben. Wie viel N beträgt die Schiebekraft?

Lösung:
$$F \cdot s = F_G \cdot h$$

$$F = \frac{F_G \cdot h}{s}$$

$$F = \frac{1550 \text{ N} \cdot 0,90 \text{ m}}{3,80 \text{ m}} = \underline{367,11 \text{ N}}$$

Der **Keil**, eine Sonderform der schiefen Ebene, dient zum Spalten und Spannen. Je kleiner der Keilwinkel und je länger die Keilseiten, desto größer sind die Kräfte, die übertragen werden können. Die Kraft F wird beim
- **einseitigen Keil** an der Keilfläche rechtwinklig übertragen,
- **gleichseitigen Keil** an beiden Keilflächen rechtwinklig in gleich große Kräfte F_s zerlegt.

einseitiger Keil   gleichseitiger Keil

Ein Schrank (F_G = 1320 N) wird mit einem einseitigen Keil 12 mm angehoben. Der Keil wird 70 mm tief eingetrieben. Wie viel Kraft in N wird aufgebracht?

Lösung:
$$F \cdot s = F_G \cdot h \qquad F = \frac{F_G \cdot h}{s}$$

$$F = \frac{1320 \text{ N} \cdot 12 \text{ mm}}{70 \text{ mm}} = \underline{226,29 \text{ N}}$$

Leistung

Mechanische Leistung P (engl. power) ist der Quotient aus Arbeit und Zeit.

$$\text{Mechanische Leistung} = \frac{\text{Arbeit}}{\text{Zeit}}$$

$$P = \frac{W}{t}$$

Die Joulesekunde (J/s) ist die Einheit für die mechanische Leistung P.

1 Joule pro Sekunde = 1 Watt (1 J/s = 1 W)
1 Newtonmeter pro Sekunde = 1 Watt (1 Nm/s = 1 W)

1 Kilowatt = 1 kW = 1000 W
1 Megawatt = 1 MW = 1 000 000 W

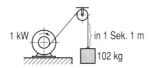
1 kW — in 1 Sek. 1 m — 102 kg

Ein Konstruktionsteil für eine abgehängte Decke mit einer Masse von 72 kg wird mit einem Seilzug an der Außenwand eines Gebäudes in 15 Sekunden 8,5 Meter hochgezogen.
Wie groß ist die Leistung in kW?

Gegeben: $m = 72$ kg; $\quad g = 10$ m/s^2
$\qquad\qquad s = 8,5$ m; $\quad t = 15$ s

Gesucht: $F_G = ?$ N; $\quad P = ?$ kW

Lösung:
$F = F_G$
$F_G = m \cdot g = 72$ kg $\cdot 10$ m/s$^2 = 720$ N

$$P = \frac{F \cdot s}{t} = \frac{720 \text{ N} \cdot 8,5 \text{ m}}{15 \text{ s}}$$

$$P = 408 \frac{\text{Nm}}{\text{s}} = 408 \text{ W} = \underline{0,408 \text{ kW}}$$

Aufgaben

1. Zu berechnen ist für den senkrechten Kraftweg (Hubkraft gleich Belastungskraft) die Arbeit W in J.

		Hublast	Höhe	Arbeit
a)	Aufzug	4 Pers. je 75 kg	25 m	?
b)	Förderkorb	10 t Kohle	800 m	?
c)	Kran	Pkw 0,8 t	3 m	?
d)	Wagenheber	Lkw 6 t	40 cm	?

2. Die fehlenden Werte sind zu berechnen.

	Kraft F	Kraftweg s	Arbeit W
a)	300 kN	1,50 m	?
b)	720 N	2,00 m	?
c)	?	1,20 m	15 Nm
d)	420 kN	?	280 J

3. Auf einen gleichseitigen Keil wirkt eine Kraft $F_R = 350$ N. Die Kräfte F_1 und F_2, mit denen das Holz gespalten wird, sind zeichnerisch und rechnerisch zu ermitteln.

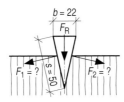
$b = 22$
F_R
$F_1 = ?$ $s = 50$ $F_2 = ?$

4. Verteilt man Arbeit über einen größeren Kraftweg, kommt man mit weniger Kraft aus.
Zu berechnen ist die jeweils benötigte Kraft F.

	Arbeit W	Kraftweg s	Kraft F
a)	120,0 Nm	6 cm	?
b)	120,0 Nm	12 cm	?
c)	120,0 Nm	40 cm	?
d)	120,0 Nm	1,5 m	?
e)	120,0 Nm	5 m	?

5. Für die Motoranlagen sind die fehlenden Angaben zu berechnen.

	a)	b)	c)	d)
Nutzkraft F	0,50 kN	6,00 kN	?	0,72 kN
Kraftweg s	1,50 m	14 m	12 m	?
Arbeit W	?	?	?	36,0 Nm
Zeit t	2 s	?	3 min	?
P_{ab} in W	?	?	2944 W	4,5 W
P_{ab} in kW	?	5,5 kW	?	?
P_V in W	?	?	1200 W	3 W
P_{zu} in kW	0,5 kW	6,25 kW	?	?

Wirkungsgrad

Der mechanische und elektrische Wirkungsgrad η (sprich: eta) ist bei der Übertragung von Leistung das Maß für die Wirtschaftlichkeit. Der Wirkungsgrad kann auf Kraft und Arbeit bezogen werden. Bei Maschinen und Anlagen entstehen Verluste durch Erwärmung, Riemenschlupf und Reibung, die den Wirkungsgrad mindern.

Der **mechanische Wirkungsgrad** η ist der Quotient von abgegebener Leistung und zugeführter Leistung.

mechanischer Wirkungsgrad	= $\dfrac{\text{abgegebene Leistung}}{\text{zugeführte Leistung}}$
η	= $\dfrac{P_{ab}}{P_{zu}}$

Wirkungsgrade verschiedener Kraftmaschinen – Beispiele

Kraftmaschinen	Wirkungsgrad
Dampfmaschinen	0,1 … 0,2
Benzinmotoren	0,2 … 0,3
Elektromotoren	0,6 … 0,9

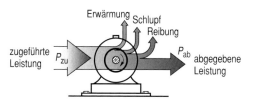

Der **elektrische Wirkungsgrad** η ist der Quotient von Nennleistung zu Nutzleistung.

elektrischer Wirkungsgrad	= $\dfrac{\text{Nennleistung}}{\text{Nutzleistung}}$
η	= $\dfrac{P_{ab}}{P_{zu}}$

Der Wirkungsgrad wird jeweils angegeben in
- Zahlen < 1, z. B. 0,8 oder in
- Prozent, z. B. 80 %.

Der **Leistungsverlust P_v** ist maschinenbedingt (Energieumwandlung, Kraftübertragung). Er errechnet sich aus der Differenz von zugeführter Leistung und abgegebener Leistung.

Leistungsverlust	= zugeführte Leistung	− abgeführte Leistung
P_v	= P_{zu}	− P_{ab}

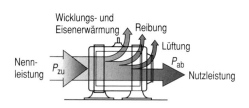

Wie groß ist der Wirkungsgrad eines E-Motors bei P_{zu} = 5,5 kW und P_{ab} = 4,8 kW?

Gegeben: P_{zu} = 5,5 kW
P_{ab} = 4,8 kW

Gesucht: η = ? %

Lösung:
$$\eta = \frac{P_{ab}}{P_{zu}} = \frac{4,8 \text{ kW}}{5,5 \text{ kW}}$$

$$\eta = \underline{0,87} \text{ bzw. } \underline{87 \text{ %}}$$

Aufgaben

6. Für die Motoranlagen sind die fehlenden Angaben zu berechnen.

	a)	b)	c)	d)
Nutzkraft F	0,50 kN	6,00 kN	?	0,72 kN
Kraftweg s	1,50 m	14 m	12 m	?
Arbeit W	?	?	?	36,0 Nm
Zeit t	2 s	?	3 min	8 s
P_{ab}	?	5,5 kW	2 944 W	?
P_{zu}	0,5 kW	?	?	?
Wirkungs-grad η	?	0,88	0,71	0,6

7. Einer Holzbearbeitungsmaschine wurden 2,36 kW zugeführt; die Getriebeverluste betragen 320 W. Zu berechnen ist η in Prozent.

8. Ein Getriebe gibt 8000 W an die Arbeitswelle ab. Zu berechnen ist die zugeführte Leistung in W bei $\eta = 72$ %.

9. Bei einer Leistungszufuhr von 3,69 kW gibt ein Getriebe 3,1 kW an die Arbeitswelle ab. Zu berechnen ist der Wirkungsgrad in Prozent.

10. Wie viel Watt überträgt ein Treibriemen mit 70 N Zugkraft auf eine Riemenscheibe von 220 mm Durchmesser bei 3600 1/min?

11. Wie groß ist die Hubleistung eines Aufzuges in kW, der bei $F = 3,5$ kN Bruttogewichtskraft mit 0,4 m/s hochfährt?

12. Die Hubleistung eines Aufzuges beträgt 6,3 kW, die Leistungszufuhr durch den Antriebsmotor 8,8 kW. Zu berechnen ist η in Prozent.

13. Zu berechnen ist die abgegebene Leistung in Nm/s und die zugeführte Leistung in kW eines 8,0-kW-Elektromotors mit $\eta = 0,915$. Zu beachten ist, dass Leistungsangaben bei Kraftmaschinen stets abgegebene Leistung bedeuten.

14. Ein alter 40-PS-Dieselmotor (1 PS = 736 W) soll durch einen gleich starken Elektromotor ersetzt werden.
Zu berechnen ist die Motorgröße in kW und die zugeführte elektrische Leistung bei $\eta = 88$ %.

15. Einem Elektromotor werden 17 kW elektrische Leistung am Klemmbrett zugeführt; er gibt 15 kW mechanische Leistung an der Welle ab.
Wie groß ist der Wirkungsgrad des Motors?

16. Ein Elektromotor gibt bei $n = 1460$ 1/min mit einer Riemenscheibe 315 mm Durchmesser 935 N Zugkraft an den Treibriemen ab.
Zu berechnen ist die zugeführte Leistung in kW bei $\eta = 89$ %.

17. An einem Bohrer von 20 mm Durchmesser beträgt die Schnittkraft je Schneide 400 N. Der Wirkungsgrad der Maschine ist 0,75. Die Schnittgeschwindigkeit wird mit 32 m/min gewählt.
Zu berechnen sind:
a) Drehzahl der Maschine in 1/min,
b) Antriebsleistung der Maschine in kW.

18. Auf einem Leistungsschild sind angegeben: Wirkungsgrad $\eta = 0,82$, Leistung $P = 5,6$ kW.
Zu berechnen ist die zugeführte Leistung in kW.

19. Der Wirkungsgrad eines Wechselstrommotors beträgt $\eta = 0,80$, der eines Drehstrommotors $\eta = 0,90$.
a) Um wie viel Prozent liegt der Wirkungsgrad des Drehstrommotors höher?
b) Wie groß ist die jeweils zugeführte Leistung in kW, wenn die abgegebene Leistung bei beiden Motoren 3,9 kW beträgt?

6.5 Druck, Hydraulik, Pneumatik

Druck

Druck p ist die Kraft F eines Körpers, die senkrecht auf die Auflagefläche A einwirkt. Druck ist der Quotient von Kraft und Fläche.

$$\text{Druck} = \frac{\text{Kraft}}{\text{Fläche}}$$

$$p = \frac{F}{A}$$

Das Pascal (Pa) ist die Einheit für den Druck p. In der Praxis wird auch die Einheit Bar (bar) verwendet.

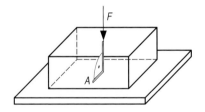

Beziehungen zwischen Druck-, Kraft- und Flächeneinheiten

Größe \ Einheit	Druck p	Kraft F	Fläche A	Umrechnung
	$1\frac{N}{m^2}$	1 N	1 m²	$1\text{ Pa} = 1\frac{N}{m^2}$
	$10\frac{N}{cm^2}$	10 N	1 cm²	$1\text{ bar} = 10\frac{N}{cm^2}$
	$1\frac{N}{cm^2}$	1 N	1 cm²	$0{,}1\text{ bar} = 1\frac{N}{cm^2}$

Weitere Umrechnungen:

$1\text{ Pa} = \dfrac{1}{100000}\text{ bar}$

1 bar = 100000 Pa
1 bar = 1000 hPa
1 bar = 1000 mbar

Als **Flächenpressung** wird der Druck auf mindestens zwei Berührungsflächen bezeichnet. Je größer eine Fläche ist, desto kleiner wird der Druck.

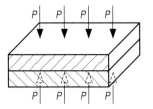

Bei einer Flächenpressung wirkt eine Kraft von 2500 N auf eine Fläche von 790 cm².
Wie groß ist der Druck in N/cm² und in bar?

Gegeben: $F = 2500$ N; $A = 790$ cm²
Gesucht: $p = ?$ N/cm²; $p = ?$ bar

Lösung:

$$p = \frac{F}{A} = \frac{2500\text{ N}}{790\text{ cm}^2} = 3{,}16\ \frac{N}{cm^2}$$

$$p = 3{,}16 \cdot 0{,}1\text{ bar} = \underline{0{,}316\text{ bar}}$$

Hydraulik

Bei der Hydraulik wird Druck durch Flüssigkeiten (meistens Öl) in einem geschlossenen Gefäßsystem übertragen. Flüssigkeiten lassen sich nicht zusammendrücken. Der Druck ist an allen Stellen des Systems gleich groß.

Der **hydraulische Druck** ist der Quotient von Kolbenkraft und Kolbenfläche.

$$\text{Druck} = \frac{\text{Kolbenkraft}}{\text{Kolbenfläche}}$$

$$p = \frac{F}{A}$$

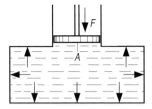

Auf einen Kolben mit 45 cm² Kolbenfläche wirkt eine Kraft von 2700 N.
Wie groß ist der Flüssigkeitsdruck in bar?

Gegeben: $A = 45$ cm²; $F = 2700$ N
Gesucht: $p = ?$ bar

Lösung:

$$p = \frac{F}{A} = \frac{2700\text{ N}}{45\text{ cm}^2} = 60\ \frac{N}{cm^2}$$

$$p = 60 \cdot 0{,}1\text{ bar} = \underline{6{,}0\text{ bar}}$$

Bei der **hydraulischen Kraftübertragung** wirkt am Druckkolben eine kleine Kraft F_1 auf die kleine Fläche A_1 (Durchmesser: d_1) ein. Dadurch wird an der großen Fläche A_2 (Durchmesser: d_2) des Arbeitskolbens die große Kraft F_2 erzeugt.
Die Kräfte des Druckkolbens verhalten sich zum Arbeitskolben wie die dazugehörenden Kolbenflächen.

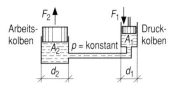

kleine Kraft Druckkolben		kleine Fläche Druckkolben
große Kraft Arbeitskolben	=	große Fläche Arbeitskolben
$\dfrac{F_1}{F_2}$	=	$\dfrac{A_1}{A_2}$

An einem Druckkolben mit 50 mm Durchmesser wird eine Kraft von 25 bar aufgewendet. Der Durchmesser des großen Kolbens beträgt 70 mm.
Wie viel bar beträgt die Kraft des großen Kolbens?

Gegeben: F_1 = 25 bar
$\quad\quad\quad d_1$ = 50 mm;$\quad d_2$ = 70 mm

Gesucht: A_1 = ? mm²;$\quad A_2$ = ? mm²
$\quad\quad\quad F_2$ = ? bar

Lösung:
$$\frac{F_1}{F_2} = \frac{A_1}{A_2}$$

$$F_2 = \frac{F_1 \cdot A_2}{A_1}$$

$$F_2 = \frac{25 \text{ bar} \cdot (70 \text{ mm})^2 \cdot 0{,}785}{(50 \text{ mm})^2 \cdot 0{,}785}$$

$$F_2 = \underline{49 \text{ bar}}$$

Hydraulische Pressen übertragen Druckkräfte auf Werkstückflächen. Der Quotient aus dem Druck in der Hydraulikflüssigkeit (Manometerdruck) p_M und dem Pressdruck (am Werkstück) p_W ist gleich dem Quotienten aus der Werkstückfläche (Pressfläche) A_W und der Kolbenfläche A_K.

Manometerdruck		Werkstückfläche
Pressdruck	=	Kolbenfläche
$\dfrac{p_M}{p_W}$	=	$\dfrac{A_W}{A_K}$

Arbeitet eine hydraulische Presse mit mehreren Zylindern, so ist als Kolbenfläche die Summe der Teilflächen in die Formel einzusetzen.

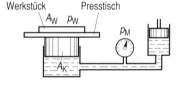

In einer Furnierpresse mit zwei Zylindern von je 45 cm² Kolbenfläche wird eine 2800 cm² große Werkstückfläche mit einem Pressdruck von 18 N/cm² gepresst.
Wie groß ist der Manometerdruck p_M in bar?

Gegeben: A_K = 45 cm²; A_W = 2800 cm²
$\quad\quad\quad p_W$ = 18 N/cm²
$\quad\quad\quad$ Zylinderanzahl = 2

Gesucht: p_M = ? bar

Lösung:
$$\frac{p_M}{p_W} = \frac{A_W}{A_K}$$

$$p_M = \frac{p_W \cdot A_W}{A_K} = \frac{18 \cdot 2800 \text{ N} \cdot \text{cm}^2}{2 \cdot 45 \text{ cm}^2 \cdot \text{cm}^2}$$

$$p_M = 560 \text{ N/cm}^2 = 560 \cdot 0{,}1 \text{ bar} = \underline{56{,}0 \text{ bar}}$$

Aufgaben

1. Bei einer Furnierpresse ist die maximale Presskraft mit 920 kN angegeben. Der Presstisch ist 2100 mm lang und 1250 mm breit. Für das Pressgut werden aber nur 80 % der Presstischfläche benötigt.
   Zu berechnen ist der maximale Pressdruck in bar.

2. In einer hydraulischen Furnierpresse wird eine Schrankseite mit den Maßen 1834 mm/576 mm furniert. Die maximale Presskraft der Presse beträgt 220 kN.
   Zu berechnen ist der maximale Pressdruck in bar.

3. Eine hydraulische Furnierpresse hat eine Presstischfläche von 2200 mm/1100 mm. Der Pressdruck bei einer Verleimung beträgt bei Ausnutzung der gesamten Presstischfläche maximal 27 N/cm^2 und wird von 4 Zylindern mit je 80 mm Durchmesser auf die Pressfläche übertragen.
   Zu berechnen ist der Manometerdruck in bar.

4. An einer hydraulischen Presse wird ein Manometerdruck von 45 bar abgelesen. Die zu pressende Werkstückfläche beträgt 0,81 m^2 und die Kolbenfläche 50 cm^2.
   Zu berechnen ist der Pressdruck in N/cm^2.

5. Eine Furnierpresse besitzt eine Pressfläche von 2400 mm/1600 mm. Vier Kolben mit einem Durchmesser von je 70 mm halten die Presse bei einem Betriebsdruck von 260 bar.
   In der Presse wird eine Schrankseite mit den Maßen 1820 mm/610 mm mit 1,8 bar gepresst.
   Zu berechnen ist der Manometerdruck in bar.

6. Das Türblatt für eine Zimmertür mit 2040 mm/910 mm wird beidseitig furniert. Der Anpressdruck beim Verleimvorgang soll 32 N/cm^2 betragen. Es steht eine hydraulische Furnierpresse mit einer Presstischfläche von 2500 mm/1250 mm und 4 Presszylindern von je 95 mm Durchmesser zur Verfügung.
   Zu berechnen ist der erforderliche Manometerdruck in bar.

7. Zwei Schrankseiten mit je 1790 mm/581 mm und einer 19 mm dicken FPY-Platte als Trägermaterial werden mit Nussbaum-Furnier beidseitig belegt. Gewählt wird als Pressdruck 28 N/cm^2. Die hydraulische Furnierpresse verfügt über 6 Zylinder mit je 80 mm Durchmesser. Für Reibungsverluste werden 8 % berücksichtigt.
   Zu berechnen ist der Manometerdruck in bar.

8. In einer hydraulischen Furnierpresse mit den Presstischmaßen 2500 mm/1250 mm wird bei einem Manometerdruck von 387 bar ein Pressdruck von 39 N/cm^2 erreicht, wenn die gesamte Presstischfläche beschickt wird. In die Presse werden vier gleich große Werkstücke mit je 927 mm/588 mm zum Pressen eingelegt. Der Manometerdruck beträgt hierbei 172 bar.
   Zu berechnen ist der Pressdruck in N/cm^2.

9. In einem Innenausbaubetrieb wird eine Furnierpresse mit einer Presstischfläche von 2200 mm/1100 mm mit jeweils 2 Küchenschrankseiten von je 1620 mm/515 mm beschickt. Der Pressdruck für die aufzuklebenden dekorativen Schichtpressstoffplatten soll 43 N/cm^2 betragen. Die 4 Zylinder der Furnierpresse besitzen einen Durchmesser von je 85 mm.
   a) Wie groß muss der Manometerdruck gewählt werden?
   b) Wie groß ist der Pressdruck, wenn beim darauffolgenden Furnieren einer Fläche mit den Maßen 1200 mm/770 mm vergessen wurde, den Manometerdurck neu einzustellen?

10. Bei serienmäßiger Herstellung von Möbelteilen – Einzelmaße 487 mm/612 mm – lässt sich der Manometerdruck an der hydraulischen Presse nicht mehr regulieren, er steht auf 280 bar. Die Furnierarbeit muss fortgesetzt werden.
    Die Presse hat 4 Kolben mit je 80 mm Durchmesser. Der Pressdruck soll 0,6 N/mm^2 betragen.
    Zu berechnen ist, wie viele Möbelteile gleichzeitig in die Presse gegeben werden können.

11. Eine hydraulische Furnierpresse misst 2200 mm/1100 mm Pressfläche. Eine Tischplatte mit 1250 mm/775 mm wird furniert, wobei ein Pressdruck von 25 N/cm^2 eingestellt wird. Jeder der 4 Kolben hat einen Durchmesser von 75 mm.
    Zu berechnen sind:
    a) Manometerdruck in bar,
    b) Reduzierung des Manometerdrucks in Prozent, wenn eine kleinere Platte mit jeweils den halben Maßen für Länge und Breite bei gleichem Pressdruck eingelegt wird.

12. Zwei kreisrunde Tischplatten mit einem Durchmesser von je 850 mm werden beidseitig furniert. Der Pressdruck wird mit 30 N/cm^2 eingestellt.
    a) Auf dem Diagramm ist der Manometerdruck abzulesen.
    b) Zu berechnen ist die Kolbenfläche in cm^2.
    c) Zu berechnen ist der Durchmesser der vier Kolben.

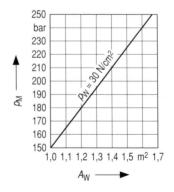

Pneumatik

Bei der Pneumatik wird Druck durch Gase (meistens Luft) in einem geschlossenen Gefäßsystem übertragen. Gase lassen sich zusammendrücken, da ihre Moleküle weit voneinander entfernt sind. Sie füllen den ihnen zur Verfügung stehenden Raum bis zu seinen Begrenzungsflächen vollkommen aus. Der Gasdruck ist in einem geschlossenen Gefäßsystem nach allen Seiten gleich groß.

Der **pneumatische Druck** ist der Quotient von Kraft und Fläche.

$$\text{Druck} = \frac{\text{Kraft}}{\text{Fläche}}$$

$$p = \frac{F}{A}$$

Übliche Einheit: bar

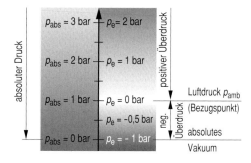

Beim Druck in Gasen werden unterschieden:
- Atmosphärendruck p_{amb} → Druck der Lufthülle auf die Erde in Meereshöhe: 1 bar,

- absoluter Druck p_{abs} → Druck eines Gases gegenüber dem Druck Null im Vakuum (luftleerer Raum),

- Überdruck p_e (Manometerdruck) = absoluter Druck – Atmosphärendruck

$$p_e = p_{abs} - p_{amb}$$

Überdruck, positiv	→	$p_{abs} > p_{amb}$
Überdruck 0	→	$p_{abs} = p_{amb} = 0$ bar
Überdruck, negativ	→	$p_{abs} < p_{amb}$

Nach dem **Gesetz von Boyle-Mariotte** ist bei gleichbleibender Temperatur das Produkt aus absolutem Druck und Volumen im geschlossenen Gefäßsystem immer konstant.

$$p_{abs} \cdot V = \text{konstant}$$

Der Druck p_{abs} ist umgekehrt proportional zum Volumen, d. h. je kleiner der Druck, um so größer ist das Volumen. Das Produkt aus dem absoluten Gasdruck p_{abs1} und dem Volumen V_1 ist gleich dem Produkt aus dem Gasdruck p_{abs2} und dem Volumen V_2.

$$p_{abs1} \cdot V_1 = p_{abs2} \cdot V_2$$

Ein Verdichter (Kompressor) hat 350 l Kesselinhalt. Nach der Verdichtung beträgt der Luftdruck p_e im Kessel 12 bar.
Welches Volumen nahm die Druckluft bei Atmosphärendruck ein?

Gegeben: $V_2 = 350$ l
$p_{amb} = 1$ bar; $p_e = 12$ bar

Gesucht: $V_1 = ?$ l

Lösung:
$$p_{abs1} \cdot V_1 = p_{abs2} \cdot V_2$$

$$V_1 = \frac{p_{abs2} \cdot V_2}{p_{abs1}}$$

$$p_{abs2} = p_e + p_{amb} = 12 \text{ bar} + 1 \text{ bar} = 13 \text{ bar}$$

$$p_{abs1} = p_{amb} = 1 \text{ bar}$$

$$V_1 = \frac{13 \text{ bar} \cdot 350 \text{ l}}{1 \text{ bar}} = \underline{\underline{4550 \text{ l}}}$$

Druckluftzylinder besitzen in ihrem rohrähnlichen Gehäuse verschiebbare Kolben, die durch Ventile gesteuert werden. Die Kolbenkräfte werden durch im Kompressor verdichtete Luft erzeugt. Mit der Kolbenstange wird Arbeit in geradliniger Bewegung verrichtet: Die Werkstücke werden gespannt oder durch Vorschub oder Rückhub bewegt.

Beim **einfachwirkenden Zylinder** wird der Kolben beim Vorschub durch Druckluft, beim Rückhub durch Federkraft bewegt. Der Hub beträgt maximal 100 mm. Federkraft und Reibungskraft vermindern die volle Zylinderkraft um 10 % ... 15 %. Der Wirkungsgrad η des Zylinders beträgt 0,85 ... 0,90.

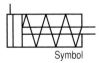

Symbol

einfach wirkender Zylinder

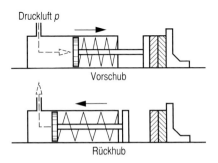

Druckluft p

Vorschub

Rückhub

Die **Zylinderkraft** ist die Summe aus dem Produkt von Kolbenfläche und Gasdruck abzüglich der Kräfte für Feder und Reibung.

Zylinder-kraft	=	Kolbenfläche · Gasdruck – (Federkraft + Reibungskraft)
F	=	$A \cdot p - (F_F + F_R)$

Zylinder-kraft	= Kolbenfläche · Gasdruck · Wirkungsgrad
F	= $A \quad \cdot \quad p \quad \cdot \quad \eta$

Ein einfachwirkender Zylinder hat einen Kolbendurchmesser von 70 mm. Der Kompressordruck beträgt 8 bar. 10 % der Zylinderkraft gehen für Federkraft und Reibung verloren.
Wie groß ist die Zylinderkraft in N?

Gegeben: $d = 70$ mm; $\eta = 0,90$
$\quad\quad\quad\quad p = 8$ bar $= 80$ N/cm^2

Gesucht: $F = ?$ N

Lösung:
$F = A \cdot p \cdot \eta$
$F = 7$ cm $\cdot 7$ cm $\cdot 0,785 \cdot 80$ N/cm$^2 \cdot 0,9$
$F = \underline{\underline{2769,5\ N}}$

Beim **doppeltwirkenden Zylinder** wird der Kolben in beiden Richtungen durch Druckluft bewegt. Der Hub beträgt maximal 300 mm. Die Reibungskraft vermindert die volle Zylinderkraft um 3 % ... 7 %. Der Wirkungsgrad η des doppeltwirkenden Zylinders beträgt 0,93 ... 0,97.

Zylinder-kraft	= Kolbenfläche · Gasdruck – Reibungskraft
F	= $A \quad \cdot \quad p \quad - \quad F_R$

Zylinder-kraft	= Kolbenfläche · Gasdruck · Wirkungsgrad
F	= $A \quad \cdot \quad p \quad \cdot \quad \eta$

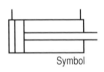

Symbol

doppelt wirkender Zylinder

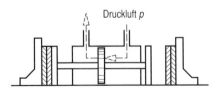

Druckluft p

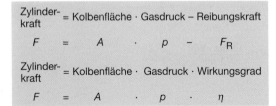

Aufgaben

13. Ein einfachwirkender Zylinder an einer Haltevorrichtung hat einen Kolbendurchmesser von 25 mm.
Wie groß ist die Zylinderkraft in N, wenn der Kompressordruck 6,0 bar beträgt und für Reibung und Federkraft 12 % Kraftverlust anzusetzen sind?

14. Bei einer Rahmenpresse zur Verleimung von Fenstern wird ein Manometerdruck von 6,0 bar abgelesen. Die Zylinderdurchmesser betragen 30 mm. Zu berechnen ist die Presskraft eines Zylinders in N.

15. An einer Zinkenfräse werden die Werkstücke pneumatisch gespannt. Zum Spannen steht ein einfachwirkender Zylinder mit 35 mm Kolbendurchmesser zur Verfügung, der an einen Verdichter mit 3,5 bar Betriebsdruck angeschlossen ist. Der Luftverbrauch beläuft sich auf 80 l/min.
Zu berechnen sind:
a) Kolbenkraft in N,
b) Luftverbrauch in 1 Stunde.

16. Ein doppeltwirkender Zylinder mit einem Hub von 300 mm und einem Kolbendurchmesser von 40 mm sowie einem Wirkungsgrad von $\eta = 0,93$ arbeitet mit einem Kompressordruck von 6,0 bar.
Zu berechnen ist die Kolbenkraft in N.

17. Bei einem einfachwirkenden Pneumatikzylinder hat die Rückholfeder eine Kraft von 17 N. Der Kolbendurchmesser beträgt 20 mm und das Manometer am Kompressor gibt einen Betriebsdruck von 6,8 bar an.
Zu berechnen ist die Kolbenkraft in N unter Vernachlässigung der Reibung.

18. Werkstücke werden mit dem Forstnerbohrer 37 mm tief gebohrt. Sie werden deshalb mit 6,5 bar Betriebsdruck pneumatisch gespannt.
Der einfachwirkende Zylinder besitzt einen Kolbendurchmesser von 22 mm und weist für die Rückholfeder ohne Berücksichtigung der Reibung einen Kraftverlust von 16 N auf.
Zu berechnen ist die Kolbenkraft in N.

19. Zum Ablängen werden Werkstücke an der Tischkreissägemaschine mit einem einfachwirkenden Zylinder bei einem Betriebsdruck von 7,2 bar gespannt. Der Kolbendurchmesser beträgt 32 mm. Die Rückholfeder bewirkt einen Kraftverlust von 21 N. Die Verluste für die Reibung bleiben unberücksichtigt.
Wie groß ist die Kolbenkraft in N?

20. Ein Verleimständer besteht aus 6 einfachwirkenden Zylindern mit je 5,0 cm Kolbendurchmesser. Der Kraftverlust der Feder im Zylinder misst je Zylinder 85 N. Beim Spannen der 28 mm dicken und 1230 mm langen Bretter zeigt das Manometer 13,3 bar an.
Zu berechnen sind:
a) Kolbenkraft eines Zylinders in kN,
b) Gesamtkraft aller 6 Zylinder in kN,
c) Pressdruck auf die Leimfläche in N/cm^2.

21. Zum pneumatischen Spannen von Werkstücken werden zwei doppeltwirkende Zylinder mit einem Kolbendurchmesser von je 60 mm eingesetzt. Der Betriebsdruck beträgt 5,5 bar.
Zu berechnen sind:
a) Kraft zum Spannen in N bei 5 % Verlust,
b) Luftverbrauch in einer Stunde, wenn pro Spannvorgang 0,18 l Luft verbraucht werden und in der Minute 12 Hübe ausgeführt werden.

22. Für die pneumatische Spannvorrichtung an einer Tischfräsmaschine steht ein einfachwirkender Zylinder mit einem Kolbendurchmesser von 45 mm zur Verfügung. Der Betriebsdruck beträgt 4,1 bar. Für Federkraft und Reibungskraft werden 12 % Verlust angenommen.
Zu berechnen ist die Kolbenkraft in N.

23. Eine Bandschleifmaschine hat als Spannvorrichtung 12 ringförmige Saugflächen mit je 65 mm Durchmesser. Der Wirkungsgrad der Vakuumpumpe wird mit $\eta = 0,75$ angenommen.
Zu berechnen ist die Haltekraft der gesamten Saugfläche bei einem Luftdruck von 1 bar.

24. Werkstücke mit einer Verleimfläche von 105 mm/ 725 mm werden von 4 einfachwirkenden Zylindern mit einem Pressdruck von 27 N/cm^2 pneumatisch gespannt.
Der Betriebsdruck der Spannvorrichtung beträgt 6,5 bar; für Verluste für Rückholfeder und Reibung werden 15 % angesetzt.
Zu berechnen sind:
a) Presskraft in N,
b) Kolbendurchmesser in mm.

6.6 Elektrotechnik

Elektrischer Stromkreis

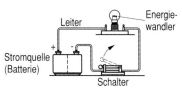

Im **geschlossenen Stromkreis** ist die Stromquelle mit dem Energiewandler durch elektische Leiter verbunden.

Beim **Gleichstrom** bewegen sich Elektronen vom Minuspol mit Elektronenüberschuss zum Pluspol mit Elektronenmangel.

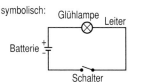

Größen und Einheiten des elektrischen Stromes

Die **Spannung U** gibt die Differenz zwischen dem Elektronenüberschuss (Minuspol) und dem Elektronenmangel (Pluspol) an. Die gesetzlich festgelegte Stromrichtung verläuft vom Pluspol zum Minuspol.

> Das Volt (V) ist die Einheit der Spannung U.

1 Kilovolt = 1 kV = 1000 V
1 Millivolt = 1 mV = $\dfrac{1}{1000}$ V

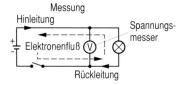

Wie viel Volt sind 22,3 kV?

Lösung:
22,3 kV = 22,3 · 1000 V = <u>22300 V</u>

Die **Stromstärke I** gibt an, wie viele Elektronen sich in 1 Sekunde im Leiterquerschnitt bewegen (6,3 · 10^{18} Elektronen ≙ 1 A).

> Stromstärke = $\dfrac{\text{Anzahl der bewegten Elektronen}}{\text{Zeit}}$

> Die Stromstärke I ist eine Basiseinheit.
> Das Ampere (A) ist die Einheit der Stromstärke I.

1 Milliampere = 1 mA = 1/1000 A

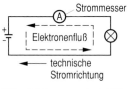

Wie viel Ampere sind 150 mA?

Lösung:
150 mA = 150 $\dfrac{1}{1000}$ A = <u>0,15 A</u>

Der **Widerstand R** gibt an, wie stark ein Leiter den Elektronenfluss behindert.

> Das Ohm (Ω) ist die Einheit des Widerstands R.

1 Kiloohm   = 1 kΩ = 1000 Ω
1 Megaohm = 1 MΩ = 1000 kΩ

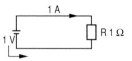

Wie viel kΩ sind 85 Ω?

Lösung:
85 Ω = $\dfrac{85\ \Omega}{1000}$ = <u>0,085 kΩ</u>

Das **ohmsche Gesetz** stellt den mathematischen Zusammenhang zwischen Spannung, Stromstärke und Widerstand dar. Die Stromstärke-Spannungs-Kennlinie zeigt, dass bei konstantem Widerstand R die Stromstärke I mit steigender Spannung U linear zunimmt.

Spannung U ist das Produkt aus Stromstärke I und Widerstand R.

Spannung = Stromstärke · Widerstand
$$U = I \cdot R$$

$1\,V = 1\,A \cdot 1\,W$

Spannungsquellen, Elektrogeräte, Messgeräte und Leitungen werden beschädigt oder zerstört, wenn der zulässige Nennstrom überschritten wird.

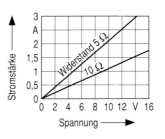

Messreihe zum ohmschen Gesetz

Messung	U in V	I in A	R in Ω
1	6	0,6	10
2	12	1,2	10
3	6	1,2	5
4	12	2,4	5

Die Heizwicklung eines Lötkolbens hat 200 Ω Widerstand. Sie ist für die Stromstärke 0,55 A bemessen. Wie hoch ist die Spannung in V, an die man den Lötkolben anschließen darf?

$U = I \cdot R = 0,55\,A \cdot 200\,\Omega$
$U = \underline{\underline{110\,V}}$

Stromstärke I ist der Quotient aus Spannung U und Widerstand R.

Stromstärke $= \dfrac{\text{Spannung}}{\text{Widerstand}}$

$$I = \frac{U}{R}$$

Berechnet man die Stromstärke, kann die Überlastung des Stromkreises vermieden werden.

Ein Elektrogerät hat 50 Ω Widerstand und ist an 230 V Netzspannung angeschlossen. Wie groß ist die Stromstärke I in A?

Lösung:

$I = \dfrac{U}{R}$

$I = \dfrac{230\,V}{50\,\Omega} = \underline{\underline{4,6\,A}}$

Widerstand R ist der Quotient aus Spannung U und Stromstärke I.

Widerstand $= \dfrac{\text{Spannung}}{\text{Stromstärke}}$

$$R = \frac{U}{I}$$

Unbekannte Widerstände können errechnet werden, wenn Spannung und Stromstärke bekannt sind.

Eine 100-W-Lampe nimmt bei 230 V einen Strom von 0,46 A auf.
Zu berechnen ist der Widerstand R in Ω.

Lösung:

$R = \dfrac{U}{I}$

$R = \dfrac{230\,V}{0,46\,A} = \underline{\underline{500\,\Omega}}$

Aufgaben

1. In die angegebenen Einheiten sind umzurechnen:

a)	b)	c)	Einheiten
42 mV	10 kV	332mV	V
0,25 kA	115 mA	950 µA	A
2,5 MΩ	50 kΩ	285 mΩ	Ω

2. Laut VDE-Vorschrift 0100 (VDE = Verband Deutscher Elektrotechniker) gelten 65 V als gefährliche Berührungsspannung. Den Körperwiderstand des Menschen schätzt man auf 3 kΩ.
Welche Stromstärke in mA ist deshalb für den Menschen als gefährlich anzusehen?

3. Zu berechnen sind nach dem ohmschen Gesetz die fehlenden Messgrößen im Stromkreis.

Aufg.	Spannung	Stromstärke	Widerstand
a)	?	5 A	60 Ω
b)	?	10 A	16 Ω
c)	100 V	?	25 Ω
d)	200 V	?	40 Ω
e)	42 V	6 A	?
f)	6 V	0,5 A	?

4. Eine Hausklingel (6 Ω) darf mit 1,5 A belastet werden. Welche Spannung ist zulässig?

5. Die Heizwicklung (55 Ω) eines elektrischen Zimmerofens wird an 230 V angeschlossen.
Zu berechnen ist die Stromstärke für:
a) Hinleitung, b) Rückleitung.

6. Wie groß muss der Widerstand im Stromkreis sein, damit bei 230 V die vorgeschaltete 10-A-Sicherung nicht anspricht?

7. Ein Heizdraht mit 18 Ω ist bei 16 A durchgebrannt. Welche Spannung brachte ihn zum Schmelzen?

8. Ein Kurzschluss am Motorklemmbrett überbrückt die Motorwicklungen, so dass nur noch der Kabelwiderstand von 0,4 Ω im Stromkreis liegt.
Zu berechnen ist der Kurzschlussstrom für 440 V Netzspannung.

9. An der schadhaften Anschlussschnur eines Bügeleisens entsteht ein Kurzschluss.
Welcher Strom fließt bei 225 V und 0,3 Ω Leitungswiderstand?

10. Der Betriebswiderstand einer Kochplatte für 230 V ändert sich mit der Schaltstufe.

Schaltstufe	0	1	2	3
Widerstand	∞	230 Ω	60,5 Ω	32,2 Ω

Zu berechnen sind die Stromstärken.

11. Welchen Strom nimmt ein 18-Ω-Heizstrahler auf, der an 110 V angeschlossen ist?

12. Eine Heizwicklung 60 V/0,5 A wird irrtümlich an 230 V angeschlossen.
a) Zu berechnen ist der Wicklungswiderstand.
b) Welcher Strom fließt an 230 V?
c) Welche Folgen hat das für die Wicklung?

Elektrische Leistung

Die **elektrische Leistung P** ist das Produkt aus Spannung U und Stromstärke I.

Elektrische Leistung = Spannung · Stromstärke
$$P \qquad = \qquad U \quad · \quad I$$

Das Watt (W) ist die Einheit der elektrischen Leistung P.

$1\,W = 1\,V · 1\,A = 1\,VA = 1\,Nm/s$
$1\,kW = 1000\,W$

Die **Wirkleistung P_{zu}** (zugeführte Leistung) wird vom Verbraucher (z. B. Motor) in eine andere Energieform (Wärme, Bewegung) umgewandelt.

Die **Nennleistung P_{ab}** (abgegebene Leistung) ist das Produkt aus der zugeführten Leistung P_{zu} und dem Wirkungsgrad η (s. S. 150).

Nennleistung = zugeführte Leistung · Wirkungsgrad
$$P_{ab} \qquad = \qquad P_{zu} \qquad · \qquad \eta$$

Gleichstrom (–) fließt stets mit gleicher Stromstärke in gleicher Richtung. Die zugeführte Leistung entspricht der elektrischen Leistung, d. h. dem Produkt von Spannung U und Stromstärke I.

zugeführte Leistung = Spannung · Stromstärke
$$P_{zu} \qquad = \qquad U \quad · \quad I$$

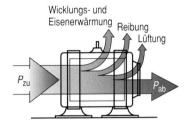

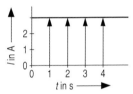

Mit wie viel Kilowatt kann ein Lichtstromkreis bei 230 V Netzspannung belastet werden, wenn er mit 6 Ampere abgesichert ist?

Lösung:
$P_{zu} = U · I$
$P_{zu} = 230\,V · 6\,A = 1380\,W = \underline{1,38\,kW}$

Beim **Wechselstrom (∿)** pendeln die Elektronen im Leiter ständig hin und her, ohne sich nennenswert vom Ort zu bewegen. Der Leistungsfaktor cos φ (sprich: cosinus phi) berücksichtigt den induzierten Leistungsverlust. Die zugeführte Leistung entspricht dem Produkt aus Spannung U, Stromstärke I und dem Leistungsfaktor cos φ. Sein Wert liegt zwischen 0,5 und 0,9, ist also < 1.

zugeführte Leistung = Spannung · Stromstärke · cos φ
$$P_{zu} \qquad = \qquad U \quad · \quad I \quad · \cos \varphi$$

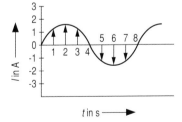

Das Leistungsschild eines Wechselstrommotors enthält folgende Angaben:
$U = 230\,V$, $I = 7,3\,A$, cos $\varphi = 0,70$.
Wie groß ist die zugeführte Wirkleistung P_{zu} in Watt?

Lösung:
$P_{zu} = U · I · \cos \varphi$
$P_{zu} = 230\,V · 7,3\,A · 0,70 = \underline{1175,3\,W}$

Dreiphasenwechselstrom (3 ∿) (Drehstrom) wird durch ein magnetisches Drehfeld erzeugt, das um 120°, also um ein Drittel der Periode von 360° versetzt ist. Dadurch ergibt sich der Verkettungsfaktor 1,73 (= $\sqrt{3}$), der Verschiebungen und Überschneidungen der drei Phasen berücksichtigt. Die zugeführte Leistung entspricht dem Produkt aus Spannung U, Stromstärke I, dem Leistungsfaktor cos φ und dem Verkettungsfaktor 1,73.

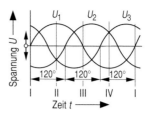

zugeführte Leistung	= Spannung · Stromstärke · cos φ · 1,73
P_{zu}	= U · I · cos φ · 1,73

Welche Spannung benötigt ein Drehstrommotor mit einer Nennleistung von 4 kW bei einer Stromstärke von 8,4 A, cos φ = 0,87 und η = 0,83?

Lösung:
$$P_{ab} = U \cdot I \cdot \cos \varphi \cdot 1{,}73 \cdot \eta$$

$$U = \frac{P_{ab}}{I \cdot \cos \varphi \cdot 1{,}73 \cdot \eta}$$

$$U = \frac{4000 \text{ W}}{8{,}4 \text{ A} \cdot 0{,}87 \cdot 1{,}73 \cdot 0{,}83} \approx \underline{\underline{380 \text{ V}}}$$

Aufgaben

13. Ein Gleichstrommotor ist für 230 V und 4 kW Nennleistung bemessen.
    Zu berechnen sind:
    a) Leistungsaufnahme in kW bei η = 0,8,
    b) Stromaufnahme in A.

14. a) Wie viel kW elektrische Leistung nimmt ein 440-V-Gleichstrommotor am Klemmbrett auf, wenn er bei η = 0,88 an der Welle 10 kW abgibt?
    b) Wie groß ist der Motorstrom?

15. Beim Betrieb eines Wechselstrommotors zeigten die Messgeräte folgende Werte an:
    U = 230 V, I = 6,5 A, P = 1,05 kW.
    Wie groß war der Leistungsfaktor?

16. Dem Leistungsschild eines Drehstrommotors werden die folgenden Angaben entnommen:
    U = 380 V, I = 4,8 A, cos φ = 0,8.
    Zu berechnen ist die Leistungsaufnahme in Watt.

17. Das Leistungsschild einer Tischkreissägemaschine enthält folgende Angaben: P_{ab} = 7,5 kW, U = 380 V, cos φ = 0,87 und η = 0,85.
    Zu berechnen sind:
    a) Wirkleistung P_{zu}, b) Stromstärke I.
    c) Welche Sicherung ist ausreichend?

18. Dem Leistungsschild eines Wechselstrommotors sind folgende Angaben zu entnehmen:
    U = 380 V, I = 8,7 A, cos φ = 0,9 und η = 0,8.
    Zu berechnen sind:
    a) Nennleistung P_{ab}, b) Wirkleistung P_{zu}.

19. Das Leistungsschild des Drehstrommotors an einer Abrichthobelmaschine weist folgende Angaben auf: 380 V, cos φ = 0,87, η = 0,84.
    Die Nennleistung des Motors beträgt 3,8 kW.
    Zu berechnen ist die Stromstärke in A zur Kontrolle der Belastung der Anschlussleitung.

20. Eine Holzbearbeitungsmaschine besitzt einen Drehstrommotor, der an das Kraftstromnetz von 380 V angeschlossen ist. Dem Leistungsschild des Motors ist zu entnehmen: Nennleistung P_{ab} = 4 kW, Leistungsfaktor cos φ = 0,82 und Wirkungsgrad η = 0,75.
    Zu berechnen sind:
    a) Wirkleistung P_{zu} in W, b) Stromstärke I in A.

Elektrische Arbeit

Elektrische Arbeit W ist das Produkt aus elektrischer Leistung und Zeit (Einschaltdauer).

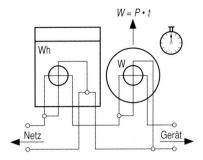

Elektrische Arbeit = Leistung · Zeit
$W \quad\quad = \quad P \quad · \quad t$

Das Joule (J) ist die Einheit der elektrischen Arbeit W.

1 Joule = 1 J = 1 V · 1 A = 1 Ws = 1 Nm
1 Wattstunde   = 1 Wh   = 3600 Ws
1 Kilowattstunde = 1 kWh = 1000 Wh

Der Elektrizitätszähler registriert die dem Netz entnommene elektrische Arbeit in kWh. Diese muss dem Energieversorgungsunternehmen (EVU) bezahlt werden.

Die **Energiekosten** (Stromkosten) setzen sich wie folgt zusammen:
- Arbeitspreis in €/kWh,
- monatlicher Grundpreis in € → besteht aus
  - Bereitstellungspreis (nach Art und Umfang der Anlage),
  - Verrechnungspreis für die Zählermiete.

Der Abrechnungszeitraum beträgt 1 Jahr.

jährliche Energiekosten
= Grundpreis · 12 + bezogene Energie · Arbeitspreis + MwSt.

Für die verschiedenen Abnehmergruppen – Haushalt, Gewerbe, Landwirtschaft – gelten jeweils besondere Tarife.

Ein Nachtstromspeichergerät mit einer Leistung von 6 kW ist zum Aufheizen 9 Stunden lang eingeschaltet worden. Der Arbeitspreis beträgt 0,05 €/kWh.
Wie teuer ist das Aufheizen?

Gegeben: P = 6 kW
           t = 9 h
           Arbeitspreis = 0,05 €/h

Gesucht: Kosten = ? €

Lösung:
Kosten = P · t · Arbeitspreis
Kosten = 6 kW · 9 h · 0,05 €/h = 2,70 €

Aufgaben

21. a) Wie viel Stunden kann man eine 40-Watt-Glühlampe mit 1 kWh betreiben?
b) Wie viel kostet hierbei eine Stunde bei einem Energiepreis von 7,3 Cent je kWh?

22. In einer Wohnung mit einem Grundpreis von 5,7 € je Monat und einem Arbeitspreis von 9,3 Cent/kWh ergab sich ein Monatsverbrauch von 32 kWh.
Zu berechnen sind die monatlichen Stromkosten und der Strompreis in €/kWh.

23. In einem Innenausbaubetrieb werden an 13 Arbeitstagen folgende elektrisch betriebene Handmaschinen eingesetzt: Handhobel mit 800-Watt-Motor täglich 3,6 Stunden, Handpendelstichsäge mit 550-Watt-Motor täglich 2,2 Stunden, Handkreissäge mit 1600-Watt-Motor täglich 1,7 Stunden. Der Arbeitspreis beläuft sich auf 7,3 Cent/kWh.
Die Gesamtbetriebskosten in € sind
a) zu schätzen,
b) zu berechnen.

24. Die beiden Platten einer hydraulischen Furnierpresse mit einer Pressfläche von 2,20 m x 1,10 m werden elektrisch beheizt. Die Heizleistung pro Platte beträgt 5,30 kW. Nach Tarif beläuft sich der Arbeitspreis auf 7,3 Cent/kWh.
Zu berechnen sind:
a) Betriebskosten in € bei 4,7 Std. Arbeitszeit,
b) Anzahl der Leuchtstofflampen zu je 60 W, die man in der gleichen Zeit für die gleichen Kosten hätte betreiben können.

25. Für einen Auftrag werden an einer Dickenhobelmaschine 4,20 Stunden lang Bretter bearbeitet. Die Nennleistung des E-Motors beträgt 3,54 kW, der Wirkungsgrad laut Typenschild $\eta = 0,86$.
Zu berechnen sind die Stromkosten in €, wenn für den Arbeitspreis 9,3 Cent/kWh anzusetzen sind.

26. Der Drehstrommotor einer Dickenhobelmaschine hat eine Nennleistung P_{ab} = 6,8 kW. Gemäß Typenschild ist der Wirkungsgrad 0,85. Die Maschine ist an 18 Arbeitstagen täglich 4,2 Stunden eingesetzt. Der Arbeitspreis beträgt 9,3 Cent/kWh.
Zu berechnen sind:
a) aufgenommene Motorleistung in kW,
b) Stromkosten in € für die gesamte Arbeitszeit.

27. Ein Unternehmen bezahlt monatlich 71,00 € Stromgrundgebühr. Im gleichen Zeitraum betragen die Stromkosten 312,00 €. Der Arbeitspreis beläuft sich auf 7,3 Cent/kWh.
In der Werkstatt sind eingeschaltet: 8 Leuchtstofflampen mit 60 Watt jeweils 67 Stunden im Monat und 3 Leuchtstofflampen mit 40 Watt jeweils 85 Stunden monatlich sowie 4 Glühlampen mit 100 W jeweils 96 Stunden im Monat.
Zu berechnen sind:
a) Stromkosten für die Beleuchtung in €,
b) Stromkosten für die Maschinen in €,
c) Energieaufwand für die Maschinen in kWh.

28. Vier Elektromotoren an einer kombinierten Holzbearbeitungsmaschine nehmen eine elektrische Leistung von 15,350 kW auf. Die Maschine ist bei einem achtstündigen Arbeitstag nur zu 45 % ausgelastet. Der Arbeitspreis beträgt 9,3 Cent/kWh.
Zu berechnen sind pro Arbeitstag:
a) elektrische Arbeit in kWh,
b) Betriebskosten in €.

29. Eine Tischkreissägemaschine ist mit einem 380-V-Drehstrommotor ausgerüstet, dessen Nennleistung lt. Leistungsschild P_{ab} = 5,8 kW beträgt. Der Wirkungsgrad ist 0,85.
Die Maschine läuft an 16 Arbeitstagen täglich 5,4 Stunden. Der Arbeitspreis beträgt 9,3 Cent/kWh.
Zu berechnen sind:
a) Leistungsaufnahme des Motors,
b) Stromverbrauch an den Arbeitstagen,
c) Stromkosten für die Arbeitstage einschließlich 16 % Mehrwertsteuer.

6.7 Holzbearbeitungsmaschinen

Geradlinige und gleichförmige Geschwindigkeit

Die **Geschwindigkeit** v ist bei **geradliniger, gleichförmiger Bewegung** der Quotient aus Weg s und Zeit t.

Die Formelzeichen bedeuten:
- v velocitas lat. Geschwindigkeit,
- s spatium lat. Weg,
- t tempus lat. Zeit.

$$\text{Geschwindigkeit} = \frac{\text{Weg}}{\text{Zeit}}$$

$$v = \frac{s}{t}$$

Übliche Einheiten:
- 1 m/s → Physik,
- 1 km/h → Verkehr.

1 m/s = 3600 m/h = 3,6 km/h
1 km/h = 1000 m/h = 1/3,6 m/s

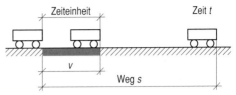

Ein Pkw fährt in 1,3 Stunden 82,3 km.
Wie groß ist seine Geschwindigkeit?

Gegeben: s = 82,3 km
t = 1,3 h

Gesucht: v = ? km/h

Lösung:

$$v = \frac{s}{t}$$

$$v = \frac{82,3 \text{ km}}{1,3 \text{ h}} = 63,3 \text{ km/h}$$

Die **Vorschubgeschwindigkeit** u ist der Quotient aus Werkstücklänge s und Vorschubzeit t.

$$\text{Vorschubgeschwindigkeit} = \frac{\text{Werkstücklänge}}{\text{Vorschubzeit}}$$

$$u = \frac{s}{t}$$

Übliche Einheit: m/min

Die Vorschubgeschwindigkeit gibt an, wie schnell ein Werkstück gegen ein Werkzeug (Tischkreissägemaschine) oder das Werkzeug gegen ein Werkstück (Handkreissägemaschine) bewegt wird. Als Vorschubzeit gilt nur die Zeit, während der ein Werkzeug das Werkstück bearbeitet.

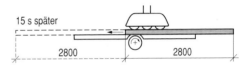

Ein Werkstück bewegt sich auf der Tischkreissägemaschine, der Tischfräsmaschine oder der Abrichthobelmaschine geradlinig und gleichförmig vorwärts.

Auf einer Abrichthobelmaschine wurden in 12 min 96 m Passleisten gefügt.
Wie groß war die Vorschubgeschwindigkeit?

Gegeben: s = 96 m
t = 12 min

Gesucht: v = ? m/min

Lösung:

$$u = \frac{s}{t}$$

$$u = \frac{96 \text{ m}}{12 \text{ min}} = 8 \text{ m/min}$$

Aufgaben

1. Mit einer Dickenhobelmaschine wurden in 4,38 Stunden 3040 m Bretter mit einmaligem Durchgang bearbeitet.
Zu berechnen ist u in m/min.

2. Eine furnierte Zimmertür mit den Maßen 203 cm/ 98 cm wird gefälzt. Der Vorschubapparat an der Fräsmaschine bewirkt eine Vorschubgeschwindigkeit von 9 m/min.
Wie lange dauert das Fälzen?

3. Auf einer Tischkreissägemaschine werden 24 Bohlen von je 4,20 m Länge an beiden Seiten besäumt. Die Vorschubgeschwindigkeit beträgt 9,5 m/min, der Zeitzuschlag für Nebenarbeiten 20 %.
Zu berechnen ist die gesamte Bearbeitungszeit in min.

4. An der Bandsägemaschine wird ein Halbkreisbogen mit dem Durchmesser von 138,00 cm aus einer STAE-Platte herausgeschnitten. Der Handvorschub beträgt 0,80 m/min. Für Nebenzeiten werden 25 % Zuschlag berücksichtigt.
Zu berechnen ist die gesamte Bearbeitungszeit als Dezimalzahl:
a) in Minuten, b) in Stunden.

5. Auf einer Kreissägemaschine werden 18 Bretter in der Mitte einmal aufgetrennt. Jedes Brett ist 4,20 m lang. Der Handvorschub beträgt 5,2 m/min.
Zu berechnen ist die Arbeitszeit, wenn für Auf- und Abnahme je Brett 18 s dazugerechnet werden.

6. Eine Tischplatte (Ellipse) mit den Achsenmaßen 1450 mm/860 mm und eine kreisrunde Tischplatte mit 785 mm Durchmesser erhalten zum Einlegen einer PVC-Kante eine Nut. Die Fräsarbeit erfolgt am Anlaufring, weshalb nur ein Handvorschub mit 1,2 m/min möglich ist.
Zu berechnen ist die Zeitvorgabe für beide Platten in min.

7. Für 23 Fenster werden die Rahmen- und Flügelhölzer mit 12,62 m je Fenster mit zweimaligem Durchgang auf Dicke gehobelt. Der Einzug der Dickenhobelmaschine läuft mit einer Geschwindigkeit von 9,5 m/min.
Wie groß ist der Zeitaufwand in Minuten, wenn bei jedem Durchgang 3 Hölzer gleichzeitig eingeschoben werden und mit einem Zeitverlust von 25 % gerechnet werden muss?

8. Auf einer Tischfräsmaschine werden an 83 Bretter mit einer Länge von je 4,24 m und einer Breite von je 27,00 cm ringsum beidseitig Hohlkehlen angefräst. Die Vorschubgeschwindigkeit für die Längs- und Querfräsung beträgt 2,3 m/min. Für das Aufnehmen und Ablegen jedes Brettes wird je Brett mit 24 Sekunden gerechnet.
Zu berechnen ist die Bearbeitungszeit in min.

9. Für das beidseitige Nuten von 210 Korpusseiten mit einer Seitenlänge von je 1523 mm wurden 77 Minuten benötigt einschließlich einer Nebenzeit von 10 Sekunden je Korpusseite für deren Aufnehmen und Ablegen.
Zu berechnen ist als reine Maschinenzeit die Vorschubgeschwindigkeit in m/min.

10. An einer Tischfräsmaschine ist der Vorschubapparat auf 8 m/min eingestellt. Es werden 97 Teile mit einer Länge von jeweils 1870 mm einseitig gefräst. Zwischen den Teilen läuft der Vorschub 230 mm leer.
Zu berechnen sind:
a) Leerlaufzeit in Stunden,
b) reine Maschinenzeit in Stunden,
c) gesamte Bearbeitungszeit in Stunden.

11. 52 Bretter mit einer jeweiligen Länge von 2470 mm erhalten einseitig eine Profilierung. Der Vorschubapparat an der Tischfräsmaschine ist auf 5 m/min eingestellt. Beim Aufnehmen und Ablegen jedes Brettes entsteht ein Zeitverlust von 27 Sekunden.
Zu berechnen sind:
a) gesamte Bearbeitungszeit in Minuten,
b) Vorschubgeschwindigkeit in m/min, wenn die Vorgabezeit auf 35 Minuten festgelegt wird und sich die Nebenzeit durch rationelleres Arbeiten um 40 % verringert.

12. An einer automatischen Format-Plattensägemaschine mit einer Vorschubgeschwindigkeit von 11,5 m/min werden 19 mm dicke Spanplatten mit den Maßen 5,20 m/1,80 m zu Schrankseiten von 1600 mm Länge und 550 mm Breite zugeschnitten.
Zu berechnen sind:
a) m Sägeschnitt für den Zuschnitt des Werkstücks aus 5 Spanplatten mit angegebener Größe, wobei jede Platte zum Zuschnitt einzeln aufgelegt wird,
b) gesamte Arbeitszeit in min, wenn für das Auflegen einer Spanplatte 1,8 min und für das Abnehmen der zugeschnittenen Schrankteile je Teil 15 Sekunden benötigt werden.

13. Eine Kleinserie umfasst 35 Hängesideboards mit den folgenden Außenmaßen: Länge 2120 mm, Höhe 560 mm und Tiefe 440 mm. Die Rückwandfälze an den oberen und unteren Böden sowie an den Seiten werden an der Tischfräsmaschine mit einem Universalkopf hergestellt. Für das Auf- und Abnehmen je Boden und je Seite wird mit 12 Sekunden Zeitverlust gerechnet. Der Vorschubapparat läuft mit 8 m/min.
Zu berechnen ist die Gesamtarbeitszeit in Stunden für die Fälzung sämtlicher Teile.

Schnittgeschwindigkeit

Kreisförmige, gleichförmige Bewegungen kommen z. B. bei rotierenden Werkzeugen vor: Die Schneidenspitze *A* (auch bei Fräs- oder Hobelmessern) bewegt sich mit gleichbleibender Geschwindigkeit auf dem Schneidenflugkreis (= Kreisumfang).

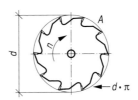

Die **Schnittgeschwindigkeit** *v* ist das Produkt aus Schneidenflugkreis ($d \cdot \pi$) und Drehzahl *n* (= Umdrehungen je Zeiteinheit) des rotierenden Werkzeugs.

Schnittgeschwindigkeit = Schneidenflugkreis · Drehzahl
v = $d \cdot \pi$ · n

Übliche Einheit: m/s

Bei Holzbearbeitungsmaschinen mit schnelllaufenden rotierenden Werkzeugen wird die Schnittgeschwindigkeit in m/s angegeben. Die Drehzahl wird jedoch in 1/min gemessen. Die Umdrehungen pro Minute müssen in Umdrehungen pro Sekunde umgerechnet werden:

$$\frac{1}{min} = \frac{1}{60 \text{ s}}$$

Vereinfacht wird die **Schnittgeschwindigkeit** nach folgender Formel berechnet:

$$v \text{ in m/s} = \frac{d \text{ in cm} \cdot n \text{ in 1/min}}{2 \cdot 1000}$$

Die Drehzahl *n* = 3000 1/min ist in der Einheit 1/s anzugeben.

n = 3000 1/min

$$n = 3000 \cdot \frac{1}{60 \text{ s}} = \frac{3000}{60 \text{ s}} = \underline{\underline{50 \text{ 1/s}}}$$

Ein Kreissägeblatt mit 250 mm Schneidenflugkreisdurchmesser läuft mit einer Drehzahl von 4500 1/min. Wie hoch ist die Schnittgeschwindigkeit in m/s?

Gegeben: d = 250 mm = 0,25 m

$$n = 4500 \text{ 1/min} = 4500 \cdot \frac{1}{60 \text{ s}}$$

Gesucht: v = ? m/s

Lösung:
$v = d \cdot \pi \cdot n$

$$v = \frac{0,25 \text{ m} \cdot \pi \cdot 4500}{60 \text{ s}}$$

$$v = \underline{\underline{58,91 \text{ m/s}}}$$

Drehzahl *n*, Schnittgeschwindigkeit *v* und Vorschubgeschwindigkeit *u* von Holzbearbeitungsmaschinen

Holzbearbeitungs-maschinen	Drehzahl *n* in 1/min	Schnittgeschwindigkeit *v* in m/s	Vorschubgeschwindigkeit *u* in m/min
Bandsägemaschine	je nach Rollen-durchmesser	20 ... 50	von Hand: ca. 4 ... 6
Kreissägemaschine	3000 ... 8000	50 ... 70 spezial ... 120	von Hand: ca. 3 ... 10 maschinell: 5 ... 45
Hobelmaschine – Abrichte – Dickenhobel – Kehlhobel	3000 ... 6000	30 ... 50	 von Hand: ca. 1 ... 3 maschinell: 6 ... 20 maschinell: 5 ... 33 maschinell: 10 ... 30
Tischfräsmaschine	2800 ... 12000	30 ... 60	von Hand: 2 ... 7 maschinell: 10 ... 30

Mit Hilfe des **Drehzahldiagramms** lassen sich Schnittgeschwindigkeit, Werkzeugdurchmesser (Schneidenflugkreisdurchmesser) und Drehzahl bestimmen.

Ein Kreissägeblatt hat einen Durchmesser von $d = 250$ mm und soll mit einer Drehzahl von $n = 4000$ 1/min laufen.
Mit welcher Schnittgeschwindigkeit kann nach dem Drehzahldiagramm gearbeitet werden?

Lösung:
1. Auf der senkrechten Koordinate den Durchmesser des Werkzeugs $d = 250$ mm festlegen.
2. Den Schnittpunkt der Waagerechten durch $d = 250$ mm mit der schrägen Drehzahllinie $n = 1000$ 1/min bestimmen.
3. Senkrecht unter dem Schnittpunkt auf der waagerechten Koordinate die Schnittgeschwindigkeit $v = 52$ m/s ablesen.

Aufgaben

14. Der Schneidenflugkreis einer Hobelwelle hat 122 mm Durchmesser. Die Drehzahl beträgt 4500 1/min.
Wie groß ist die Schnittgeschwindigkeit in m/s?

15. Die Drehzahl einer Tischkreissägemaschine beträgt 3500 1/min.
Welchen Durchmesser muss ein Sägeblatt haben, wenn eine Schnittgeschwindigkeit von 55 m/s verlangt wird?

16. Wie viel mm darf der Durchmesser des Schneidenflugkreises eines Fräswerkzeugs betragen, das bei einer Drehzahl von 8000 1/min eine Schnittgeschwindigkeit von 60 m/s erreichen soll? Lösung mit dem Drehzahldiagramm.

17. Für Maschinenwerkzeuge ohne Drehzahlangabe gilt die Vorschrift der Holzberufsgenossenschaft (§ 108 VBG 7j), dass die maximale Drehzahl 4500 1/min bei einer höchstzulässigen Schnittgeschwindigkeit von 40 m/s nicht überschritten werden darf.
Wie viel mm beträgt der höchstzulässige Durchmesser? Lösung mit dem Drehzahldiagramm.

18. Ein spandickenbegrenztes Verbundkreissägeblatt (HM-bestückt) trägt die Kennzeichnung „BG-Test n_{max} 6000".
Im Drehzahldiagramm ist abzulesen, mit welcher Schnittgeschwindigkeit dieses Sägeblatt mit einem Schneidenflugkreisdurchmesser von 220 mm laufen darf.

19. Verbund-Fräswerkzeuge mit Hartmetall-Schneideplatten sollen mit der wirtschaftlichen Schnittgeschwindigkeit von 70 m/s laufen. An Hand des Drehzahldiagramms ist die Drehzahl (Annäherungswerte) für folgende Schneidenflugkreisdurchmesser abzulesen: a) 105 mm, b) 120 mm, c) 125 mm, d) 140 mm.

20. Der MK 5 Dorn (Ø 40 mm) einer Tischfräsmaschine läuft mit n = 9000 1/min. Die Schnittgeschwindigkeit des Fräsers muss 45 m/s betragen.
Wie groß darf der Schneidenflugkreisdurchmesser des Fräsers sein?

21. Zur Herstellung von Schlitz- und Zapfenverbindungen wird auf den 40er Dorn einer Tischfräsmaschine eine Schlitzscheibe mit 280 mm Durchmesser aufgelegt. Die Scheibe soll mit einer Schnittgeschwindigkeit von 60 m/s laufen.
Wie groß muss die Drehzahl sein?

22. Mit welcher Drehzahl darf eine Schleifscheibe von 250 mm Durchmesser höchstens laufen, wenn die Umfangsgeschwindigkeit 18 m/s nicht überschritten werden soll?

23. Ein verstellbarer Fasemesserkopf mit Hartmetall-Wendeplatten hat einen Durchmesser von 150 mm. Die maximale Drehzahl beträgt 8000 1/min.
Welche Schnittgeschwindigkeit in m/s kann höchstens erreicht werden?

24. An einer Oberfräse werden Bohrungen mit einem Durchmesser von 15 mm und einer Tiefe von 65 mm gefertigt. Die Drehzahl wurde auf 12000 1/min eingestellt. Beim Bohrvorgang soll eine Schnittgeschwindigkeit von 5,5 m/s nicht überschritten werden.
Zu berechnen sind:
a) Schnittgeschwindigkeit in m/s bei eingestellter Drehzahl,
b) einzustellende Drehzahl.

25. An einer stufenlos regelbaren Tischfräsmaschine sollen Fräswerkzeuge mit folgenden Durchmessern eingesetzt werden: a) 100 mm, b) 145 mm und c) 350 mm.
Welche Drehzahlen sind jeweils einzustellen, wenn die Schnittgeschwindigkeit 35 m/s betragen soll?

26. Bei einer Kreissägemaschine liegt die kritische Schnittgeschwindigkeit bei ca. 55 m/s. Die Stufeneinstellung der Drehzahl ermöglicht für n die Werte: a) 2500 1/min, b) 3500 1/min, c) 4200 1/min und d) 5000 1/min.
Zu berechnen sind die größtmöglichen Durchmesser der Kreissägeblätter, die man bei der angegebenen Schnittgeschwindigkeit einsetzen kann.

27. Beim Auftrennen von Kiefern-Brettware wurde ein Mitarbeiter von einem Stück Holz, welches das aufsteigende Kreissägeblatt zurückgeschleudert hatte, getroffen. Das Sägeblatt hatte einen Durchmesser von 210 mm und lief mit einer Drehzahl von 4500 1/min.
Mit wie viel km/h flog das Stück Holz auf den Mitarbeiter zu?

28. In einem Satz verschiedener Fräswerkzeuge sind zwei Verleimfräser mit dem Durchmesser von 120 mm und 140 mm. Das Fräswerkzeug soll mit max. 12000 1/min laufen und dabei eine Schnittgeschwindigkeit von 88 m/s erreichen.
Zu berechnen ist, welcher Verleimfräser verwendet werden muss.

29. Die Schnittgeschwindigkeit eines Sägeblattes soll nach Gebrauchsanweisung nicht unter 75 m/s liegen. Die Drehzahl des Antriebsmotors beträgt 2880 1/min.
Zu berechnen sind:
a) Durchmesser des Sägeblattes in mm,
b) Verringerung der Schnittgeschwindigkeit in %, wenn ein Sägeblatt mit einem um 17,0 mm kleineren Durchmesser verwendet würde.

30. Ein Kreissägeblatt mit HM-Bestückung besitzt einen Durchmesser von 280 mm und läuft mit einer Drehzahl von 5000 1/min.
Zu berechnen sind:
a) Schnittgeschwindigkeit in m/s,
b) einzustellende Drehzahl, wenn die Schnittgeschwindigkeit um 20 % erhöht wird.

31. An einer Tischfräsmaschine ist die Drehzahl mit 8000 1/min eingestellt. Gearbeitet wird mit einem Fräskopf, der 120 mm Durchmesser hat und dessen beide Fräsmesser jeweils 1,5 mm über den Körper vorstehen.
Die Schnittgeschwindigkeit soll 58 m/s erreichen. Der Vorschubapparat läuft mit 9 m/min.
Zu berechnen sind:
a) einzustellende Drehzahl in 1/min,
b) Anzahl der 1650 mm langen Werkstücke, die in 45 Minuten einschließlich der Nebenzeit von 11,5 Minuten gefräst werden können.

Schnittgüte

·Die Güte der Schnittfläche hängt bei der Holzbearbeitung mit rotierenden Werkzeugen von der Art der Spanbildung (gerissen: Sägewerkzeuge, geschnitten: Fräs-, Hobel- und Bohrwerkzeuge) und der Größe der Späne ab.

Die **Messerschlagbogen e** sollten möglichst klein sein. Sie werden:
- groß → bei einer Schneide oder hoher Vorschubgeschwindigkeit,
- klein → bei zwei oder mehr Schneiden oder niedriger Vorschubgeschwindigkeit.

schlecht: gut:

Der **Schneidenvorschub e** entspricht der Breite des Messerschlagbogens und errechnet sich aus der Vorschubgeschwindigkeit u des Werkstücks, der Drehzahl n und der Schneidenanzahl z.

Messerschlagbogen bzw. Schneidenvorschub	=	Vorschubgeschwindigkeit / Drehzahl · Schneidenanzahl

$$e = \frac{u}{n \cdot z}$$

Ein Werkstück wird über eine Hobelwelle mit zwei Streifenhobelmessern bewegt. Die Drehzahl der Welle beträgt 6000 1/min und die Vorschubgeschwindigkeit 8 m/min.
Wie viel mm beträgt der Schneidenvorschub?

Gegeben: $u = 8$ m/min; $n = 6000$ 1/min
$z = 2$

Gesucht: $e = ?$ mm

Lösung:

$$e = \frac{u}{n \cdot z} = \frac{8 \text{ m/min}}{6000 \text{ 1/min} \cdot 2}$$

$e = 0{,}00067$ m = $\underline{0{,}67 \text{ mm}}$

Mit dem **Messerschlagbogendiagramm** (hier: $e = 0{,}5$ mm) können Vorschubgeschwindigkeit, Drehzahl und Schneidenanzahl festgelegt werden.

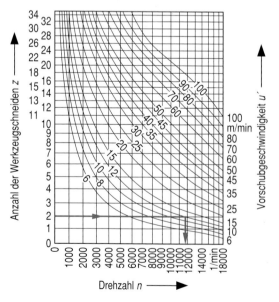

Drehzahl n ⟶

Für eine Fräsarbeit wird ein zweischneidiges Fräswerkzeug eingesetzt. Die Vorschubgeschwindigkeit soll bei Handvorschub 12 m/min betragen.
Mit welcher Drehzahl soll das Werkzeug nach dem Messerschlagbogendiagramm laufen?

Lösung:
1. Auf der senkrechten Koordinate die Anzahl der Schneiden = 2 festlegen.
2. Den Schnittpunkt der Waagerechten durch 2 mit der Linie der Vorschubgeschwindigkeit u = 12 m/min bestimmen.
3. Unterhalb des Schnittpunktes auf der waagerechten Koordinate die Drehzahl = $\underline{11600 \text{ 1/min}}$ ablesen.

Mit der **Mittenspandicke** δ_m wird berechnet, ob die Spanabnahme der Schneide ausreichend ist.

$$\begin{array}{rcl}
\text{Mittenspan-} \\ \text{dicke}
\end{array} = \begin{array}{c} \text{Messer-} \\ \text{schlagbogen} \end{array} \cdot \sqrt{\dfrac{\text{Schnitttiefe}}{\begin{array}{c}\text{Schneidenflug-}\\\text{kreisdurchmesser}\end{array}}}$$

$$\delta_m = e \cdot \sqrt{\dfrac{a}{d}}$$

Die **Spanart** wird von den Messerschlagbogen und von der Mittenspandicke bestimmt.

Nach der Größe der Messerschlagbogen erzielt man:
• Feinspan   → 0,3 mm … 0,8 mm,
• Schlichtspan → 0,9 mm … 2,5 mm,
• Grobspan   → 2,6 mm … 5,0 mm.

Nach den Mittenspandicken unterscheidet man:
• Feinspan   → 0,014 mm … 0,04 mm,
• Schlichtspan → 0,04 mm … 0,16 mm,
• Grobspan   → 0,16 mm … 0,40 mm.

Ein vierschneidiger Fräskopf mit Wendeplatten hat einen Schneidenflugkreisdurchmesser von 145 mm. Seine Schnitttiefe ist auf 0,8 mm begrenzt. Der Messerschlagbogen (Schneidenvorschub) beträgt 0,3 mm. Wie viel mm beträgt die Mittenspandicke?

Gegeben: a = 0,8 mm
           d = 145 mm
           e = 0,3 mm

Gesucht: δ_m = ? mm

Lösung:
$$\delta_m = e \cdot \sqrt{\dfrac{a}{d}}$$

$$\delta_m = 0,3 \text{ mm} \cdot \sqrt{\dfrac{0,8\,\text{mm}}{145\,\text{mm}}}$$

$$\delta_m = \underline{0,028 \text{ mm}}$$

Mit Hilfe des **Spandickendiagramms** kann die Art der Spanabnahme bestimmt werden.

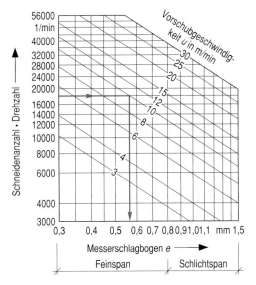

Für eine Profilfräsarbeit wird ein zweischneidiger Universal-Profilkopf eingesetzt. Die Drehzahl beträgt 9000 1/min und der Vorschubapparat läuft mit 10 m/min.
Mit welcher Spangröße und Spanart wird die Oberflächenqualität nach dem Spandickendiagramm erreicht?

Lösung:
1. Auf der senkrechten Koordinate das Produkt aus den Faktoren 2 · 9000 1/min = 18000 1/min festlegen.
2. Den Schnittpunkt der Waagerechten durch 18000 1/min mit der Linie der Vorschubgeschwindigkeit u = 10 m/min bestimmen.
3. Unterhalb des Schnittpunkts auf der waagerechten Koordinate die Spangröße 0,57 = Feinspan ablesen.

Aufgaben

32. Eine Abrichthobelmaschine hat eine Keilleistenwelle mit zwei Streifenhobelmessern. Die Drehzahl n wird auf 6000 1/min festgelegt.
Mit dem Messerschlagbogendiagramm ist die Vorschubgeschwindigkeit bei $e = 0,5$ mm zu bestimmen.

33. Für das Nuten von Schubkastenseiten wird ein einteiliger Nutfräser mit vier Schneiden eingesetzt. Wegen des Schneidenüberstands von 8 mm erfolgt der Handvorschub mit einem Vorschubapparat, der die Werkstücke mit 15 m/min vorwärts schiebt.
Mit welcher Drehzahl soll das Werkzeug laufen, wenn ein Messerschlagbogen von 0,5 mm erwünscht ist? Lösung mit Hilfe des Messerschlagbogendiagramms.

34. Kunststoffbeschichtete FPY-Platten werden gefälzt. Der mechanische Vorschub beträgt 20 m/min und die Drehzahl der Tischfräsmaschine ist auf 10000 1/min eingestellt. Für die Schnittqualität reicht ein Messerschlagbogen von 0,5 mm.
Wie viele Schneiden soll der einteilige Fräser besitzen? Lösung mit Hilfe des Messerschlagbogendiagramms.

35. An einer Tischfräsmaschine werden mit einem hinterdrehten, vierflügeligen Fräswerkzeug an Vollholzkanten Profile angefräst. Die Drehzahl des Fräsdorns beträgt 6000 1/min. Der Vorschubapparat ist auf eine Vorschubgeschwindigkeit von 11 m/min eingestellt. Da das Profil wegen der Rationalisierung der Arbeitsgänge nicht nachgeschliffen werden soll, darf der Messerschlagbogen nicht größer als 0,35 mm sein.
a) Zu berechnen ist der Messerschlagbogen e.
b) Sollte der verlangte Wert nicht erreicht werden, muss mit Hilfe des Spandickendiagramms eine andere Vorschubgeschwindigkeit festgelegt werden.

36. Ein Kreissägeblatt mit 28 geschränkten Zähnen läuft mit $n = 6800$ 1/min. Verlangt wird eine Schnittgüte mit einem Messerschlagbogen von 0,3 mm.
Mit welcher Vorschubgeschwindigkeit muss gearbeitet werden? (Bei geschränkten Sägezähnen wird nur jeder zweite Zahn die Schnittfläche bearbeiten.)

37. Eine Handhobelmaschine mit 155 mm Wellendurchmesser und 2 Messern wird bei einer Drehzahl von 2800 1/min mit 13 m/min von Hand geschoben.
Zu berechnen sind:
a) Anzahl der Hobelschläge bei 1 m Vorschub,
b) Entfernung der Hobelschläge in mm,
c) Schnittgeschwindigkeit in m/s.

38. Bei Werkstücken, die auf Dicke gehobelt wurden, vermisste man die verlangte Feinheit der Oberfläche. Der Messerschlagbogen mit 1,2 mm war zu groß; mehr als 0,4 mm hätte er nicht betragen dürfen. Die Hobelwelle besaß zwei Messer, die Vorschubgeschwindigkeit betrug 18 m/min.
a) Wie groß war die Drehzahl der Hobelwelle?
b) Mit welcher Drehzahl – bei gleichem Vorschub – muss gearbeitet werden, wenn der Messerschlagbogen 0,4 mm nicht überschreiten darf?

39. Durch elektronische Bildaufzeichnung beim Arbeitsgang eines Dreiflügelfräsers stellte man fest, dass nur eine Schneide die Spanbildung bewirkte. Die Schnittgüte war deshalb unzureichend. Die Schnittgeschwindigkeit des Fräsers muss 35 m/s betragen. Die maximal erreichbare Drehzahl der Tischfräsmaschine ist mit $n = 12000$ 1/min angegeben; der Fräser trägt das BG-Form-Zeichen und den Aufdruck $n = 10000$ 1/min. Der Handvorschub erfolgt mit 5,5 m/min.
a) Zu berechnen ist die erforderliche Drehzahl, wenn der Messerschlagbogen 0,3 mm betragen muss.
b) Mit dem Spandickendiagramm ist zu bestimmen, welche Vorschubgeschwindigkeit bei einer Drehzahl von 10000 1/min erforderlich ist, wenn ein Messerschlagbogen von 0,5 mm erzielt werden soll.

40. Für eine maschinengehobelte Fläche wird ein Schlichtspan mit einer Mittenspandicke von 0,01 mm verlangt. Eine 4-Messer-Hobelwelle mit einem Schneidenflugkreisdurchmesser von 113 mm läuft mit 6000 1/min. Der Vorschub ist auf 22 m/min, die Arbeitstiefe auf 3,0 mm eingestellt.
Zu berechnen sind:
a) Messerschlagbogen e,
b) Mittenspandicke δ_m als Vergleich mit dem verlangten Wert.

41. Ein rückschlagarmer, vierschneidiger Fräser, dessen Spandicke auf maximal 0,8 mm begrenzt ist, läuft mit $n = 10000$ 1/min. Der Schneidenflugkreisdurchmesser beträgt 140 mm, die Vorschubgeschwindigkeit 12 m/min.
Zu berechnen sind:
a) Messerschlagbogen e,
b) Mittenspandicke δ_m.

Riementriebe

Riementriebe übertragen Kraft und Bewegung von der treibenden Scheibe (Antriebswelle) auf die getriebene Scheibe (Abtriebswelle). Die treibende Scheibe erhält immer die niedrigere Indexzahl.

Die Riemengeschwindigkeit v ist bei beiden Scheiben gleich groß. Somit ist die Umfangsgeschwindigkeit der treibenden Scheibe 1 gleich der Umfangsgeschwindigkeit der getriebenen Scheibe 2.

$$v_1 = v_2$$
$$d_1 \cdot \pi \cdot n_1 = d_2 \cdot \pi \cdot n_2$$

Das **Verhältnis von Durchmesser und Drehzahl** der Scheiben ist umgekehrt proportional:
- je kleiner der Durchmesser, desto größer die Drehzahl,
- je größer der Durchmesser, desto kleiner die Drehzahl.

$$\text{Durchmesser}_1 \cdot \text{Drehzahl}_1 = \text{Durchmesser}_2 \cdot \text{Drehzahl}_2$$
$$d_1 \cdot n_1 = d_2 \cdot n_2$$

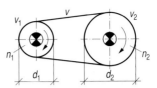

treibende Scheibe: getriebene Scheibe:
Index 1   Index 2

Bei einem Riementrieb ist der Durchmesser der treibenden Scheibe 110 mm, die Drehzahl 2800 1/min. Die getriebene Scheibe soll eine Drehzahl von 4000 1/min erreichen.
Welchen Durchmesser in mm muss die getriebene Scheibe haben?

Gegeben: $d_1 = 110$ mm
$n_1 = 2800$ 1/min; $n_2 = 4000$ 1/min

Gesucht: $d_2 = ?$ mm

Lösung:
$$d_1 \cdot n_1 = d_2 \cdot n_2$$

$$d_2 = \frac{d_1 \cdot n_1}{n_2}$$

$$d_2 = \frac{110 \text{ mm} \cdot 2800 \text{ 1/min}}{4000 \text{ 1/min}}$$

$$d_2 = \underline{77,0 \text{ mm}}$$

Flachriementriebe haben eine leicht gewölbte Auflagefläche und haften auf den Riemenscheiben nur mäßig.

Keilriementriebe haben wegen der Keilwirkung ein besseres Reib- und damit ein etwa dreimal größeres Haftvermögen als Flachriementriebe. Mehrere Keilriemen auf mehrrilligen Scheiben erhöhen die Leistung.

Die **Scheibendurchmesser** müssen zweimal um den Korrekturwert c verkleinert werden, weil die Reibwirkung erst in etwa halber Riemenhöhe wirksam wird.

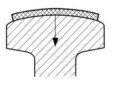

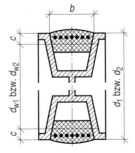

Korrekturwerte für Keilriementriebe

Korrekturwert c in mm	1,3	1,5	1,6	2,8	3,5
Riemenbreite b in mm	6	8	10	13	17
Riemenhöhe h in mm	4	5	6	8	11

Der **Wirkdurchmesser** d_w ergibt sich aus der Differenz von Scheibendurchmesser und zweimal dem Korrekturwert.

$$d_w = d - 2\,c$$

Das Verhältnis der Durchmesser und Drehzahlen beim Keilriementrieb ist somit:

$$d_{w1} \cdot n_1 = d_{w2} \cdot n_2$$

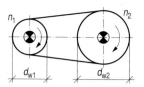

Der Durchmesser einer treibenden Keilriemenscheibe beträgt 185 mm. Sie läuft mit einer Drehzahl von 2470 1/min. Die getriebene Keilriemenscheibe soll n_2 = 4500 1/min erreichen. Die Keilriemenbreite misst 13 mm. Die Wirkdurchmesser der Scheiben 1 und 2 sind zu berechnen.

Gegeben: d_1 = 185 mm
               n_1 = 2470 1/min; n_2 = 4500 1/min

Gesucht: d_{w1} und d_{w2}

Lösung:
c nach Tabelle = 2,8 mm
$d_{w1} = d_1 - 2\,c$
d_{w1} = 185 mm $- 2 \cdot 2,8$ mm = <u>179,4 mm</u>

$$d_{w1} \cdot n_1 = d_{w2} \cdot n_2$$

$$d_{w2} = \frac{d_{w1} \cdot n_1}{n_2}$$

$$d_{w2} = \frac{179,4 \text{ mm} \cdot 2470 \text{ 1/min}}{4500 \text{ 1/min}}$$

$$d_{w2} = \underline{98,47 \text{ mm}}$$

Aufgaben

42. Die Drehzahl des E-Motors einer Bandsägemaschine ist n = 2840 1/min, der Durchmesser der Riemenscheibe des Motors beträgt d = 120 mm. Die Riemenscheibe auf der unteren Rolle der Bandsägemaschine misst d = 370 mm. Zu berechnen ist die Drehzahl der Bandsägenrollen.

43. Die Drehzahl eines Motors beträgt n = 2800 1/min, die motorseitige Riemenscheibe misst d = 180 mm.
Welchen Durchmesser in mm muss die getriebene Riemenscheibe haben, wenn die Drehzahl der Welle n = 2100 1/min betragen soll?

44. Der Motor einer Tischfräsmaschine läuft mit einer Drehzahl von 2750 1/min. Die Kraftübertragung erfolgt durch Riementrieb. Motorseitig beträgt der Durchmesser der Riemenscheibe 145 mm, arbeitsmaschinenseitig 60 mm. Zum Herstellen von Rahmeneckverbindungen wird eine Schlitzscheibe mit 320 mm Flugkreisdurchmesser verwendet.
Zu berechnen ist die Schnittgeschwindigkeit der Schlitzscheibe in m/s.

45. Bei einem Riementrieb hat die treibende Scheibe 170 mm Durchmesser und eine Drehzahl von 2800 1/min. Bei der getriebenen Scheibe misst der Durchmesser 120 mm; die Riemenbreite beträgt 17 mm.
Zu berechnen sind:
a) Korrekturwert c in mm (s. Tab. oben),
b) Wirkdurchmesser der Scheiben 1 und 2,
c) Drehzahl der treibenden Scheibe.

46. Ein 10 mm breiter Keilriemen treibt eine Riemenscheibe mit 145 mm Durchmesser bei einer Drehzahl von 2800 1/min. Die getriebene Scheibe läuft mit einer Drehzahl von 5000 1/min.
Zu berechnen sind:
a) Korrekturwert c (s. Tab. oben),
b) Wirkdurchmesser d_{w1} in mm,
c) Wirkdurchmesser der getriebenen Scheibe in mm.

Übersetzungsverhältnisse bei Riementrieben

Bei Übersetzungen werden Drehzahlen oder Scheibendurchmesser verglichen.

Das **einfache Übersetzungsverhältnis** ist als **direkte Proportion** der Quotient der Drehzahl der treibenden Scheibe und der getriebenen Scheibe.

$$\text{Einfaches Übersetzungsverhältnis} = \frac{\text{Drehzahl treibende Scheibe}}{\text{Drehzahl getriebene Scheibe}}$$

$$i = \frac{n_1}{n_2}$$

Beim **einfachen Übersetzungsverhältnis** in **indirekter Proportion** steht der Durchmesser der treibenden Scheibe im umgekehrten Verhältnis zum Durchmesser der getriebenen Scheibe.

$$\text{Einfaches Übersetzungsverhältnis} = \frac{\text{Durchmesser getriebene Scheibe}}{\text{Durchmesser treibende Scheibe}}$$

$$i = \frac{d_2}{d_1}$$

Übersetzungen ins Schnelle (Langsame) geben an, wie viel mal die Drehzahl der angetriebenen Scheibe größer (kleiner) als die Drehzahl der treibenden Scheibe ist. Beide Verhältniszahlen werden durch die kleinere dividiert.

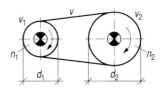

Bei einer Tischfräsmaschine läuft die Antriebsscheibe mit 2800 1/min.
Wie groß ist das Verhältnis ins Schnelle, wenn die Arbeitsscheibe 7000 1/min macht?

Gegeben: n_1 = 2800 1/min
n_2 = 7000 1/min

Gesucht: i = ?

Lösung:

$$i = \frac{n_1}{n_2}$$

$$i = \frac{2800 \ 1/min}{7000 \ 1/min}$$

$$i = \frac{1}{2,5} = \underline{\underline{1 : 2,5}}$$

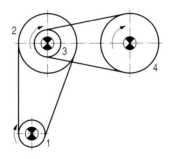

Beim **doppelten Übersetzungsverhältnis** sind zwei Scheiben auf der gleichen Welle befestigt. Scheibe 1 (Motor) treibt die Welle mit den Riemenscheiben 2 und 3 an. Scheibe 3 ist der Antrieb für Riemenscheibe 4. Die Gesamtübersetzung i ist das Produkt der Einzelübersetzungen i_1 und i_2, wobei $n_2 = n_3$ ist.

$$i = i_1 \cdot i_2 = \frac{n_1 \cdot n_3}{n_2 \cdot n_4} = \frac{d_2 \cdot d_4}{d_1 \cdot d_3}$$

Ein E-Motor mit doppelter Riemenübersetzung läuft mit n_1 = 2750 1/min und hat eine Scheibe von 120 mm Durchmesser. Weitere Durchmesser sind d_2 = 355 mm, d_3 = 137 mm und d_4 = 320 mm.
Zu berechnen sind:
a) Übersetzungsverhältnisse i_1 und i_2,
b) Gesamtübersetzungsverhältnis i.

Lösung:

a) $i_1 = \dfrac{d_2}{d_1} = \dfrac{355 \ mm}{120 \ mm} = \underline{\underline{2,96 : 1}}$

$i_2 = \dfrac{d_4}{d_3} = \dfrac{320 \ mm}{137 \ mm} = \underline{\underline{2,34 : 1}}$

b) $i = i_1 \cdot i_2$

$i = \dfrac{2,96}{1} \cdot \dfrac{2,34}{1} = \dfrac{6,93}{1}$

$i = \underline{\underline{6,93 : 1}}$

Aufgaben

47. Der Dorn einer Tischfräsmaschine hat eine Drehzahl von 6500 1/min. Die am Dorn befestigte Riemenscheibe für Keilriemen besitzt einen Durchmesser d_W = 92 mm. Der Motor erreicht eine Drehzahl von 2850 1/min.
a) Welchen Durchmesser d muss die motorseitige Keilriemenscheibe haben?
b) Wie groß ist das Übersetzungsverhältnis i?

48. Die Messerwelle einer Hobelmaschine wird mit Flachriemen angetrieben. Der Motor hat die Drehzahl n = 2880 1/min. Die Messerwelle mit einem Riemenscheibendurchmesser von 72 mm muss eine Drehzahl n = 5600 1/min aufweisen.
Zu berechnen sind:
a) Durchmesser der motorseitigen Riemenscheibe,
b) Übersetzungsverhältnis i.

49. Die Drehzahl eines Motors beträgt n = 1500 1/min, der Durchmesser seiner Riemenscheibe 100 mm.
a) Wie groß muss der Durchmesser der getriebenen Scheibe sein, wenn die Drehzahl n = 750 1/min betragen soll?
b) Zu berechnen ist das Übersetzungsverhältnis ins Langsame.

50. Damit beim Profilieren von 830 m Anleimer eine zufriedenstellende Schnittgüte zustande kommt, muss mit einer Schnittgeschwindigkeit von 70 m/s gearbeitet werden. Der Flugkreisdurchmesser des Fräskopfes beträgt 136 mm. An der Tischfräsmaschine können folgende Drehzahlen eingestellt werden: 5000, 6000, 7000, 8000, 10000 und 12000 1/min.
Zu berechnen sind:
a) zu wählende Drehzahl,
b) Übersetzungsverhältnis bei einer Drehzahl der motorseitigen Riemenscheibe von 2800 1/min.

51. An einer Oberfräse beträgt die Drehzahl 18000 1/min. Die Riemenscheibe an der Frässpindel hat einen Durchmesser von 65 mm. Die Motordrehzahl erreicht durch Drehzahlumformung 5700 1/min.
Zu berechnen sind:
a) Durchmesser der motorseitigen Riemenscheibe in mm,
b) Übersetzungsverhältnis.

52. Bei Abrichthobelmaschinen erfolgt die Kraftübertragung zwischen Motorwelle und Messerwelle durch Keilriementrieb. Die Drehzahl des Motors beträgt 2750 1/min. Die Hobelwelle hat einen Flugkreisdurchmesser von 134,2 mm.
Zu berechnen sind:
a) Übersetzungsverhältnis bei einer erforderlichen Schnittgeschwindigkeit von 60 m/s,
b) Durchmesser der Motorriemenscheibe, wenn der Durchmesser der Riemenscheibe an der Hobelwelle 93 mm beträgt.

53. Eine Bandschleifmaschine besitzt einen E-Motor mit einer Drehzahl von 2750 1/min. Das Schleifband läuft auf einem Zylinder mit dem Durchmesser von 480 mm. Für den optimalen Schliff muss das Band mit einer Umlaufgeschwindigkeit von 25 m/s laufen.
Zu berechnen ist das Übersetzungsverhältnis.

54. Ein Profilfräskopf hat einen Flugkreisdurchmesser von 118 mm und soll mit einer Schnittgeschwindigkeit von 45 m/s arbeiten. Die motorseitige Riemenscheibe läuft mit einer Drehzahl von 2800 1/min und hat einen Durchmesser von 230 mm.
Zu berechnen sind:
a) Drehzahl des Profilkopfes,
b) Übersetzungsverhältnis,
c) Durchmesser der maschinenseitigen Riemenscheibe in mm.

55. Für einen doppelt übersetzten Riementrieb (Drehzahl des E-Motors n = 2800 1/min) mit einem Durchmesser der Riemenscheibe d_1 von 130 mm sowie den Durchmessern der weiteren Riemenscheiben d_2 = 370 mm, d_3 = 150 mm und d_4 = 310 mm ist zu berechnen:
a) Übersetzungsverhältnisse i_1 und i_2,
b) Gesamtübersetzungsverhältnis i.

56. Zu berechnen sind für einen doppelt übersetzten Riementrieb mit n_1 = 940 1/min, d_1 = 225 mm, n_2 = 280 1/min, n_4 = 112 1/min, d_4 = 500 mm:
a) i_1, b) d_2 in mm, c) d_3 in mm, d) i_2, e) i.

Umschlingungswinkel und Treibriemenlänge bei Riementrieben

Ein großer **Umschlingungswinkel** α schränkt den Riemenschlupf durch eine größere Reibungsfläche ein. Bei Flachriementrieben dürfen durch Schlupf nur 1,5 % bis 2 % der übertragenen Kraft verloren gehen. Der Umschlingungswinkel soll deshalb nicht kleiner als 150° sein. Spannrollen vergrößern den Umschlingungswinkel.

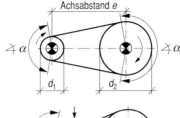

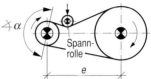

$$\alpha \approx 180° - \frac{60° \cdot (d_2 - d_1)}{e}$$

Eine Antriebsscheibe (Durchmesser 190 mm) treibt im Abstand von 460 mm eine Scheibe mit 245 mm Durchmesser an.
Wie groß ist der Umschlingungswinkel α?

Gegeben: $d_1 = 190$ mm; $d_2 = 245$ mm
$e = 460$ mm

Gesucht: $\alpha = ?$ °

Lösung:
$$\alpha \approx 180° - \frac{60° \cdot (d_2 - d_1)}{e}$$

$$\alpha \approx 180° - \frac{60° \cdot (245 \text{ mm} - 190 \text{ mm})}{460 \text{ mm}}$$

$$\alpha \approx \underline{172,83°}$$

Die **Treibriemenlänge L** kann berechnet werden.

Für **offene Treibriemen** gilt:

$$L \approx 2\,e + 1,57 \cdot (d_2 + d_1) + \frac{(d_1 - d_2)^2}{4\,e}$$

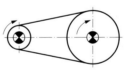

Für **gekreuzte Treibriemen** gilt:

$$L \approx 2\,e + 1,57 \cdot (d_2 + d_1) + \frac{(d_2 + d_1)^2}{4\,e}$$

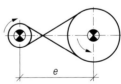

Aufgaben

57. Bei einem Keilriementrieb haben die Riemenscheiben folgende Durchmesser: d_{w1} der treibenden Scheibe = 160 mm, d_{w2} der getriebenen Scheibe = 235 mm. Der Achsabstand beträgt 410 mm.
Zu berechnen sind:
a) Keilriemenlänge bei offenem Riementrieb,
b) Keilriemenlänge bei gekreuztem Riementrieb,
c) Umschlingungswinkel α.

58. Bei einer Kreissägemaschine erfolgt der Antrieb der Welle über einen Flachriementrieb. Die Riemenspannung ist gewährleistet, da der E-Motor auf einer Wippe steht. Die motorseitige Riemenscheibe hat 185 mm Durchmesser, die Riemenscheibe auf der Antriebswelle 55 mm. Achsabstand = 680 mm.
Zu berechnen sind:
a) Riemenlänge bei offenem Riementrieb,
b) Übersetzungsverhältnis i,
c) Umschlingungswinkel α.

Zahnradtriebe

Zahnradtriebe übertragen mit unterschiedlichen Drehzahlen große Kräfte schlupflos. Statt mit den Durchmessern wie bei Riementrieben, wird mit der Zähnezahl z der Zahnräder gerechnet.

Das Produkt von Zähnezahl z_1 und Drehzahl n_1 des treibenden Zahnrades ist gleich dem Produkt von Zähnezahl z_2 und Drehzahl n_2 des getriebenen Zahnrads. Die Zähnezahl verhält sich zur Drehzahl umgekehrt proportional.

$$z_1 \cdot n_1 = z_2 \cdot n_2$$

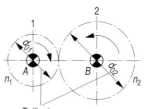

Teilkreis-
durchmesser

Welle A: Welle B:
Rad 1   Rad 2
treibend   getrieben

Die **Drehrichtung** des getriebenen Rades wird beim Zahnradtrieb
- ohne Zwischenrad → umgekehrt,
- mit Zwischenrad → beibehalten.

Das **einfache Übersetzungsverhältnis** ist wie bei den Riementrieben der Quotient der Drehzahl des treibenden Rades und der Drehzahl des getriebenen Rades. Anstelle der Durchmesser stehen die Zähnezahlen im umgekehrten Verhältnis.

$$i_1 = \frac{n_1}{n_2}; \qquad i_1 = \frac{z_2}{z_1}$$

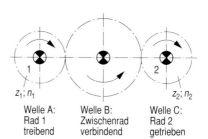

$z_1; n_1$ $z_2; n_2$

Welle A: Welle B: Welle C:
Rad 1   Zwischenrad Rad 2
treibend   verbindend   getrieben

Beim **doppelten Zahnradtrieb** sind zwei Zahnräder 2 und 3 auf der gleichen Welle fest verbunden. Sie sind gleichzeitig getriebenes und treibendes Zahnrad und haben die gleiche Drehzahl ($n_2 = n_3$). Antriebsrad 1 mit der Anfangsdrehzahl n_A und Austriebsrad 4 mit der Enddrehzahl n_E haben die gleiche Drehrichtung.

$$i_1 = \frac{n_1}{n_2} = \frac{z_2}{z_1}$$

$$i_2 = \frac{n_3}{n_4} = \frac{z_4}{z_3}$$

$$i = \frac{n_A}{n_E}$$

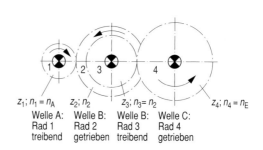

$z_1; n_1 = n_A$ $z_2; n_2$ $z_3; n_3 = n_2$ $z_4; n_4 = n_E$

Welle A: Welle B: Welle B: Welle C:
Rad 1   Rad 2   Rad 3   Rad 4
treibend   getrieben treibend   getrieben

Die **Gesamtübersetzung** i ist das Produkt der Einzelübersetzungen i_1 und i_2.

$$i = i_1 \cdot i_2 = \frac{n_1}{n_2} \cdot \frac{n_3}{n_4}$$

$$i = i_1 \cdot i_2 = \frac{z_2}{z_1} \cdot \frac{z_4}{z_3}$$

Aufgaben

59. Bei einem Rädertrieb ohne Zwischenrad sind zu ermitteln:
a) Übersetzungsverhältnis i,
b) ob die Übersetzung ins Schnelle oder Langsame erfolgt.

Rädertrieb 1:   Rädertrieb 2:
$n_1 = 500$, $n_2 = 250$ $z_1 = 80$, $z_2 = 40$

60. Zu berechnen sind die Drehzahl n_2 und die Gesamtübersetzung i des Zahnradtriebes.

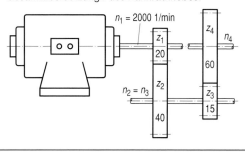

$n_1 = 2000$ 1/min

61. Von einem doppelten Rädertrieb sind bekannt:
$n_1 = 80$ 1/min, $z_1 = 120$, $i_1 = 1 : 2{,}5$, $i = 1 : 6$, $z_3 = 48$.
Zu berechnen sind: n_2, z_2, z_4, und $n_4 = n_E$.

62. Die fehlenden Werte der einfachen Rädertriebe sind zu berechnen:

Aufgabe	a)	b)	c)	d)	e)
z_1	?	25	45	?	15
n_1	?	?	120	150	?
z_2	60	?	?	90	?
n_2	200	500	?	?	250
i	3 : 4	4 : 5	2 : 3	6 : 1	12 : 5

63. Zu einem doppelten Rädertrieb mit $n_1 = 630$ 1/min, $z_2 = 90$, $z_4 = 135$, $n_E = 70$ 1/min, $i_2 = 2{,}5 : 1$ sind die Werte i, z_3, n_3, n_2, z_1 zu berechnen.

6.8   Wärmeschutz im Innenausbau

Die **Energieeinsparverordnung (EnEV)** vom
01.02.2002 löst die alte Wärmeschutzverordnung ab.
Sie gilt für Neubauten und Umbauten. In ihr wird festgelegt und erreicht, dass Wärmeverluste und Emissio-
nen bei Gebäuden stark verringert werden.
Für die Beheizung von Gebäuden sind als Innentempe-
raturen vorgeschrieben:

* normal (> 19 °C) → Wohn-, Büro- und Geschäfts-
                    häuser, Schulen, Krankenhäu-
                    ser, Altenheime
* niedrig (12 °... 19 °C) → Betriebsgebäude.

Wärmeverluste werden nachgewiesen durch:
* Bauteilverfahren → Wärmeverluste bei Außenwän-
  den, Decken und Dächern werden einzeln berechnet
  (s. S. 184ff.).
* Jahres-Heizwärmebedarf → Wärmeverluste (Trans-
  mission, Lüftung) und Wärmegewinne (Menschen,
  elektrische Geräte, Sonneneinstrahlung) zwischen
  Gebäudeinnerem und Außenluft werden – bezogen
  auf eine Heizperiode – gegeneinander aufgerechnet
  (im Bereich Holz nicht verlangt).

Begriffe und Berechnungen der Wärmetechnik
Innerhalb eines Stoffes wandert Wärmeenergie von
Bereichen höherer Temperatur zu Bereichen niederer
Temperatur.

Physikalische Größen, Symbole und Einheiten sind in
der DIN ISO EN 7345 und DIN ISO EN 6946 (ersetzt DIN
4108) festgelegt.

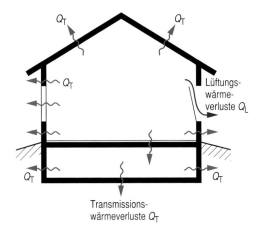

Transmissions-
wärmeverluste Q_T

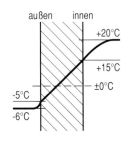

Bauphysikalische Größe	Symbol DIN ISO EN 6946 Formelzeichen	Symbol ersetzt DIN 4108 Formelzeichen	Einheit
Dicke	d	s	**m**
Fläche	A	A	**m²**
Volumen	V	V	**m³**
(Roh-) Dichte	ρ	ρ	**Kg/m³**
Zeit	t	T	**s**
Temperatur	T	T	**°C; K**
Temperaturdifferenz	ΔT	ΔT	**K**
Wärmemenge	Q	Q	**W · s**
Wärmeleitfähigkeit	λ	λ	**W/m · K**
Wärmedurchlasskoeffizient	Λ	Λ	**W/m² · K**
Wärmeübergangskoeffizient	h	α	**W/m² · K**
Wärmeübergangskoeffizient, innen	h_{si}	α_i	**W/m² · K**
Wärmeübergangskoeffizient, außen	h_{se}	α_a	**W/m² · K**
Wärmedurchlasswiderstand	R	$1/\Lambda$	**m² · K/W**
Wärmeübergangswiderstand, innen	R_{si}	$1/\alpha_i$	**W/m² · K**
Wärmeübergangswiderstand, außen	R_{se}	$1/\alpha_a$	**W/m² · K**
Wärmedurchgangswiderstand	R_T	$1/k$	**m² · K/W**
Wärmedurchgangskoeffizient	U	k	**W/m² · K**
Indizes für bauphysikalische Größen	**Genormte Indizes**	**Bisherige Indizes**	**Ableitung (engl.)**
innen	i	i	interior
außen	e	a	exterior
Oberfläche	s	o	surface
innere Oberfläche	si	o_i	surface interior
äußere Oberfläche	se	o_a	surface exterior

Wärmeleitfähigkeit von Bau- und Wärmedämmstoffen nach DIN V 4108-4[1] Auswahl

Stoffe	Rohdichte ρ in kg/m³	Bemessungswert der Wärmeleitfähigkeit λ in W/(mK)
Holz u. Holzwerkstoffe (lufttrocken)		
Eiche EI, Rotbuche BU	800	0,200
Kiefer KI, Fichte FI, Tanne TA	600	0,130
Sperrholz FU, ST, STAE	800	0,150
Holzspanplatte FPY	700	0,130
Holzspanplatte SV	700	0,170
Holzfaserplatte HFH	1000	0,170
Holzfaserplatte HFD	300	0,045
		0,056
Wärmedämmstoffe		
Faserdämmstoffe	8 … 500	
– WLG 035		0,035
– WLG 040		0,040
– WLG 045		0,045
Korkplatten	80 … 500	0,045; 0,055
Schaumkunststoffplatten	≥ 15	0,040
Polystyrol(PS)-Hartschaum	15 … 30	
– WLG 030		0,030
– WLG 035		0,035
– WLG 040		0,040
Polyurethan(PUR)-Hartschaum	≥ 30	
– WLG 025		0,025
– WLG 030		0,030
– WLG 035		0,035
Phenolharz(PF)-Hartschaum	30	0,035; 0,040
Polyurethan(PUR)-Hartschaum	37 … 50	0,030; 0,045
Harnstoff-Formaldehyd-harz(UF)-Ortschaum	≥ 10	0,041
Schaumglas	100 … 150	0,045; 0,060
Holzwolle-Leichtbauplatten		
– 15 mm dick	570	0,150
– 25 mm … 35 mm dick	360 … 480	0,093
Mehrschicht-Leichtbauplatten	460 … 650	0,150
Mauerwerk		
Kalksandvollstein	2200	1,300
Kalksandlochstein	1400	0,700
Mauerziegel-Vollklinker	1000	0,500
Mauerziegel Vollziegel	2000	0,960
– Hochlochziegel	1800	0,810
Mauerziegel Leichthoch-	1400	0,580
lochziegel	800	0,390
Vollstein aus Leichtbeton	1000	0,450
	1600	0,740
	1000	0,460
	800	0,400
Hohlblockstein aus Leichtbeton		
– 365 mm breit	1400	0,730
– 365 mm breit	1000	0,490
– 365 mm breit	800	0,390
– 300 mm breit	600	0,320
Gasbetonblockstein	800	0,290
	700	0,270
	600	0,240

[1] Vornorm Ersatz für DIN 4108-4

Fortsetzung: Wärmeleitfähigkeit von Bau- und Wärmedämmstoffen nach DIN V 4108-4

Stoffe	Rohdichte ρ in kg/m³	Bemessungswert der Wärmeleitfähigkeit λ in W/(mK)
Fußbodenbeläge		
Linoleum	1000	0,170
Korklinoleum	700	0,081
PVC-Belag	1500	0,230
Bauplatten		
Wandbauplatten aus	800	0,290
Leichtbeton	1000	0,350
	1200	0,470
	1400	0,580
Gasbetonbauplatten	500	0,200
	700	0,270
Wandbauplatten aus	600	0,290
Gips	900	0,410
	1200	0,580
Gipskartonplatten bis 15 mm dick	900	0,210
Asbestzementplatte	2000	0,580
Putze, Estriche		
Kalkmörtel, Kalkzementmörtel	1800	0,870
Zementmörtel	2000	1,400
Kalkgipsmörtel, Gipsmörtel	1400	0,700
Gipsputz ohne Zuschlag	1200	0,350
Magnesiaestrich	1400	0,470
Gussasphaltestrich	2300	0,900
wärmedämmender Putz	600	0,200
großformatige Bauteile		
Normalbeton	2400	2,100
Leichtbeton mit ge-	2000	1,600
schlossenem Gefüge	1600	1,000
	1400	0,790
	1200	0,620
	1000	0,490
Gasbeton, dampf-	800	0,230
gehärtet	400	0,140
sonstige Stoffe		
Fliesen	2000	1,000
Glas	2500	0,800
Keramik, Glasmosaik	2000	1,200
Granit, Basalt, Marmor	2800	3,500
Sandstein, Kalkstein	2600	2,300
lose Schüttungen aus	1500	0,270
porigen Stoffen	1000	0,190
	600	0,130
	400	0,160
	200	0,050
	100	0,070
Unterschichten von zweilagigen Böden	1400	0,470
Industrieböden	2300	0,700
Stahl	7500	60,000
Kupfer	8900	380,000
Aluminium	2700	200,000
Gummi (kompakt)	1000	0,200
Wärmedämmstoffe mit einer Wärmeleitfähigkeit zwischen 0,025 W/(mK) und 0,045 W/(mK) werden in Wärmeleit-fähigkeitsgruppen (WLG) zwischen 025 und 045 eingeteilt.		

Die **Wärmeleitfähigkeit** λ (sprich: Klein-Lambda) ist eine Stoffeigenschaft. Der Zahlenwert für λ ist eine Materialkonstante, die von der Rohdichte, Porigkeit und Feuchte eines Stoffes abhängt. Die Wärmeleitfähigkeit λ gibt an, welche Wärmemenge Q in W · h ($\approx$ 3600 J) in 1 Stunde durch einen Probewürfel von 1 m² Fläche und 1 m Dicke bei einer Temperaturdifferenz von 1 K hindurchgeht.

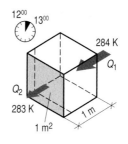

Die Wärmeleitfähigkeit (λ) hat die Einheit $\dfrac{W}{(m \cdot K)}$

Je kleiner die Wärmeleitfähigkeit eines Stoffes ist (z. B. $\underline{\dfrac{0,04\ W}{mK}}$) desto größer ist seine Dämmfähigkeit.

Der **Wärmedurchlasskoeffizient** Λ (sprich: Groß-Lambda) ist von der Schichtdicke d des Baustoffs abhängig. Diese beträgt allgemein weniger als 1 m. Der Wärmedurchlass ist somit größer als beim Probewürfel. Der Wärmedurchlasskoeffizient Λ ist der Quotient von Wärmeleitfähigkeit λ und Schichtdicke d. Er gibt an, welche Wärmemenge Q in 1 Stunde durch 1 m² eines plattenförmigen Bauteils mit der Schichtdicke d in m bei einer Temperaturdifferenz von 1 K hindurchgeht.

Wärmedurchlass-Koeffizient	Wärmeleitfähigkeit
	Schichtdicke des Baustoffs
Λ =	$\dfrac{\lambda}{d}$

Einheit: $\dfrac{W}{(m \cdot K)}$

Je größer der Zahlenwert des Wärmedurchlasskoeffizienten ist, desto geringer ist die Dämmfähigkeit des Bauteils.

Der **Wärmedurchlasswiderstand** R gibt an, wie groß der Widerstand eines Bauteils gegen den Wärmedurchlass einzelner Materialschichten (Mauerwerk, Beton, Holzwerkstoffe, Vollholz, Glas) ist. Er ist der Kehrwert des Wärmedurchlasskoeffizienten Λ.

Wärmedurchlass-widerstand	Schichtdicke
	Wärmeleitfähigkeit
R =	$\dfrac{d}{\lambda}$

Einheit: $\dfrac{m^2 \cdot K}{W}$

Je größer der Wärmedurchlasswiderstand ist, desto besser ist die Wärmedämmwirkung. Je dicker der Baustoff, desto größer ist der Wärmedurchlasswiderstand. Der Wärmedurchlasswiderstand wird auch als Wärmedämmwert bezeichnet und ist eine der wichtigsten Größen zur Berechnung von Wärmeschutzkonstruktionen.

Bei **einschichtigen Bauteilen** reicht meistens die Wärmedämmwirkung nicht aus.

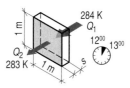

Wie groß ist der Wärmedurchlasskoeffizient bei einer 25 mm dicken FPY – Platte, wenn der Rechenwert der Wärmeleitfähigkeit $\dfrac{0,130\ W}{m \cdot K}$ (s. Tabelle) beträgt?

Gegeben: d = 0,025 m; $\lambda = \dfrac{0,130\ W}{mK}$

Gesucht: Λ ? $\dfrac{W}{(m^2 K)}$

Lösung:

$\Lambda = \dfrac{\lambda}{d}$

$\Lambda = \dfrac{0,130\ W}{0,025\ m} \cdot m \cdot K = \dfrac{0,52\ W}{(m^2 K)}$

Wie groß ist der Wärmedurchlasswiderstand einer 24 cm dicken Wand aus Beton-Hohlbocksteinen (Rohdichte 1000 kg/m³)?

Gegeben: d = 0,24 m

$\lambda = \dfrac{0,490\ W}{(mK)}$ nach Tabelle

Gesucht: R = ? $\dfrac{(m^2 K)}{W}$

Lösung: $R = \dfrac{d}{\lambda}$

$R = 0,24\ m \cdot m \cdot K / 0,490\ W = 0,49\ \dfrac{(m^2 K)}{W}$

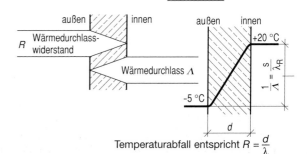

Temperaturabfall entspricht $R = \dfrac{d}{\lambda}$

Bei **mehrschichtigen Bauteilen** ist der gesamte Wärmedurchlasswiderstand die Summe der Wärmedurchlasswiderstände der einzelnen Schichtdicken.

$$R = \frac{d_1}{\lambda_1} + \frac{d_2}{\lambda_2} + \frac{d_3}{\lambda_3}$$

Einheit: $\dfrac{m^2 \cdot K}{W}$

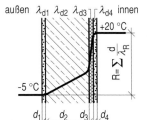

Die 24 cm dicke Wand λ = 0,490 W/(mK)) erhält außen einen 20 mm dicken Kalkzementmörtelputz, innen eine 25 mm dicke Holzwolle-Leichtbauplatte und wird mit 15 mm dickem Kalkgipsmörtel verputzt. Zahlenwerte λ nach Tabelle.
Wie groß ist der Wärmedurchlasswiderstand?

$$R = \frac{d_1}{\lambda_1} + \frac{d_2}{\lambda_2} + \frac{d_3}{\lambda_3} + \frac{d_4}{\lambda_4}$$

Lösung:

$$R = \frac{0,02 \text{ m}}{0,870 \text{ W/(mK)}} + \frac{0,24 \text{ m}}{0,490 \text{ W/(mK)}} + \frac{0,025 \text{ m}}{0,093 \text{ W/(mK)}}$$

$$+ \frac{0,015 \text{ m}}{0,700 \text{ W/(mK)}}$$

$$R = 0,803 \ \frac{m^2 \cdot K}{W}$$

Der **Wärmedurchlasswiderstand von Luftschichten** innerhalb eines Bauteils ohne Verbindung zur Außenluft vergrößert sich bei zunehmender Dicke der Luftschicht nur wenig.

Wärmedurchlasswiderstand von Luftschichten nach DIN V 4108-4

Lage der Luftschicht	Dicke der Luftschicht in mm	Wärmedurchlasswiderstand R in $(m^2 K)/W$
senkrecht	10 ... 20	0,14
	> 20 ... 500	0,17
waagerecht	10 ... 500	0,17

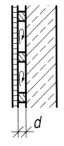

Auf einer 17 cm dicken Normalbetondecke liegt eine 50 mm dicke Lattenunterkonstruktion mit waagerechter Luftschicht. Die Fußbodenverlegeplatten FPY sind 28 mm dick. Zahlenwerte nach Tabelle.
Zu berechnen ist der Wärmedurchlasswiderstand.

Lösung:

$$R = \frac{d_1}{\lambda_1} + \frac{d_2}{\lambda_2} + \frac{d_3}{\lambda_3}$$

$$R = \frac{0,17 \text{ m}}{2,1 \text{ W/(mK)}} + 0,17 \text{ m}^2 \ \frac{K}{W} + \frac{0,028 \text{ m}}{0,13 \text{ W/(mK)}}$$

$$R = 0,081 \text{ m}^2 \cdot \frac{K}{W} + 0,17 \text{ m}^2 \cdot \frac{K}{W} + 0,215 \text{ m}^2 \cdot \frac{K}{W}$$

$$R = 0,466 \text{ m}^2 \cdot \frac{K}{W}$$

Der **Wärmeübergangskoeffizient** *h* berücksichtigt die Wärmeübertragung zwischen der Oberfläche eines Bauteils und der angrenzenden Luft. Die Oberflächentemperatur ist auf der Bauteilinnenseite meistens niedriger als die Raumlufttemperatur und auf der Bauteilaußenseite höher als die Außenluft.

Der Wärmeübergangskoeffizient *h* gibt an, welche Wärmemenge *Q* in 1 Stunde zwischen 1 m² der Oberfläche eines Bauteils und der angrenzenden Luft übertragen wird, wenn zwischen Bauteiloberfläche und angrenzender Luft eine Temperaturdifferenz von 1 K herrscht.

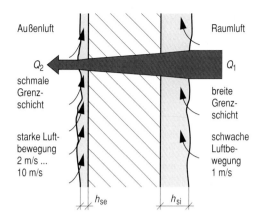

> Nach DIN V 4108 ist der Wärmeübergangskoeffizient im:
> - Innenbereich $h_{si} = 8{,}1$ W/(m²K),
> - Außenbereich $h_{se} = 23{,}2$ W/(m²K).

Der **Wärmeübergangswiderstand** R_s ist der Kehrwert des Wärmeübergangskoeffizienten *h*.

> Nach DIN V 4108 ergeben sich für:
>
> - Innenbereich: $\dfrac{1}{h_{si}} = \dfrac{1\ m^2K}{8{,}1\ W} \approx 0{,}13\ \dfrac{m^2K}{W}$,
>
> - Außenbereich: $\dfrac{1}{h_{se}} = \dfrac{1\ m^2K}{23{,}2\ W} \approx 0{,}04\ \dfrac{m^2K}{W}$.

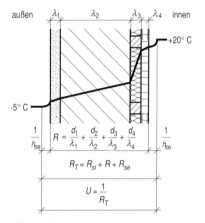

Der gesamte **Wärmedurchgangswiderstand** R_T ist die Summe von Wärmedurchlasswiderstand *R* und den beiden Wärmeübergangswiderständen R_{si} und R_{se}.

$$R_T = R_{si} + R + R_{se}$$

Der **Wärmedurchgangskoeffizient** *U* wird als *U*-Wert bezeichnet und ist der Kehrwert des Wärmedurchgangswiderstands R_T.

$$U = \frac{1}{R_T}$$

Einheit: $\dfrac{W}{m^2 \cdot K}$

Ein möglichst niedriger *U*-Wert bedeutet eine gute Wärmedämmfähigkeit eines Bauteils. Der *U*-Wert ist die Grundlage zur Berechnung des Transmissionswärmeverlustes.

Wie groß sind:
a) der Wärmedurchgangswiderstand,
b) der Wärmedurchgangskoeffizient der mehrschichtigen Wand von S. 184?

Lösung:
a) $R_T = R_{si} + R + R_{se}$

$$R_T = 0{,}04\ \frac{m^2K}{W} + 0{,}803\ \frac{m^2K}{W} + 0{,}13\ \frac{m^2K}{W}$$

$$= 0{,}97\ \frac{m^2K}{W}$$

b) $U = \dfrac{1}{R_T} = \dfrac{1\ W}{0{,}97\ m^2} \cdot K$

$$U = 1{,}03\ \frac{W}{m^2K}$$

Maximale Wärmedurchgangskoeffizienten U_{max}[1] bei Bauteilen nach EnEV

Bauteile	Gebäude mit normalen Innentemperaturen	
	Außenbauteile mit wärme-übertragender Umfassungs-fläche, kleine Gebäude U_{max} in W/(m²K)	Erstmaliger Einbau, Ersatz, Erneuerung, Bekleidung, Dämmschicht U_{max} in W/(m²K)
Außenwände	$U_W \leq 0{,}50$	$U_W \leq 0{,}40 \ldots \leq 0{,}50$[2]
Außenliegende Fenster und Fenstertüren sowie Dachfenster	$U_{m,Feq} \leq 0{,}7$[3]	$U_F \leq 1{,}8$
Decken unter nicht ausgebauten Dachräumen und Decken (ein-schließlich Dachschrägen), die Räume nach oben und unten gegen die Außenluft abgrenzen	$U_D \leq 0{,}22$	$U_D \leq 0{,}30$
Kellerdecken, Wände und Decken gegen unbeheizte Räume sowie Decken und Wände, die an das Erdreich grenzen	$U_G \leq 0{,}35$	$U_G \leq 0{,}50$

1) Der Wärmedurchgangskoeffizient kann unter Berücksichtigung vorhandener Bauteilschichten ermittelt werden.
2) Die Anforderung gilt als erfüllt, wenn Mauerwerk in einer Wandstärke von 36,5 cm mit Baustoffen mit einer Wärmeleitfähigkeit von $\lambda \leq 0{,}21$ W/(m²K) ausgeführt wird.
3) Der mittlere äquivalente Wärmedurchgangskoeffizient $U_{m,Feq}$ entspricht einem über alle außenliegenden Fenster und Fenstertüren gemittelten Wärmedurchgangskoeffizient, wobei solare Wärmegewinne zu ermitteln sind.

Berechnungsgrößen für den baulichen Wärmeschutz: Zusammenhänge

Größe	Wärme-leit-fähigkeit	Wärme-durchlass-koeffizient	Wärmedurchlass-widerstand	Wärme-übergangs-koeffizient	Wärme-übergangs-widerstand	Wärme-durchgangs-widerstand	Wärme-durchgangs-koeffizient
Formel-zeichen	λ	Λ	R	h_{si}; h_{se}	R_{si}; R_{se}	R_T	U
Fläche A in m²	1	1	1	1	1	1	1
Dicke d in m	1	je nach Konstruktion und Material		–	–	je nach Konstruktion und Material	
Zeit t in h	1	1	1	1	1	1	1
Temp.-differenz in K	1	1	1	1	1	1	1
Einheit	W/(mK)	W/(m²K)	(m²K)/W	(W)/m²K	(m²K)/W	(m²K)/W	W/(m²K)
Formel	–	$\Lambda = \dfrac{\lambda}{d}$	ein-schichti-ges Bauteil: $R = \dfrac{d_1}{\lambda_1}$	mehr-schichti-ges Bauteil: $R = \dfrac{d_1}{\lambda_1} + \dfrac{d_2}{\lambda_1}$	–	$R_T = R_{si} + R + R_{se}$	$U = \dfrac{1}{R_T}$ $R_T = R_{si} + R + R_{se}$

Aufgaben

1. Wie groß ist der Wärmedurchlasswiderstand R bei einer FPY-Platte mit der Dicke a) 19 mm, b) 32 mm? Rechenwerte für λ s. Tab. S. 181 f.

2. Zu berechnen ist der Wärmedurchlasswiderstand R folgender Baustoffe: a) Eichenbrett, 28 mm dick, b) HFH-Platte, 8 mm dick, c) Korklinoleum, 12 mm dick, d) Schaumkunststoffplatte, 20 mm dick, e) Kalksandsteinmauerwerk, 365 mm dick, Rohdichte 2200 kg/m³, f) Glas, 8 mm dick. Die Rechenwerte für die Wärmeleitfähigkeit sind Tabelle S. 181 f. zu entnehmen.

3. Zu berechnen ist die Dicke einer Schaumkunststoffplatte in mm, wenn der Wärmedurchlasswiderstand 0,55 (m²K)/W beträgt. Der λ-Wert ist der Tabelle S. 181 f. zu entnehmen.

4. Welche Gesamtdicke in cm muss für eine Wärmedämmkonstruktion aus FPY-Platten gewählt werden, wenn ein Wärmedurchlasswiderstand von 0,60 (m²K)/W vorgesehen ist? Die Platten werden ohne Abstand miteinander verschraubt (Rechenwert der Wärmeleitfähigkeit s. Tab. S. 181 f.).

5. Folgende Baustoffe stehen für eine Wärmedämmung zur Auswahl: Holzwolle-Leichtbauplatte, Rohdichte 480 kg/m³, Wandbauplatte aus Gips, Rohdichte 600 kg/m³, Gasbeton-Blockstein, Rohdichte 500 kg/m³. Zu berechnen sind die Dicken in mm, wenn deren Wärmedurchlasswiderstand R so groß sein soll wie der einer 50 mm dicken Steinwolleplatte, Rohdichte 500 kg/m³ (R-Werte s. Tab. S. 181 f.).

6. Eine Außenwand weist einen Wärmedurchlasswiderstand von 0,43 (m²K)/W auf. Erreicht werden soll aber ein Wert von 0,65 (m²K)/W. Mit einer 16 mm dicken Spanplattenbekleidung und zusätzlicher Schaumkunststoffplatte soll der fehlende Wert ausgeglichen werden. Zu berechnen ist die Dicke der Schaumkunststoffplatte in mm. Die Rechenwerte für die Wärmeleitfähigkeit enthält Tabelle S. 181 f.

7. Die Außenwand eines Wohnraumes ist wegen der gewünschten Wärmespeicherung des 240 mm dicken Kalksand-Vollsteinmauerwerks (Rohdichte 2200 kg/m³) außen mit einer verputzten, 35 mm dicken Holzwolle-Leichtbauplatte (Rohdichte 440 kg/m³) bekleidet. Der Außenputz ist mit 20 mm dickem Kalkzementmörtel (Rohdichte 1800 kg/m³, der Innenputz mit 15 mm dickem Kalkgipsmörtel (Rohdichte 1400 kg/m³) ausgeführt.
a) Der Rechenwert der Wärmeleitfähigkeit λ ist anhand der Tabelle (s. S. 181 f.) zu ermitteln.
b) Der U-Wert des Bauteils ist zu berechnen.

8. Eine Isolierglasscheibe ist besser wärmedämmend als eine einfache Scheibe. Diese Feststellung ist anhand des folgenden Beispiels zu beweisen: Isolierglasscheibe: 2 x 4 mm Glas, 1 x 12 mm SZR; Lage der Luftschicht: senkrecht. Einfache Scheibe: 1 x 8 mm Glas. Zu berechnen sind: a) Wärmedurchlasswiderstand, b) Wärmedurchgangswiderstand, c) Wärmedurchgangskoeffizient.

9. Für ein Verbundfenster System DV 35/38 nach DIN 68121 ist der U-Wert zu berechnen: a) für Blendrahmen und Flügelrahmenholz, b) für Verglasung. Material- und Konstruktionsangaben: Blendrahmenaußenmaß = 1,10 m/1,50 m; mittlere Holzdicke = 67 mm; Holzart Kl., Verglasung: 2 x 4 mm Floatglas,

1 x 30 mm SZR; Lage der Luftschicht: senkrecht. Annahme: Holzfläche = 15 % der Fensterfläche, Glasfläche = 85 % der Fensterfläche. Entspricht der errechnete U-Wert dem U_F-Wert von 1,8 W/(m²K)?

10. Ein Innenausbaubetrieb hat an einer Außenwand nachträglich eine Wärmedämmkonstruktion angebracht. Zu berechnen ist, ob der verlangte Wärmedurchgangskoeffizient $k = 0,5$ W/(m²K) erreicht wird (λ_R-Werte s. Tab. S. 181 f.; h_{si}- und h_{se}-Werte s. S. 185).

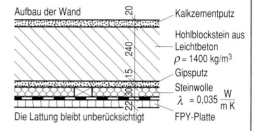

Aufbau der Wand — Kalkzementputz — Hohlblockstein aus Leichtbeton $\rho = 1400$ kg/m³ — Gipsputz — Steinwolle $\lambda = 0,035 \frac{W}{m\,K}$ — FPY-Platte
Die Lattung bleibt unberücksichtigt

11. An das Werkstattgebäude eines Innenausbaubetriebes wird eine Büroerweiterung angebaut. Der Wärmedurchgangskoeffizient der Außenwand soll $U = 0,40$ W/(m²K) betragen. Der U-Wert der Wärmedämmkonstruktion ist zu berechnen und mit den Anforderungen zu vergleichen (λ-Werte s. Tab. S. 181 f. und h_{si}- und h_{se}-Werte s. S. 185).

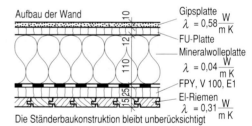

Aufbau der Wand — Gipsplatte $\lambda = 0,58 \frac{W}{m\,K}$ — FU-Platte — Mineralwolleplatte $\lambda = 0,04 \frac{W}{m\,K}$ — FPY, V 100, E1 — El-Riemen $\lambda = 0,31 \frac{W}{m\,K}$
Die Ständerbaukonstruktion bleibt unberücksichtigt

12. Eine Kellerdecke wird wärmegedämmt. Die Wärmeübergangskoeffizienten betragen $h_{si} = 5,88$ W/(m²K) und $h_{se} = 23,2$ W/(m²K). Die waagerechte Luftschicht wird zur Dämmung herangezogen (s. Tab. S. 184).
a) Der maximale U-Wert für Kellerdecken ist aus Tab. S. 186 zu ermitteln.
b) Zu berechnen ist, ob die gewählte 28 mm dicke Fußbodenverlegeplatte wärmetechnisch ausreicht.
c) Zu berechnen ist die wärmetechnische Verbesserung, wenn das Luftpolster durch mineralische Wärmedämmstoffe ersetzt wird.

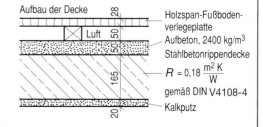

Aufbau der Decke — Luft — Holzspan-Fußbodenverlegeplatte — Aufbeton, 2400 kg/m³ — Stahlbetonrippendecke $R = 0,18 \frac{m^2\,K}{W}$ gemäß DIN V4108-4 — Kalkputz

6.9 Treppen

Treppen sind in DIN 18064 (Begriffe) und DIN 18065 (Hauptmaße) genormt.

Die **Steigungshöhe** h_S ist das lotrechte Maß von der Trittfläche einer Stufe zur Trittfläche der folgenden Stufe.

Die **Auftrittsbreite** a ist das waagerechte Maß von der Vorderkante einer Treppenstufe bis zur Vorderkante der folgenden Treppenstufe in Laufrichtung.

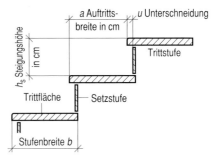

Das **Steigungsverhältnis** *SV* ist der Quotient aus Steigungshöhe h_S und Auftrittsbreite a.

Steigungsverhältnis $= \dfrac{\text{Steigungshöhe}}{\text{Auftrittsbreite}}$

$$SV \quad = \quad \dfrac{h_S}{a}$$

Wie groß ist das Steigungsverhältnis bei einer Steigungshöhe von 17,5 cm und einer Auftrittsbreite von 28,5 cm?

Lösung:

$$SV = \dfrac{h_S}{a}$$

$$SV = \dfrac{17{,}5 \text{ cm}}{28{,}5 \text{ cm}} = \underline{\underline{0{,}61}}$$

Der **Schrittmaßregel** *SM* liegt die mittlere Schrittlänge eines erwachsenen Menschen zugrunde. Sie beträgt 63 cm und ist die Summe aus zwei Steigungshöhen h_S und einer Auftrittsbreite a.

Schrittmaßregel $= 2 \cdot$ Steigungshöhe $+ 1 \cdot$ Auftrittsbreite
$SM \qquad = 2 \cdot h_S + 1 \cdot a = 63$ cm

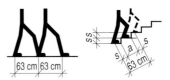

Die Steigungshöhe einer Treppe beträgt 16,5 cm.
Wie viel cm misst die Auftrittsbreite nach der Schrittmaßregel?

Lösung:
$2 \cdot h_S + 1 \cdot a = 63$ cm
$a = 63$ cm $- 2 \cdot h_S$
$a = 63$ cm $- 2 \cdot 16{,}5$ cm $= \underline{\underline{30 \text{ cm}}}$

Die **Bequemlichkeitsregel** besagt, dass Treppen bequem zu begehen sind, wenn die Auftrittsbreite a etwa 12 cm breiter als die Steigungshöhe h_S ist.

Auftrittsbreite $-$ Steigungshöhe ≈ 12 cm
$a \qquad - \qquad h_S \qquad \approx 12$ cm

Eine Treppe mit einer Auftrittsbreite von 28 cm soll bequem zu begehen sein.
Wie viel cm beträgt die Steigungshöhe?

Gegeben: $a = 28$ cm
Gesucht: $h_S = ?$ cm

Lösung:
$a - h_S = 12$ cm
$h_S = a - 12$ cm $= 28$ cm $- 12$ cm $= \underline{\underline{16 \text{ cm}}}$

Bewertung von Treppen für Wohnhäuser

Treppe	normal	flach	steil	sehr steil
Steigungs-höhe in cm	17	< 17	> 18	> 20
Auftritts-breite in cm	29	29	29	25
Steigungs-verhältnis	0,60	0,56	0,62	0,7
mittlere Schritt-länge in cm	63	61	65	65
Begehbarkeit	gut	bequem	möglich	schlecht

Ein Wohnhaus erhält eine flache Treppe mit einer Steigungshöhe von 16,5 cm.
a) Steigungsverhältnis und Begehbarkeit sind nach Tabelle festzulegen.
b) Die Auftrittsbreite ist zu berechnen.

Lösung:
a) $SV = 0,56$; bequem

b) $SV = \dfrac{h_S}{a}$

$$a = \frac{h_S}{SV} = \frac{16,5 \text{ cm}}{0,56} = \underline{\underline{29,46 \text{ cm}}}$$

Die **Anzahl der Steigungen** n ist der Quotient aus Geschosshöhe h und Steigungshöhe h_S.

$$\text{Anzahl der Steigungen} = \frac{\text{Geschosshöhe}}{\text{Steigungshöhe}}$$

$$n = \frac{h}{h_S}$$

Wie groß ist die Anzahl der Steigungen bei einer Geschosshöhe von 265,0 cm, wenn die Steigungshöhe 17 cm beträgt?

Gegeben: $h = 265,0$ cm; $h_S = 17$ cm
Gesucht: $n = ?$

Lösung:
$$n = \frac{h}{h_S} = \frac{265,0 \text{ cm}}{17 \text{ cm}} = \underline{\underline{15}}$$

Die **Steigungshöhe** h_S ist der Quotient aus Geschosshöhe h und Anzahl der Steigungen n.

$$\text{Steigungshöhe} = \frac{\text{Geschosshöhe}}{\text{Anzahl der Steigungen}}$$

$$h_S = \frac{h}{n}$$

In einen Raum mit einer Geschosshöhe von 275,0 cm wird eine Treppe mit 14 Steigungen eingebaut. Wie viel cm beträgt die Steigungshöhe?

Gegeben: $h = 275,0$ cm; $n = 14$
Gesucht: $h_S = ?$ cm

Lösung:
$$h_S = \frac{h}{n} = \frac{275,0 \text{ cm}}{14} = \underline{\underline{19,6 \text{ cm}}}$$

Die **Lauflänge *l*** ist das Maß von der Vorderkante der Antrittsstufe bis zur Vorderkante der Austrittsstufe. Die oberste Stufe gehört nicht zur Lauflänge. Die Lauflänge *l* ist das Produkt aus der Anzahl der Steigungen *n* minus 1 und der Auftrittsbreite.

Lauflänge = (Anzahl der Steigungen – 1) · Auftrittsbreite
l = $(n-1)$ · a

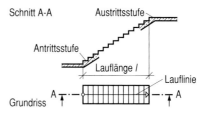

Schnitt A-A   Austrittsstufe

Antrittsstufe

Lauflänge *l*   Lauflinie

Grundriss

Zu berechnen ist die Lauflänge *l* einer Treppe in m, wenn die Auftrittsbreite 28 cm und die Anzahl der Steigungen 15 beträgt.

Lösung:
$l = (n-1) \cdot a = (15-1) \cdot 28 \text{ cm}$
$l = 392 \text{ cm} = \underline{\underline{3{,}92 \text{ m}}}$

Die **Auftrittsbreite *a*** berechnet sich aus dem Quotienten von Lauflänge *l* und Anzahl der Steigungen *n* minus 1.

$$\text{Auftrittsbreite} = \frac{\text{Lauflänge}}{\text{Anzahl der Steigungen} - 1}$$

$$a = \frac{l}{n-1}$$

Eine Treppe hat bei einer Lauflänge *l* von 427,5 cm 16 Steigungen.
Wie viel cm beträgt die Auftrittsbreite?

Lösung:
$$a = \frac{l}{n-1} = \frac{427{,}5 \text{ cm}}{16-1} = \underline{\underline{28{,}5 \text{ cm}}}$$

Bei **geraden einläufigen Treppen** werden im Allgemeinen berechnet:
• Steigungshöhe h_S,
• Anzahl der Steigungen *n*,
• Auftrittsbreite *a*,
• Lauflänge *l*.

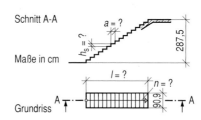

Schnitt A-A $a = ?$

$h_S = ?$ 287,5

Maße in cm

$l = ?$

$n = ?$

Grundriss   90,9

Ein Einfamilienhaus mit 2,875 m Geschosshöhe soll eine einläufige, gerade Treppe erhalten. Zu berechnen sind:
a) Anzahl *n* der Steigungen bei einer Steigungshöhe von 18 cm,
b) Steigungshöhe h_S, Auftrittsbreite *a* und Lauflänge *l* in cm.

Lösung:
a) $n = \dfrac{h}{h_S}$; $n = \dfrac{287{,}5 \text{ cm}}{18 \text{ cm}}$

$n = 15{,}97 \rightarrow \underline{\underline{16 \text{ Steigungen}}}$

b) $h = \dfrac{n}{h_S} = \dfrac{287{,}5 \text{ cm}}{16} = \underline{\underline{17{,}97 \text{ cm}}}$

Ausführungsmaß $h_S = 18$ cm

$a = 63 \text{ cm} - 2 \cdot h_S = 63 \text{ cm} - 2 \cdot 18 \text{ cm} = \underline{\underline{27 \text{ cm}}}$
$l = (n-1) \cdot a = (16-1) \cdot 27 \text{ cm} = \underline{\underline{405 \text{ cm}}}$

Aufgaben

1. a) Wie groß ist bei einer Treppe das Steigungsverhältnis, wenn die Steigungshöhe 16,0 cm und die Auftrittsbreite 28,0 cm betragen?
   b) Wie sind Treppe und Begehbarkeit nach der Tabelle einzustufen?

2. Die Steigungshöhe einer Treppe beträgt 16,7 cm, die Schrittlänge 61 cm.
   Wie viel cm soll nach Tabelle die Auftrittsbreite sein?

3. Das Steigungsverhältnis einer Treppe wird mit 0,6 angegeben.
   a) Welche Auftrittsbreite benötigt man bei einer Steigungshöhe von 17,3 cm?
   b) Welche Schrittlänge wird zugrunde gelegt?

4. Bei einer mittleren Schrittlänge von 63 cm beträgt die Steigungshöhe 17,7 cm.
   Zu berechnen ist nach der Schrittmaßregel die Auftrittsbreite in cm.

5. Wie groß wird nach der Schrittmaßregel die Steigungshöhe einer Treppe, wenn die Auftrittsbreite
   a) 30,2 cm, b) 28,5 cm, c) 24,0 cm beträgt?

6. Wie viel cm soll nach der Bequemlichkeitsregel die Auftrittsbreite bei einer Steigungshöhe von 16,5 cm betragen?

7. Eine Treppe für eine Geschosshöhe von 2,62 m soll aus Stufen mit einer angenommenen Steigungshöhe von 17,3 cm bestehen.
   a) Wie viele Steigungen sind erforderlich?
   b) Wie viel cm beträgt die wirkliche Steigungshöhe?

8. Zu berechnen ist die Lauflänge l für eine einläufige, gerade Treppe mit 16 Steigungen bei einem Steigungsverhältnis SV von:
   a) 17,8 cm/27,4 cm,
   b) 18,2 cm/26,6 cm,
   c) 19,4 cm/24,2 cm.

9. Die Lauflänge einer einläufigen, geraden Treppe beträgt bei 15 Steigungen 3,43 m (3,78 m).
   Wie groß ist die Auftrittsbreite in cm?

10. Für eine Geschosstreppe sind bei 2,85 m Geschosshöhe und 3,30 m Lauflänge 15 Steigungen mit einem Steigungsverhältnis von 17,8 cm/22 cm angegeben.
    Stimmen die errechneten Maße mit dem Steigungsverhältnis überein?

11. Ein Kellergeschoss hat eine Höhe von 2,25 m. Die Treppe dafür soll einläufig, gerade mit einer Steigungshöhe 19 cm ausgeführt werden.
    Zu berechnen sind:
    a) Anzahl der Steigungen,
    b) Steigungshöhe in cm,
    c) Auftrittsbreite in cm,
    d) Treppenlauflänge in cm,
    e) Grundrissskizze im Maßstab 1 : 50 (lichte Treppenbreite = 85 cm).

12. Die Auftrittsbreite für eine Treppe beträgt 28 cm.
    Zu berechnen sind die Maße l_1, l_2 und l_3.

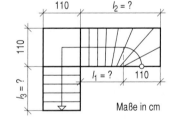

Maße in cm

7 Materialmengen und Materialpreise

7.1 Holzwerkstoffplatten

Materialmengen berechnen sich vorwiegend nach Flächen (s. S. 85). Bei Bestellungen werden die Maße in folgender Reihenfolge in mm angegeben:
- Dicke,
- Länge und
- Breite.

Der **Materialpreis** als Einzelpreis setzt sich zusammen aus dem Einstandspreis (Einkaufspreis) und prozentualen Zuschlägen für:
- Verschnitt,
- Materialgemeinkosten,
- Gewinn.

Einstandspreis (Einkaufspreis)
+ Verschnittzuschlag V_Z (s. S. 89 f.)
Materialverbrauchskosten
+ Materialgemeinkostenzuschlag GKZ (s. S. 222 + 226)
Materialkosten
+ Gewinnzuschlag
Materialpreis

Eine FU-Platte 20/2000/1250 hat einen Einstandspreis von 9,25 €/m².
Bei der Verarbeitung entstehen 30 % Verschnittzuschlag. Die Materialgemeinkosten betragen 20 %, der Gewinn 10 %.
Wie hoch ist der Materialpreis in €/m²?

Lösung:

	Einstandspreis	= 9,25 €/m²
+	Verschnittzuschlag	
	= 9,25 €/m² · 0,3	= 2,78 €/m²
	Materialverbrauchskosten	= 12,03 €/m²
+	Materialgemeinkostenzuschlag	
	= 12,03 €/m² · 0,2	= 2,41 €/m²
	Materialkosten	= 14,44 €/m²
+	Gewinnzuschlag	
	= 14,44 €/m² · 0,1	= 1,45 €/m²
	Materialpreis	= 15,89 €/m²

Lagenholz ist Sperrholz nach DIN 68 705. Es besteht aus einer ungeraden Zahl mindestens aber drei gleich dicken, miteinander verklebten Furnier- bzw. Vollholzlagen. Die Faserrichtungen verlaufen im Allgemeinen parallel zur Plattenebene und kreuzen sich rechtwinklig.

Maße von Lagenholz – Auswahl

Lagenholz	Dicke in mm	Länge in mm *	Breite in mm
Furniersperrholz für allgemeine Zwecke FU	4; 5; 6; 8; 10; 12; 15; 16; 19; 22; 25; 30	1520; 2000; 2200; 3100; 3500	1250; 1550; 1720; 1830
Multiplex, Buche	10; 12; 15; 20; 25; 30; 35; 40; 50	2200; 2500	1250; 1500
Multiplex, Birke	4; 5; 6; 9; 10; 12; 15; 18; 21; 24; 30; 35; 40; 45; 50	1250; 1500; 2500	1250; 2500; 3000
Delignit, Feinholz	30; 35; 40; 50	1220; 1550	1220; 1550
Dreischichtnaturholzplatten FI, KI, AH, EI, ER	12; 19; 20; 21; 27	1250; 1400; 1750; 2050; 5000	1220; 2050
Leimholzplatten Möbelqualität, mit und ohne Lamellen	18; 20; 22; 24; 27; 40; 42; 52	2800; 4200; 4450; 5050; 6000	630; 930; 1220
* Faserrichtung parallel zum Deckfurnier			

Verbundplatten sind Sperrholz nach DIN 68 705. Sie sind mindestens dreilagig und unterschiedlich dick aufgebaut. Die Mittellage ist mit der oberen und unteren Decklage verklebt.

Maße von Verbundplatten – Auswahl

Verbundplatten	Dicke in mm	Länge in mm *	Breite in mm
Stabsperrholz ST	13; 16; 19; 22; 25; 28; 30; 32; 38	850; 1220;	2100; 2440; 2600; 3500
Stäbchensperrholz STAE	13 ... 38; 40; 42; 44; 55	1830; 2050	5200
Span-Stabsperrholz	16; 19; 22; 25; 28	2050	5200
MDF-Stabsperrholz	16; 19; 22; 25	2050	5200
* Faserrichtung parallel zum Deckfurnier			

Spanwerkstoffplatten nach DIN 68 761 und 68 768 bestehen aus Spänen, die durch Klebstoffe verbunden sind. Im Möbel- und Innenausbau dürfen nur E1-Platten (geringer Formaldehydemissionswert) oder E0-Platten verwendet werden.

Maße von Spanwerkstoffplatten – Auswahl

Spanwerkstoffplatten	Dicke in mm	Länge in mm	Breite in mm
Flachpressplatten – für allgemeine Zwecke FPY – mit feiner Oberfläche FPO	3; 4; 6; 8; 10; 13; 16; 19; 22; 25; 28; 30; 32; 38	2820; 3500; 4100; 5200	1550; 1850; 2050; 2100
– furniert BU, BI, EI, KI, TA, MAC	9; 13; 16; 19; 22	2530	1830
– beschichtet KF Dekor	5; 8; 10; 13; 16; 19; 20; 25	2020; 2800; 4020	2050
Strangpressplatten – Vollspanplatten – Röhrenspanplatten	8; 10; 13; 16; 19; 22; 25; 28; 32; 38; 50 ... 100	2500	1250; 1850
Brandschutzplatten B 1, A 2	10; 13; 16; 19; 22; 25; 28; 38	3450; 4460	1200; 2050
OSB-Platten (Oriented Structured Board)	6; 8; 9; 10; 11; 12; 15; 18; 22; 25	2500	1250

Holzfaserplatten HF nach DIN EN 316 bestehen aus verholzten Fasern, die mit oder ohne Füllstoffe und mit oder ohne Bindemittel verpresst werden.

Maße von Holzfaserplatten – Auswahl

Holzfaserplatten	Dicke in mm	Länge in mm	Breite in mm
mittelharte Holzfaserplatten MBL	3, 2; 4; 5; 6	2500; 2600	1220; 1600
mitteldichte Holzfaserplatten MDF (Medium Density Fiberboard)	2,5; 3,2; 4; 5; 6 8; 10; 12; 14; 16; 19; 22; 25; 28; 30; 32; 35; 38; 40; 45; 50; 60	2750; 2820 2870; 3660; 4100; 5200	2050; 2070 1870; 2050
– grundiert – beschichtet	8; 10; 12; 16; 19; 22; 25 10; 12; 16; 19; 22; 25; 28	3660 2800	1870 2070
harte Holzfaserplatten HB	1,6; 2; 2,5; 3	2800	2050
extra harte Holzfaserplatten HB.I	3,2; 3,5; 4; 5; 6; 8	2800	2050
kunststoffbeschichtete Holzfaserplatten KH	3,2; 4; 5	2800	2050
Holzfaserdämmplatten SB, Akustikplatten	10; 12; 15; 18	622; 2500	622; 1200

Aufgaben

1. Für einen Einbauschrank werden aus 5 mm dickem Furniersperrholz, edelfurniert, 15 Schubkastenböden mit den Maßen 42,3 cm (Faserrichtung)/ 54,5 cm zugeschnitten. Zur Verfügung stehen zwei Furniersperrholzplatten: Länge 2200 mm, Breite 1220 mm.
   a) Zu bestimmen ist anhand einer maßstäblichen Skizze der Zuschnitt.
   b) Wie viel Schubkastenböden lassen sich aus einer Platte zuschneiden?
   c) Zu berechnen ist der Materialpreis in €/m², wenn der Einstandspreis 10,72 €/m² und die Zuschläge für Verschnitt 8 %, Materialgemeinkosten 20 % und Gewinn 6 % betragen.

2. Auf die Betonrohdecke in Arbeits-, Wohn- und Esszimmer sowie Flur und Küche werden zur Erhöhung der Wärmedämmung 19 mm dicke, phenolharzgebundene Verlegeplatten V 100 aufgebracht.

a) Zu berechnen ist der Nettobedarf an Platten in m².
b) Wie viel € beträgt der Gesamtmaterialpreis beim Einstandspreis von 4,65 €/m² mit Zuschlägen für Verschnitt = 20 %, Gemeinkosten = 15 % und Gewinn = 12 %?

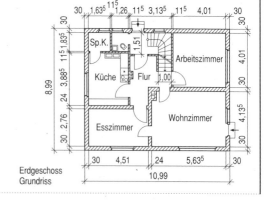

Erdgeschoss
Grundriss

3. Eine 35 mm dicke Arbeitsplatte für jeweils 3 Experimentiertische, 2260 mm lang und 1100 mm breit, wird aus Multiplex Buche hergestellt.
   a) Welches Plattenmaß eignet sich für den Zuschnitt? (s. Tab. S. 192)
   b) Wie viele Platten werden benötigt? (Die Platten dürfen in der Fläche keine Klebfugen haben.)
   c) Wie hoch ist der Verschnittzuschlag in %?
   d) Wie viel € beträgt der Gesamtmaterialpreis, wenn mit einem Einstandspreis von 58,40 €/m² und mit Zuschlägen für Materialgemeinkosten = 20 % und Gewinn = 15 % gerechnet wird?

4. Ein Innenausbaubetrieb soll in einem Dachgeschossraum Decke, Dachschräge und Kniestockwand mit Paneelen bekleiden. Da der Raum nur 3,30 m breit ist, sollen die Paneele (3250 mm/ 625 mm) parallel zu dieser Seite verlaufen.
   a) Wie viel Paneeltafeln müssen bestellt werden?
   b) Wie teuer ist das Material bei einem Einstandspreis von 29,35 €/m² zuzüglich der Zuschläge für Verschnitt (25 %), Materialgemeinkosten (20 %) und Gewinn (15 %)?

5. In einem Schrank wird eine 8 mm dicke, edelfurnierte Rückwand aus FU-Platten in den Falz eingepasst.
   a) Zu berechnen sind Breite und Höhe der Rückwand.
   b) Welches Plattenmaß mit senkrechtem Faserverlauf wäre für die Fertigung mehrerer Schränke günstig?

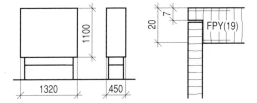

6. Von dem in der Aufgabe 5 dargestellten Schrank werden 6 Stück hergestellt. Verwendet werden: für Seiten, oberen und unteren Boden ST-Platten (Eckverbindungen auf Gehrung gedübelt); für aufschlagende Türen STAE-Platten.
   Zu berechnen sind für sechs Schränke bei 20 % Verschnitt:
   a) Verbrauch an ST-Platten in m²,
   b) Verbrauch an STAE-Platten in m²,
   c) Materialpreise in €/m² bei Einstandspreisen von 11,45 €/m² (ST-Platten) bzw. 15,90 €/m² (STAE-Platten) zuzüglich 15 % Materialgemeinkostenzuschlag und 5 % Gewinn.

7. Für einen Verwaltungsbau werden 25 Fensterelemente hergestellt. Die Brüstung dieser Elemente wird innen mit kunstharzbeschichteten, 12 mm dicken FU-Platten bekleidet. Die Zuschnittmaße je Brüstung: 2,82 m/0,76 m.

a) Welche Plattenmaße eignen sich für den Zuschnitt?
b) Wie viel Prozent Verschnittzuschlag müssen berechnet werden?
c) Wie viel € wird für den Materialpreis bei einem Einstandspreis von 11,65 €/m² je Brüstungselement einschließlich Verschnittzuschlag und Zuschlägen für Materialgemeinkosten = 18 % und Gewinn = 13 % in Rechnung gestellt?

8. Ein Juweliergeschäft lässt 10 sechseckige Ausstellungsvitrinen anfertigen. Die beidseitig mit Palisander furnierte 5 mm dicke FU-Rückwand ist ringsum 6 mm tief eingenutet.
   a) Zu berechnen ist die Länge in m (s. S. 101).
   b) Wie viel m² kunststoffbeschichtete Flachpressplatte, 16 mm dick, werden bei einem Verschnittzuschlag von 15 % benötigt?
   c) Welche FPY-Plattengröße ist für einen verschnittarmen Zuschnitt am günstigsten?
   d) Welche Fläche in m² hat die Rückwand?

9. Für den Innenausbau eines Restaurants werden aus 22 mm dicker ST-Platte drei Bogenelemente hergestellt. Jedes Bogenelement besteht aus zwei Flächen mit einer Aussparung, die im oberen Teil ellipsenförmig ausgebildet ist.
   Auf die Kanten der Aussparung wird ein 8 mm dicker, 645 mm breiter FU-Plattenstreifen aufgeleimt.
   Zu berechnen sind:
   a) Rohmenge in m² an ST-Platten, wenn ein Verschnittzuschlag von 45 % angenommen wird,
   b) Fertigmenge in m² an FU-Platte für ein Bogenelement.

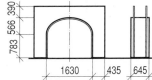

10. Ein Museum bestellt 16 Ausstellungsvitrinen aus MDF-Platten, die ohne Furnierung nur pigmentiert gespritzt werden und deren unterer und oberer Boden die Form nebenstehender Skizze haben.
    Für die Materialpreisermittlung ist die Rohmenge in m² unter Berücksichtigung eines Verschnittzuschlages von 35 % zu berechnen.

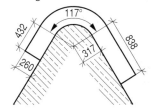

7.2 Furniere

Furniere sind dünne Blätter aus Holz, die durch Sägen, Messern oder Schälen vom Stamm oder Stammteil abgetrennt werden. Gehandelt werden Furniere in Paketen zu je 16, 24, 32 oder 40 Stück.

Deckfurniere als Langfurnier L nach DIN 4079 und DIN 68330 bilden Außenfurniere (Sichtseite) oder Innenfurniere (Innenfläche).

Kennzeichnung von Furnieren

Beispiel: L 0,55 DIN 4079 - KB
Erläuterung: Messerfurnier (Langfurnier), 0,55 mm dick, Holzart Kirschbaum

Holzarten und Furnierdicken nach DIN 4076 und DIN 4079

Holzart	Kurz-zeichen	Nenndicke* in mm	Holzart	Kurz-zeichen	Nenndicke* in mm
Nadelhölzer	**NH**				
Fichte	FI	1,00	Oregon Pine	DGA	0,85
Kiefer	KI	0,90	Red Pine	PIR	0,85
Lärche	LA	0,90	Tanne	TA	1,00
Laubhölzer	**LH**				
Abachi	ABA	0,70	Mahagoni, Sapelli	MAS	0,55
Afrormosia	AFR	0,55	Mahagoni, Sipo	MAU	0,55
Ahorn, Berg-	AH	0,60	Makoré	MAC	0,50
Birke	BI	0,55	Mansonia (Bete)	MAN	0,55
Birnbaum	BB	0,55	Nussbaum	NB	0,50
Bubinga	BUB	0,55	Okoume	OKU	0,60
Buche, Rot-	BU	0,55	Palisander, Rio-	PRO	0,50
Ebenholz	EBE	0,60	Palisander, ostind.	POS	0,55
Edelkastanie	EKA	0,65	Pappel	PA	0,60
Eiche	EI	0,65	Rüster	RU	0,60
Erle	ER	0,60	Satinholz, ostind.	SAO	0,55
Esche	ES	0,60	Sen	SEN	0,60
Kirschbaum	KB	0,55	Teak	TEK	0,60
Limba	LMB	0,60	Wenge	WEN	0,75
Linde	LI	0,65	Zebrano (Zingana)	ZIN	0,55
Mahagoni, echtes	MAE	0,55			
* Holzfeuchte u = 12 %					

Aufgaben

1. Für die Ansichtsseite eines Einbauschrankes wünschte ein Kunde schlichtes Lärchenfurnier. Für den Furnierzuschnitt wurde ein Paket mit 24 Blatt gekauft. Länge der Furniere: 3,15 m.
Wie viel Prozent Verschnittzuschlag entstanden bei einem Fertigmaß des Schrankes von 3,45 m/2,82 m?

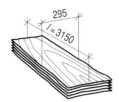

2. Für die Kostenrechnung eines Einbauschrankes ist der Furnierverbrauch für jeweils 9 Türeinheiten zu ermitteln: Außenfurnier Lärche, Verschnittzuschlag 50 %, Innenfurnier Makoré, Verschnittzuschlag 30 %. Einstandspreis LÄ = 4,80 €/m², MAC = 2,40 €/m².
Zu berechnen sind:
a) Rohmenge für LÄ in m²,
b) Rohmenge für MAC in m²,
c) Materialverbrauchskosten in €.

3. Ein Geschäftsinhaber bestellt für die Auslage in seinem Schaufenster 21 zylinderförmige Sockel: Außendurchmesser 365 mm und Höhe 783 mm.
Wie viel m² Furnier müssen für die Mantelflächen der Sockel zur Verfügung gestellt werden, wenn mit einem Verschnittzuschlag von 35 % gerechnet wird?

4. Eine Wandvertäfelung in Rahmenkonstruktion besteht aus 38 Füllungen mit den Maßen 510 mm/ 760 mm; Vorderseite Fichtenfurnier zu 4,93 € je m², Rückseite Gabunfurnier zu 1,75 € je m².
Zu berechnen sind die Materialverbrauchskosten in € für:
a) Fichtenfurnier bei 40 % Verschnittzuschlag,
b) Gabunfurnier bie 30 % Verschnittzuschlag.

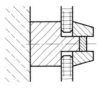

5. Für Anbaumöbel werden 23 Rückwände einseitig furniert. Es steht ein Paket Kirschbaumfurnier mit 32 Furnierblättern zur Verfügung. Paketmaße: Länge 2500 mm, mittlere Breite 320 mm. Es wird mit einem Verschnittzuschlag von 30 % gerechnet.
Zu berechnen ist, ob dieses Furnierpaket ausreicht.

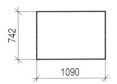

6. Es werden 5 Ausziehtische hergestellt. Die Platten werden beidseitig furniert. Alle Kanten erhalten einen 6 mm dicken, auf Gehrung gestoßenen Umleimer.
Zu berechnen sind:
a) Zuschnittmaß für Länge und Breite der rechteckigen Einlegeplatte in mm,
b) Rohmenge an Deckfurnier in Esche in m² bei 45 % Verschnittzuschlag, 1. und 2. Wahl,
c) Länge des Kantenumleimers in m bei 7 % Verschnittzuschlag.

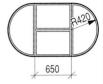

7. Bei 6 ovalen Tischplatten werden die Sichtseiten mit Kaukasisch-Nussbaum belegt. Zur Verfügung stehen 12 Furnierblätter mit je 150 cm/47 cm.
Zu berechnen sind:
a) Rohmenge an Deckfurnier in m²,
b) Verschnittzuschlag in Prozent,
c) Länge der 8 mm dicken Umleimer in m bei einem Längenzuschlag von 10 %.

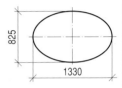

8. Die beiden 10 mm dicken Furniersperrholzfüllungen einer Rahmentür erhalten beidseitig ein Eichenholzdeckfurnier. Die Füllungen liegen in einem 15 mm breiten Falz und haben ringsum 2,0 mm Luft. Das Furnier wird so zugeschnitten, dass es jeweils 30 mm über die Füllungen vorsteht.
Zu berechnen sind:
a) Rohmenge an Eichenfurnier in m² für beide Füllungen,
b) Preis des Deckfurniers in € bei einem m²-Preis von 12,35 €.

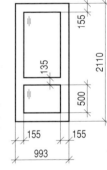

9. Das Futter eines Durchgangs mit Stichbogen erhält ein Deckfurnier in Wenge. Bestellung: Messerfurnier L 0,75 DIN 4079 – WEN. Futterbreite = 360 mm; Verschnittzuschlag = 35 %.
a) Der Winkel α ist zeichnerisch zu ermitteln.
b) Die Rohmenge an WEN-Furnier in m² ist zu berechnen.

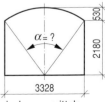

10. Beim Einkauf von Rüsternfurnier stehen zwei Qualitätsgruppen zur Verfügung. Furniere der besseren Qualität kosten je m² 14,18 € (Verschnittzuschlag = 35 %). Furniere der schlechteren Qualität kosten je m² 12,10 € (Verschnittzuschlag = 45 %). Die Fertigmenge an Rüsternfurnier beträgt 65,36 m².
Die Einkaufspreise der jeweiligen Rohmengen sind zu vergleichen.

7.3 Kunststoffe

Dekorative Hochdruck-Schichtpressstoffplatten
HPL (high pressure laminat) nach DIN 16 926 bestehen
aus geschichteten Faserstoffbahnen, die mit Reaktions-
harzen (Deckschicht mit Melaminharz, Kernschicht mit
Phenolplastharz) durchtränkt und zwischen glatten oder
strukturierten Pressplatten bei hoher Temperatur und
mit hohem Druck homogen verpresst werden.
Für die Deckschichten wird in der Regel Melaminharz
und für die Kernschicht Phenolharz verwendet. Eine
Deckschicht muss dekorativ sein.

Dekorative Hochdruck-Schichtpressstoffplatten

Typ	Qualität	Nenndicke in mm	handelsübliche Plattenmaße Länge in mm	Breite in mm
N	normal	0,5 ... 1,2	2150	1220
P	postforming (mit Temperatur nachformbar)		2440 2650	1250 1300
F	flammwiderstandsfähig	0,8 ... 1,2	2800	
C CF	Vollplatte, doppelseitige Deckschicht, sehr stoßfest erhöht flammwiderstands- fähig	2,0 ... 20,0	3050 3650 4100 Türmaße: 2130 2150	Türmaße: 915 950 1020 1250

Dekorative Schichtpressstoffplatten bestehen in
Deck- und Kernschicht aus polyesterdurchtränkten
Faserstoffbahnen, die geschichtet und unter hoher
Temperatur verpresst werden. Sie sind rollbar.

Dekorative Schichtpressstoffplatten

Typ	Nenndicke in mm	handelsübliche Rollenmaße Länge in mm	Breite in mm
1 und 2 Türformat Kantenumleimer	0,8 0,8 0,5	50 50 50; 200	1260 900 18; 19; 20; 22; 25; 30

Aufgaben

1. Für eine Ladeneinrichtung werden 12 Einbauteile doppelseitig mit dekorativer Hochdruck-Schichtpressstoffplatte belegt.
Zu berechnen sind:
a) Fertigmenge an HPL in m²,
b) Gesamtmaterialpreis in €, wenn der Einstandspreis für HPL 14,36 €/m², die Zuschläge für Verschnitt 55 %, für Werkstoffgemeinkosten 20 % und für Gewinn 15 % betragen.

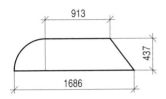

2. Ein Kaufhaus bestellt für sein Bistro 30 Tische, deren Flächen gleichseitige Dreiecke sind.
a) Welches Spanplattenformat ist für den Zuschnitt dieser Tische zu wählen, damit möglichst wenig Verschnitt entsteht?
b) Wie viel m² HPL-Platten müssen bei beidseitiger Beschichtung in Rechnung gestellt werden?

3. Die Theke einer Bar wird einseitig mit HPL-Platte, uni-dunkelrot, belegt und erhält ringsum einen 22 mm breiten PVC-Umleimer.
a) Welches HPL-Plattenmaß (s. Tab. S. 198) ist am günstigsten?
Zu berechnen sind:
b) Rohmenge an HPL in m²,
c) Fertigmenge an HPL in m²,
d) Verschnittzuschlag in Prozent,
e) Länge des PVC-Umleimers in m, wenn nach dem Erwärmen eine 8%ige Längenausdehnung erfolgt.

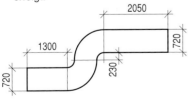

4. Ein Türrohling aus 40 mm dicker STAE-Platte wird mit dekorativer Hochdruck-Schichtpressstoffplatte beidseitig belegt.
a) Welches HPL-Türformat ist am günstigsten?
b) Wie viel m² beträgt die Fertigmenge an HPL?

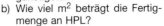
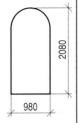

5. Die Außentür eines Verwaltungsgebäudes wird beidseitig mit 1,5 mm dicker HPL-Hochdruck-Schichtpressstoffplatte belegt.
a) Wie viel m² Fertigmenge sind in die Materialliste einzutragen?
b) Wie viel € betragen die Materialverbrauchskosten bei einem Einstandspreis von 43,15 €/m² und einem Verschnittzuschlag von 35 %?

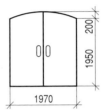

6. In einer Modeboutique werden für die Auslage von Textilien um eine regelmäßige Fünfecksäule fünf Podeste angebracht. Zwei dieser mit dekorativer Hochdruck-Schichtpressstoffplatte belegten Podeste sind 37 cm, die restlichen 22 cm hoch.
Zu berechnen ist die Fertigmenge an HPL für Podestflächen und -zargen in m².

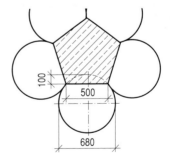

7. Für eine Arztpraxis werden 8 Zimmertüren mit 0,8 mm dicker dekorativer, rollbarer Schichtpressstoffplatte (polyesterharzgetränkt) beidseitig beschichtet.

a) Welche Rollenbreite soll gewählt werden, damit möglichst wenig Verschnitt entsteht (s. Tab. S. 198)?

b) Reicht eine 31,80 m lange Rolle aus, wenn beim Zuschnitt im Längenmaß 50 mm je Türblatt zugegeben werden?

c) Zu berechnen ist für die dekorative Schichtpressstoffplatte die Rohmenge und die Fertigmenge in m^2.

d) Wie viel m Weich-PVC-Kantenprofil werden bei 10 % Verschnittzuschlag benötigt, wenn die untere Kante ausgespart bleibt?

e) Wie viel m Falzdichtungsprofil werden insgesamt bereitgestellt, wenn das Profil beim Eindrücken in die Nut wegen der satten Passung um 5% gedehnt wird?

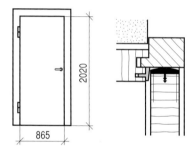

8. Im Zuge einer Altbausanierung werden 27 einflügelige, wärmedämmende Fenster gefertigt. Alle Fenster haben als Blendrahmenaußenmaße: Breite = 860 mm, Höhe = 1900 mm. Die Falzdichtung ist im Flügel angebracht.

Zu berechnen ist die gesamte Länge der Falzdichtung in m, wenn für Zuschnitt und Verschweißen der Ecken mit einem Verschnittzuschlag von 5 % gerechnet wird.

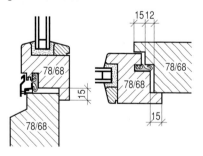

9. Eine Isolierglasscheibe liegt zwischen 2 jeweils 3 mm dicken Vorlegebändern im Glasfalz. Das einflügelige Fenster hat Blendrahmenaußenmaße von 715 mm/1210 mm.

Zu berechnen ist die Länge des benötigten Vorlegebandes in m.

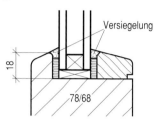

10. Beim gleichen Fenster wie in Aufgabe 9 wird die Isolierglasscheibe mit dauerelastischem Dichtungsmittel versiegelt. Der innere und der äußere Versiegelungsstrang haben jeweils eine Querschnittsfläche von 0,30 cm^2.

Zu berechnen sind:

a) benötigte Versiegelungsmasse in cm^3 für 5 gleich große Fenster bei einem Materialverlust von 5 %,

b) Materialkosten für die 5 Fenster, wenn eine Kartusche mit einem Innendurchmesser von 53 mm und einer Innenlänge von 248 mm 9,27 € kostet.

11. 18 Holzfenster mit Blendrahmenaußenmaßen von 873 mm/1395 mm werden mit einem Einkomponenten-Dichtstoff gegen die Betonleibung abgedichtet. Der Inhalt der verwendeten Kartuschen beträgt 468 ml Dichtungsmasse.

Zu berechnen sind:

a) Volumen sämtlicher Fugen in cm^3,

b) Anzahl der benutzten Kartuschen bei einem Verlustzuschlag von 3 %.

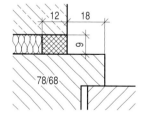

7.4 Klebstoffe

Begriffe

Mischungsverhältnisse von Klebstoffansätzen werden nach dem Mischungsrechnen (s. S. 38 f.) bestimmt.

Als **Leim (Leimflotte)** wird die wässrige Lösung von Klebgrundstoffen bezeichnet.

Mit der **Auftragsmenge** in g/m^2 oder kg/m^2 wird angegeben, wie viel Klebstoff je Flächeneinheit aufzubringen ist. Sie ist abhängig von Klebstoffart, Trägermaterial (Vollholz, Holzwerkstoffe, Kunststoffe), Klebstoffviskosität, Presstemperatur und Pressdruck.

Die **Klebstoffmege** *KM* ist das Produkt aus Auftragsmenge *AM* und Klebefläche *A*.

Klebstoffmenge	= Auftragsmenge · Klebefläche
KM	= *AM* · *A*

Eine Fläche von 2,73 m^2 soll furniert werden. Dazu wird sie mit 170 g/m^2 KUF-Leim belegt.
Wie viel g beträgt die Klebstoffmenge?

Lösung:
$KM = AM \cdot A$
$KM = 170\,g/m^2 \cdot 2,73\ m^2$
$KM = \underline{464,1\ g}$

Klebstoffarten

Kondensationsklebstoffe nach DIN 4076 in pulvriger oder flüssiger Form härten unumkehrbar (irreversibel) mit oder ohne Härterzugabe zu Duroplasten aus. Dazu sind verschieden lange Presszeiten und unterschiedlich hohe Temperaturen und Pressdrücke erforderlich. Kondensationsklebstoffe können in verschiedenen Mischungsverhältnissen in Massen oder Volumenanteilen verwendet werden.

Dispersionsklebstoffe nach DIN 4076 bestehen aus Thermoplasten und Wasser (Dispersionsmittel). Sie binden unter Einwirkung von Wärme und Druck nach bestimmter Zeit ab, wobei das Wasser verdampft. Thermoplaste sind härtbare Kunstharze, die beim Erwärmen der Klebstofffuge erweichen.

Glutinklebstoffe (Glutinleime) nach DIN 4076 bestehen aus tierischem Eiweiß. Beim Abbinden verdampft das Wasser.

Kondensationsklebstoffe – Mischungsverhältnisse

Klebstoff-ansatz	Massenanteile in kg (Volumenanteile in l)			
	KUF/KMF	Wasser	Härter-lösung	Streck-mittel
ohne Härter				
KUF	1 (3)	1 (2)		
KUF ohne	1,3 (2)	1 (1)		
Streckmittel	1 (3)	0,5 (1)		
mit Härter				
KUF-flüssig	5	–	0,5	2
KUF-pulvrig	5	2,5	0,75	–
KMF	5	4,5	0,75	2,5

Härterlösungen – Mischungsverhältnisse

Massenanteile in kg	
Härterpulver	Wasser
1	1
1,5	3,5
1,5	8,5

Kondensationsklebstoffe

	Kurz-zeichen	Leimfest-substanz in der Leim-flotte in %	Härter-zugabe zur Leimsubstanz in %	Auftrags-menge in g/m^2
Kondensationsprodukt aus: – Harnstoff-Formaldehyd ohne Härter und Streckmittel	KUF	65 … 72	–	120 … 200 (Furniere)
– Harnstoff-Formaldehyd mit Härter, gegebenenfalls mit Streck- und Füllmittel			10	120 … 200 (Furniere) 200 … 250 (Vollholz)
– Melamin-Formaldehyd	KMF	57 … 65	15	120 … 250
– Phenol-Formaldehyd	KPF	48 … 58	10	160 … 220

Dispersionsklebstoffe

	Kurz-zeichen	Leimfest-substanz in der Leim-flotte in %	Härter-zugabe zur Leimsubstanz in %	Auftrags-menge in g/m^2
Polyvinylacetat (Dispersions-Weißleim)	KPVAC	65 … 70	teilweise	100 … 150
Polychlorbutadien Kontakt-kleber (Polychloropren)	KPCB	65 … 70	5	150 … 350
Schmelzklebstoff	KSCH	–	–	–

Glutinklebstoffe

	Kurz-zeichen	Leimfest-substanz in der Leim-flotte in %	Härter-zugabe zur Leimsubstanz in %	Auftrags-menge in g/m^2
rein	KG	30 … 50	–	150 … 200
Glutinkaltleim mit Thioharnstoff	–	40 … 55	mit/ohne	125 … 175
Glutinwarmleim	–	30 … 50	mit/ohne	150 … 200
Glutinheißleim mit Formaldehyd	–	35 … 50	5 … 10	150 … 200

Aufgaben

1. Es werden 24 Korpusseiten mit den Maßen 525 mm/1800 mm beidseitig furniert.
   Zu berechnen ist die Klebstoffmenge in kg bei einer Auftragsmenge von 180 g/m^2.

2. Wie viel kg KPVAC-Leim werden benötigt, wenn 7 kreisrunde Tische mit einem Durchmesser von je 1,18 m beidseitig furniert werden und die Auftragsmenge je m^2 150 g beträgt?

3. In einem Innenausbaubetrieb werden 15 FPY-Platten mit den Maßen 1150 mm/915 mm beidseitig mit Absperrfurnier belegt. 1 kg Leimflotte reicht für 6,3 m^2 Auftragsfläche.
   Zu berechnen ist die Klebstoffmenge in kg für das gesamte Absperren.

4. Zu berechnen sind die Klebstoffkosten für die beidseitige Furnierung von 57 Platten mit den Maßen 1675 mm/1080 mm, wenn 100 g Leimflotte für 0,70 m^2 ausreichen und 1 kg Leim 2,45 € kostet.

5. Kreisrunde Tischplatten mit einem Durchmesser von 0,83 m werden auf Rundzargen geleimt und deshalb nur einseitig furniert. Die Auftragsmenge je m^2 beträgt 160 g. Der Auftrag umfasst 33 Tische.
   Zu berechnen sind:
   a) Masse der gesamten Leimflotte in kg,
   b) Masse des benötigten Leimpulvers in kg, wenn die Flotte im Mischungsverhältnis von 2,8 Massenanteilen Leim zu 1,0 Massenanteil Wasser angesetzt ist.

6. Ein zylinderförmiges Klebstoffgebinde mit einem Durchmesser von 195 mm und einer Höhe von 350 mm ist zu 3/5 mit Leim gefüllt.
   a) Zu berechnen ist die Leimflotte in Litern.
   b) Wie groß ist die Masse der Leimflotte in kg, wenn die Dichte 0,87 kg/l beträgt?

7. Es werden 28 Tischplatten mit den Maßen 1280 mm/795 mm beidseitig furniert. Die Auftragsmenge an KUF-Leim je m^2 beträgt 165 g. Das Mischungsverhältnis von Harnstoffharzleimpulver : Wasser beträgt 8,0 : 4,2.
   Wie viel € betragen die Kosten für das Leimpulver bei einem Preis von 1,63 € je kg?

8. Für eine Wandbekleidung werden 45,00 m^2 Fläche furniert. Die Auftragsmenge je m^2 wird mit 180 g angenommen. Bei dem verwendeten KMF-Leim ist ein Mischungsverhältnis von Härter zu Wasser wie 3 : 7 erforderlich. Die Leimmischung setzt sich zusammen aus: 100 MT Leimpulver, 20 MT Streckmittel und 26 MT Wasser.
   Wie viel g Härter werden benötigt?

9. Zum Furnieren von Außentüren werden 24 kg Harnstoff-Harzleimflotte angesetzt. Das Mischungsverhältnis von Harnstoff-Harzleimpulver zu Wasser beträgt 2,2 MT : 1,0 MT. Für 1 m^2 Klebefläche wird mit einem Verbrauch von 90 g Leimpulver gerechnet.
   Zu berechnen ist, ob die Leimmasse für 175 m^2 Furnierfläche ausreicht.

10. Ein zylindrisches Leimgebinde hat einen Innendurchmesser von 215 mm und eine Höhe von 375 mm. Das Gebinde ist zu 3/4 mit Leim, ρ = 1,3 kg/dm^3, gefüllt. Für die Auftragsmenge sind 140 g/m^2 vorgesehen.
    Für wie viel m^2 Klebefläche reicht der Inhalt aus?

11. Für eine Furnierarbeit wird eine Leimflotte angesetzt. Das Mischungsverhältnis von Leimpulver : Wasser : Streckmittel : Härter beträgt 8,5 : 6,8 : 3,7 : 1,3. Es stehen 1,65 kg Leimpulver zur Verfügung.
    Zu berechnen sind:
    a) Massenanteile von Wasser, Streckmittel und Härter jeweils in kg,
    b) Masse der Leimflotte in kg.

7.5 Mittel zur Oberflächenbehandlung

Die **Ergiebigkeit** eines Oberflächenmittels hängt von der Werkstoffoberfläche und der zu erzielenden Schichtdicke ab. Sie ist der Quotient aus der Auftragsfläche und der aufgetragenen Menge (als Volumen V bzw. Masse m).

$$\text{Ergiebigkeit} = \frac{\text{Auftragsfläche}}{\text{Volumen bzw. Masse}}$$

Mittel zur Behandlung von Holzoberflächen

- Änderung von Farbtönen,
- Überzug der Flächen ($\rightarrow$ Lacke).

Mittel zur Änderung von Holzfarbtönen

Behandlungsart	Mengen der Bestandteile	Ergiebigkeit in m²/l (abhängig von Holzart)
Bleichen durch Oxidation 30%iges Wasserstoffperoxid : Wasser Salmiak in 30%igem Wasserstoffperoxid	1 : 1; 1 : 3; 1 : 5 20 cm³/l ... 30 cm³/l	9 ... 12 9 ... 12
Bleichen durch Reduktion Oxalsäure (Kleesalz) in 1,0 l Wasser (warm), nur für Eiche reine Salzsäure in 1,0 l Wasser (warm)	25 g ... 50 g 5 g	9 ... 12 9 ... 12
Färben	je nach Farbstoff	5 ... 7
Beizen mit Teerfarbstoffen mit Metallsalzen (Angaben für 1,0 l Wasser) – Vorbeize (Gerbsäure) – Nachbeize auf Weichholz – Nachbeize auf Hartholz	je nach Farbstoff je nach Farbton 1 g ... 3 g 1 g ... 3 g	7 ... 10 7 ... 8 7 ... 10

Lacke

Arten	Festkörpergehalt in %	Auftragsmenge je Arbeitsgang in g/m²	Ergiebigkeit (abhängig von Holzart)
Lösemittellacke CN-Grundierungen CN-Überzugslacke CN-Einschichtlacke Wasserlacke	20 ... 35 22 ... 32 35 30 ... 35	100 ... 200 100 ... 200 ≈ 300 150	10 m²/l ... 12 m²/l 8 m²/l ... 10 m²/l 3 m²/l 6 m²/l
Reaktionslacke SH-Lacke Alkydharzlacke PUR- bzw. DD-Lacke UP-Lacke – paraffinhaltig – paraffinfrei	35 ... 50 55 50 95 95	80 ... 150 70 100 ... 200 ≈ 500 50 ... 80	3,5 m²/kg ... 8 m²/kg 13 m²/l 6 m²/l ... 8 m²/l 1,3 m²/kg ... 2,2 m²/kg
Lasuren Imprägnierlasuren deckende Lasuren	22 32 ... 38		12 m²/l ... 14 m²/l 10 m²/l ... 13 m²/l

Aufgaben

1. Eine Deckenvertäfelung in nordischer Fichte mit den Maßen 12,15 m/8,07 m wird gefärbt. 1 l Farblösung enthält 80 g Farbpulver und reicht für 8,5 m^2.
   Wie viel g Farbpulver werden benötigt?

2. Um einen kräftigen Farbeffekt zu erzielen, werden 1 l Wasser 60 g Teerfarbstoff in Pulverform zugegeben. Für eine Musterbeizung werden aber nur 80 cm^3 Beizlösung benötigt.
   Wie viel g Beizpulver müssen abgewogen werden, um die Musterlösung herzustellen?

3. Eichenholz wurde aus Versehen mit Stahlwolle geglättet, wodurch Oxidationsflecke entstanden sind, die wieder entfernt werden müssen. Als Bleichmittel wird 1 Liter Lösung angesetzt, in der 30%iges Wasserstoffperoxid zu Wasser im Verhältnis 1 : 5 enthalten sein muss.
   Zu berechnen sind die benötigten Massen:
   a) 30%ige Wasserstoffperoxid in l,
   b) Wasser in l.

4. Teile eines Kirschbaumfurniers weisen Grünfärbungen auf, die gebleicht werden müssen. Im ersten Arbeitsgang werden die entsprechenden Stellen mit 0,5 l 15%iger Natronlauge befeuchtet, im zweiten Arbeitsgang mit 0,3 l 20%igem Wasserstoffperoxid nachgebleicht.
   Zu berechnen ist der Verbrauch an:
   a) 30%iger Natronlauge in l und cm^3,
   b) unverdünntem (30%igem) Wasserstoffperoxid in l und cm^3.

5. Der Farbton zweier neuer Schreibtische in Eiche mit einer Oberfläche von je 3,70 m^2 muss dem Farbcharakter der vorhandenen älteren Eichenmöbel angepasst werden.
   Wie viel l Metallsalzbeize benötigt man, wenn 1 l für 9,40 m^2 zu beizende Fläche ausreicht?

6. Eine 47,50 m^2 große Wandbekleidung wird gebeizt. 1 l Beize (je l Wasser 105 g Beizpulver) reicht für eine Fläche von 9,3 m^2.
   Zu berechnen sind:
   a) Masse des Beizpulvers in g,
   b) Preis des Beizpulvers, wenn 1 kg des Pulvers 33,25 € kostet.

7. Bei der Beschichtung von grobporigen und feinporigen Holzoberflächen mit UP-Lack benötigt man für die grobporigen 800 g/m^2, für die feinporigen 400 g/m^2.
   Wie viel m^2 lassen sich jeweils mit 1 kg Lack behandeln?

8. In einem Lackgebinde sind noch 23,3 kg SH-Lack enthalten, dem vor der Bearbeitung 10 % Härter zugegeben werden müssen.
   Wie viel m^2 Fläche kann man mit dem Lack behandeln, wenn je m^2 350 g benötigt werden?

9. Einem Restbestand von 7,5 kg DD-Lack wird nach der Verarbeitungsanleitung zu gleichen Massenanteilen Härter zugegeben. Bei einem Mischungsverhältnis 1 : 1 erreicht die Lackschicht jedoch nicht die erforderliche Härte. Die Härterzugabe wird deshalb um 30 % erhöht.
   a) Wie viel kg Härter müssen dem DD-Lack beigemischt werden?
   b) Wie viel m^2 Holzfläche können bei einer Ergiebigkeit von 3,5 m^2/kg behandelt werden?

10. In einer Möbelfabrik werden 2 150 m^2 Holzoberfläche im Kontaktverfahren mit UP-Lack beschichtet, wobei das peroxidhaltige Grundiermittel mit 90 g/m^2 und der Polyesterlack mit 470 g/m^2 aufgetragen werden.
    Zu berechnen ist der Verbrauch an:
    a) Grundiermittel in kg,
    b) UP-Lack in kg.

7.6 Flachglas

Glas ist ein anorganisches Schmelzprodukt, das beim Abkühlen erstarrt, dabei aber keine Kristalle bildet. Es ist also eine erstarrte Flüssigkeit. Flachglas ist der Oberbegriff für ebene und gebogene Scheiben.

Für die **Berechnung des Zuschnitts** von **nicht rechtwinkligen Glasflächen** müssen diese von einem rechtwinkligen Viereck eingeschlossen sein. Breite und Höhe müssen den Größtmaßen entsprechen.

Zur **Berechnung rechtwinkliger Glasflächen** werden die cm-Maße von Breite und Höhe so aufgerundet, dass die Zahlen durch 3 teilbar sind.

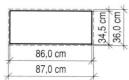

Maße von Flachglas nach DIN 1249 und DIN 1259 – Auswahl

Glasarten	Nenndicke in mm	max. Länge in mm	max. Breite in mm
Floatglas	3	4500	3180
	4; 5; 6	6000	3180
	8	7500	3180
	10; 12	9000	3180
	15	6000	3180
	19	4500	2820
Drahtspiegelglas	7; 9	4500	2520
Fensterglas	3; 4; 5; 6; 8; 10; 12; 15; 19	3600	2820 ... 3180
Gussglas – Ornamentglas – Drahtornamentglas	4; 6; 8 7; 9	2800 4500	1800 ... 2520 2520
Sicherheitsglas – Einscheibensicherheitsglas ESG – Verbundsicherheitsglas VSG	8; 10; 12 5 6	vom Format abhängig 2210 3210	1200 2250
Mehrscheiben-Isolierglas	3/10/3 4/8/4 4/10/4 5/10/5 5/12/5	Länge und Breite je nach Bestellung	

Die **Scheibendicke** hängt von der Scheibenbreite und Scheibenhöhe ab und kann im Glasdickengrundwert-Diagramm abgelesen werden.

Korrekturfaktoren berücksichtigen:
- Glasart,
- Windlast,
- Gebäudehöhe.

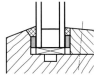

Für eine Fensterglasscheibe (1400 mm x 2000 mm) ist der Glasdickengrundwert zu bestimmen.

Lösung:
1. Kurve „kurze Seite 1400" schneidet die senkrechte Koordinate „lange Seite 2000".
2. Vom Schnittpunkt nach links bis zur Linie Glasdicke → <u>4,3 mm</u>.

Im **Glasdickengrundwertdiagramm** kann für Spiegel- und Fensterglas die Glasdicke bei einer Windlast bis 0,6 kN/m² und einer Gebäudehöhe bis 8 m direkt als Glasdickengrundwert abgelesen werden. Bei höheren Werten sowie bei anderen Glasarten wird der Diagrammwert mit dem entsprechenden Korrekturfaktor multipliziert.

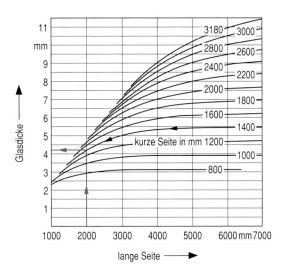

Korrekturfaktoren für Windlasten und Gebäudehöhen bei Glaserzeugnissen

Gebäude-höhe in m	Windlast w in kN/m²	Fensterglas, Spiegelglas	VSG 2-scheibig (gleiche Scheibendicke)	VSG 3-scheibig (gleiche Scheibendicke)	VSG 4-scheibig (gleiche Scheibendicke)	Drahtspiegelglas, Gussglas ohne Drahtnetzeinlage, Spiegelrohglas	ESG
0 … 8	0,60	1,00	1,42	1,73	2,00	1,23	0,78
8 … 20	0,80	1,16	1,64	2,01	2,32	1,43	0,90
	0,96	1,27	1,80	2,20	2,54	1,56	0,99
20 … 100	1,28	1,46	2,08	2,53	2,92	1,80	1,14
	1,32	1,48	2,11	2,56	2,96	1,82	1,16
über 100	1,56	1,61	2,29	2,79	3,22	1,98	1,26

Aufgaben

1. Eine Scheibe ist 800 mm breit und 1600 mm lang. Welche Glasdicke muss nach dem Glasdickengrundwert-Diagramm und den Korrrekturfaktoren gewählt werden für:
   a) Spiegelglas, Gebäudehöhe 7,50 m,
   b) Fensterglas, Gebäudehöhe 22,00 m,
   c) Spiegelglas bei 12,8 kN/m^2 Windlast,
   d) VSG 2-scheibig, Gebäudehöhe 100 m,
   e) ESG, Gebäudehöhe 18 m,
   f) VSG 3-scheibig, Gebäudehöhe 18 m,
   g) ESG bei 0,8 kN/m^2 Windlast?

2. Ein Treppenhausfenster in 62 m Gebäudehöhe ist mit Fensterglas verglast.
   a) Welche Glasdicke muss nach dem Glasdickengrundwert-Diagramm gewählt werden?
   b) Welche Berechnungsmaße ergeben sich, wenn auf die nächst höhere ganze Zahl durch 3 teilbar aufgerundet wird?

3. Für zwei Verbundfenster werden je zwei Scheiben aus Fensterglas zugeschnitten. Die Gebäudehöhe beträgt 27 m.
   a) Welche Glasdicke muss gewählt werden?
   b) Welche Breiten- und Längenmaße werden zur Verrechnung eingesetzt?
   c) Wie viel m^2 werden für jedes Fenster bei der Preisermittlung zugrunde gelegt?

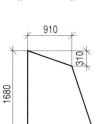

4. Für das Giebelfenster in einem Neubau bestellt ein Fensterbaubetrieb eine Isolierglasscheibe aus 2 mm x 4 mm Glasdicke mit 12 mm Scheibenzwischenraum (SZR).
   Wie teuer ist diese Isolierglasscheibe, wenn nach der Preisliste eine Scheibe mit den Maßen 1200 mm/ 2100 mm 87,00 € kostet und vom Hersteller für die Anfertigung dieser Modellglasscheibe ein Aufschlag von 45 % berechnet wird?

5. Ein Isolierglashersteller bietet Mehrscheiben-Isolierglas mit einer Breite von 1140 mm und einer Höhe von 1710 mm zu folgenden Preisen an: Scheibenaufbau 6-12-6 zu 283,20 € und 8-12-8 zu 338,60 €.
   Zu berechnen sind:
   a) Länge der gefasten Glashalteleisten in m bei 5,0 mm Glasabstand vom Falz,
   b) Dicke jeder Scheibe bei einem Scheibenzwischenraum von 12,0 mm,
   c) Mindestglasfalzbreite jeder Scheibe, wenn diese sich jeweils aus der Dicke der Isolierglasscheibe zuzüglich der beiden Vorlegebänder von je 4,0 mm errechnet,
   d) prozentuale Preisdifferenz der Scheiben, bezogen auf die billigere Isolierglasscheibe.

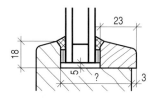

6. Fünf einflügelige Drehkippfenster mit Isolierverglasung erhalten zur besseren Falzdichtung ein Dichtungsprofil aus Weich-PVC, das in den Fälzen des oberen waagerechten Rahmenholzes und der beiden senkrechten Rahmenhölzer eingenutet ist.
   Zu berechnen sind:
   a) Bestellmaß der Isolierglasscheiben (Breite und Höhe in cm),
   b) Länge des Dichtungsprofils in m, das an den Ecken auf Gehrung verschweißt ist.

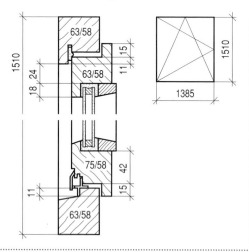

7. In einem Geschäft sind zwischen Schaufensterbereich und Verkaufsraum 12 Rahmentüren aus STAE-Platten beidseitig furniert, mit Glasfüllungen angebracht. Das Ornamentglas liegt in einem 10 mm breiten Falz und hat ringsum 2 mm Luft.
Zu berechnen sind:
a) Rohmenge in m² an Deckfurnier bei 45 % Verschnittzuschlag,
b) Glashalteleiste aus PVC in m,
c) Zuschnittmaße in mm.

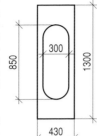

8. Für einen Neubau werden 4 halbkreisförmige Rahmentüren mit 8 mm dicken Drahtornamentglasscheiben gefertigt.
Zu berechnen sind:
a) Breite und Höhe einer Scheibe in mm,
b) Fertigmenge der Scheiben in m²,
c) Preis der Scheiben bei einem Verschnittzuschlag in Höhe von 30 % und einem Preis von 42,85 € je m²,
d) Länge und Breite in m der für den Zuschnitt benötigten Drahtornamentglasscheibe (Maße s. Tab. S. 206).

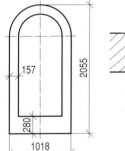
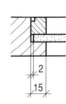

9. In einer Boutique wird ein Spiegel in Form einer Ellipse eingebaut.
Zu berechnen sind:
a) Spiegelfläche in m²,
b) Länge der Flachfacette in m,
c) Durchmesser eines Spiegels in kreisrunder Form in m mit dem Flächeninhalt des ellipsenförmigen Spiegels.

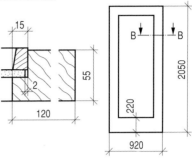

Flachfacette

10. Zwölf verglaste Innentüren in Rahmenkonstruktion sollen auf die Baustelle gefahren werden. Für den Transport ist auf dem Lkw noch eine Zuladung von 500 kg möglich. Konstruktion der Türblätter: Die Querfriese sind zwischen die Längsfriese gedübelt, das Spiegelglas ist 6 mm dick.

Angaben zur Berechnung der Massen der Werkstoffe: Vollholz Kiefer: ρ = 540 kg/m³; Glas: ρ = 2500 kg/m³; Beschläge: m = 2,7 kg je Türblatt. Zu berechnen ist, ob alle 12 Türen zugeladen werden können.

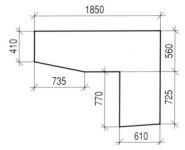

11. Eine Ausstellungsvitrine wird mit einer 10 mm dicken, zweiteiligen Spiegelglasplatte abgedeckt. Die Kanten werden allseitig geschliffen und poliert. Für den Zuschnitt steht eine Spiegelglasscheibe mit einer Breite von 3180 mm zur Verfügung.
a) Mit Hilfe einer Zuschnittskizze im Maßstab 1 : 10 ist die Länge der Spiegelglasscheibe in mm zu bestimmen.
b) Wie viel m² beträgt die Fertigfläche?
c) Wie viel Prozent Verschnittzuschlag müssten bei weiteren gleichen Größenverhältnissen eingesetzt werden?
d) Wie viel m Kanten müssen geschliffen und poliert werden?

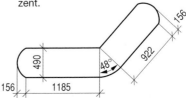

12. Ein Einzelhandelsgeschäft benötigt für die Auslage seiner Waren 4 Glasfachböden. Für diese Böden aus jeweils einem Stück stehen 12 mm dicke Glastafeln zur Verfügung.
a) Zu zeichnen sind Breite und Länge der Glastafeln für den Zuschnitt jedes Fachbodens.
b) Zu berechnen sind die gesamte Rohmenge in m² und die Fertigmenge in m² sowie der sich daraus ergebende Verschnittzuschlag in Prozent.

8 Kalkulatorische Grundlagen

8.1 Materialliste

Erstellung von Materiallisten

Materiallisten enthalten Angaben über Art und Abmessungen von Materialien für die Herstellung von Möbeln, Innenausbauteilen, Fenstern und Türen. Sie ergänzen technische Zeichnungen oder sind deren Bestandteil. Ihre Form ist nicht genormt. In der Praxis hat sich ein allgemein anerkanntes Schema entwickelt, das auch bei Tabellenkalkulationen mit dem Computer angewendet wird.

Genau erfassbare Materialien werden direkt in die Materialliste eingetragen.

Bei **nicht genau erfassbaren Materialien** werden wegen Bearbeitungsverlusten verschieden hohe Zugaben gemacht, z. B. bei Klebstoffen ca. 10 %, bei Beizen und Lacken ca. 50 %. Zur rechnerischen Vereinfachung bleiben Kantenflächen unberücksichtigt.

Kleinteile, wie Schauben, Drahtstifte, Klammern, Dübel oder Federn, werden nur dann erfasst, wenn sie in berechenbaren Mengen, z. B. in Päckchen, verwendet werden.

Kleinmengen werden den Materialgemeinkosten (s. S. 222) prozentual zugeschlagen.

Arten von Materiallisten

Je nachdem wie die Fertigung im Betrieb organisiert ist, stehen zur Ermittlung der gesamten Werkstoffmenge
- alle Angaben auf einer Materialliste,
- die Einzelangaben für Vollholz, Plattenwerkstoffe und Beschläge sowie Zubehör auf getrennten Listen.

Richtlinien für Materiallisten

Inhalte	laufende Positionsnummer, Verwendung der Materialien, z. B. Türen, Stückzahl der Einzelteile, Holz- oder Materialart, Länge, Breite, Dicke (Fertigdicken → Platten, Fertig- und Rohdicken → Vollholz), eventuell Angaben für die Bearbeitung
Darstellung/ Gliederung	getrennte Erfassung von Vollholz (auch je nach Holzart und Dicke), Plattenwerkstoffen und Furnieren, gut lesbare Einträge, mm als Maßeinheit, m^2-Preise bei Vollholz, da der Verschnittzuschlag auf m^2 bezogen wird
Mehrfachausführung für	Zuschnitt, Bereitstellung der Materialien, Kontrolle des Fertigungsablaufes, Preisberechnung

Werkstoffgruppen

Hauptwerkstoffe	Vollholz, Plattenwerkstoffe, Furniere
Hilfswerkstoffe	Verbindungsmittel (Klebstoffe, Dübel, Federn, Drahtstifte, Schrauben, Montageschaum), Oberflächenbehandlungsmittel (Beizen, Lacke, Schleifpapier), Beschläge (Bänder, Schlösser, Griffe, Führungen für Schubkasten und Türen)
Halbfabrikate	Profile (aus Holz, Metall, Kunststoff), Kunststoffplatten, Folien, Glas, Leder, Polster

Materialliste für die gesamte Werkstoffmenge

Pos. Lfd. Nr.	Verwendung	Material	Stück	Fertigmaß			Rohdicke mm	Menge			Preis je Einheit €	Errechneter Preis €
				Länge mm	Breite mm	Dicke mm		m^2 m^3	Zuschlagfaktor	Materialeinsatz		

Materialliste – Vollholz

Pos. Lfd. Nr.	Bezeichnung	Holzart	Stück	Fertigmaß			Rohdicke mm	Zuschnittmaß		Bemerkungen erhaltene Stückzahl
				Länge mm	Breite mm	Dicke mm		Länge mm	Breite mm	

Die **Zuschnittliste** enthält die Maßangaben, nach denen das erforderliche Material im Maschinenraum zugeschnitten wird. Plattenförmige Holzwerkstoffe erhalten meistens genaue Zuschnittmaße, während bei Vollholz wegen der nachfolgenden Bearbeitung auf Format beim Flächenmaß entsprechende Zugaben gemacht werden.

Die **Materialliste für die Kalkulation** enthält Preisangaben für die Ermittlung des Preises einer auszuführenden Arbeit.

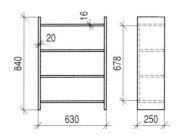

Für ein Hängeregal ist zu erstellen:
a) Zuschnittliste. Material: Vollholz Kiefer, Rückwand FU, KI, 5 mm; Eckverbindung: gedübelt.
b) Materialliste für die Kalkulation. Preisangaben: VH, KI = 413,00 €/m³ (Einstandspreis); FU, KI, 5 mm = 8,80 €/m², CN-Lack = 2,25 €/l.

Materialliste für den Zuschnitt

Datum	Auftrags-Nr.
.. Sept. 19..	31 328

| Objekt/Auftraggeber Herr Holzer | Tel. Nr. 17 521 | Arbeitsbeginn
.. Sept. 19.. | Liefertermin
.. Okt. 19.. |

| Gegenstand/Bezeichnung/Ausführung Hängeregal | Pos. Nr. 3 | Zeichnungs-Nr. 1 | Blatt-Nr. von insges. |
Oberfläche: CN-Lack, grundiert, decklackiert | | | 1 - |

Pos. Lfd. Nr.	Verwendung	Holzart Güteklasse Material	Stück	Fertigmaß			Roh- dicke mm	Zuschnittmaß		Menge	Bemerkungen erhaltene Stückzahl
				Länge mm	Breite mm	Dicke mm		Länge mm	Breite mm	m²	
1	Seiten	KI	2	840	250	20	24	860	260	0,45	maschinen-
2	Zwischenböden	KI	4	590	245	16	20	600	250	0,60	gehobelt
3	Rückwand	FU I/II	1	678	600	5	5	–	–	0,41	

Materialliste für die Kalkulation

Datum	Auftrags-Nr.
.. Sept. 19..	31 328

| Objekt/Auftraggeber Herr Holzer | Tel. Nr. 17 521 | Arbeitsbeginn
.. Sept. 19.. | Liefertermin
.. Okt. 19.. |

| Gegenstand/Bezeichnung/Ausführung Hängeregal | Pos. Nr. 3 | Zeichnungs-Nr. 1 | Blatt-Nr. von insges. |
Oberfläche: CN-Lack, grundiert, decklackiert | | | 1 - |

Pos. Lfd. Nr.	Bezeichnung/ Verwendung	Holzart Güteklasse Material	Stück	Fertigmaß			Roh- dicke mm	Fertigmenge		Rohmenge	Preis je Einheit	Errechneter Preis
				Länge mm	Breite mm	Dicke mm		m² m	Zuschlag- faktor	m² m	€/m² €/m	€
1	Seiten	KI	2	840	250	20	24	0,420	1,3	0,546	9,90	5,41
2	Zwischenböden	KI	4	590	245	16	20	0,580	1,3	0,754	8,25	6,21
3	Rückwand	FU I/II	1	678	600	5	5	0,407	1,1	0,448	8,80	3,94
4	CN-Lack							0,420	1,5 x 3 x 2	3,780		
								0,580	1,5 x 3 x 2	5,220	10 m²/l	2,44
											2,25	
								0,407	1,5 x 3 x 1	1,830		
										10,830		18,00

1		Mit dem Computer erstellte Tabellenkalkulation											
2	Die Spalten werden mit der	**Materialliste**									Datum:	....	
3	Tabulatortaste angefahren!	mit Verschnitt- und Preisberechnung									Zeichnung:	**CAD-123**	
4											Blatt Nr.:	**1 von 1**	
5													
6	Gegenstand:	**Hängeregal**					Auftraggeber:		**Holzer**				
7	Holzart:	**Kiefer**					Blatt Nr.		1				
8	Oberfläche:	**CN-Lack**					bearbeitet		**kei/lä**				
9													
10	A	B	C	D	E	F	G	H	I	J	K	L	M
11	1	2	3	4	5	6	7	8	9	10	11	13	14
12			Ma-	An-	Fertigmaße			roh	Menge	Ver-	Menge	Einzel-	Preis
13	Lfd.	Bezeichnung	terial	zahl	Länge	Breite	Dicke		fertig	schnitt	roh	preis	
14	Nr.		Holzart	Stck.	mm	mm	mm	mm	m²/m³	Z-Faktor	m²/m³	€	€
15	1	Seiten	KI	2	840	250	20	24	0,420	1,3	0,546	9,90	5,40
16													
17													
18													
19													
20		Die Berechnung der Mengen und Preise wird nach											
21		Formeln, die sich hier auf die Zeilen **15** bis **48** und											
22		auf die Spalten **A** bis **M** beziehen, durchgeführt.											
23		In Spalte **I** (Menge-fertig) erfolgt die Berechnung											
24		aus Anzahl (**D**), Länge (**E**) und Breite (**F**).											
25													
26				D	E	F			"= (E15*F15*G15/1000000)"				
27													
28													
29		Spalte **K** (Menge-roh) zeigt das Ergebnis											
30		aus der Menge-fertig (**I**) und dem Verschnittfaktor (**J**).											
31													
32									I	J	"=(J15*K15)"		
33													
34													
35		In Spalte **M** (Preis) erfolgt die Berechnung aus der											
36		Menge-roh (**K**) und dem Einzelpreis (**L**).											
37													
38													
39											K	L	"=L15*M15"
40													
41													
42													
43													
44													
45													
46		Die Gesamtsumme der Spalte **M** (Preis) wird in											
47		Zeile **49** ermittelt.										**SUMME (M15M49)**	
48													
49												Summe	5,40

Aufgaben

1. Laut Auftrag sind 5 Telefonkonsolen herzustellen. Material: Seiten, unterer und oberer Boden aus Fichtenholz, Rohdicke 22 mm; Rückwand Furniersperrholzplatte 5 mm dick.
Konstruktion der Eckverbindungen: Seiten mit unterem Boden offen gezinkt, Seiten mit oberem Boden gedübelt.
Zu erstellen ist eine Materialliste für den Zuschnitt mit Fertigmaßen und Zuschnittmaßen.

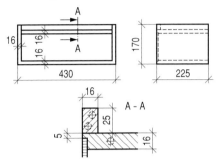

2. Für einen Tisch in Eiche mit furnierter Platte werden Füße und Zargen aus 35 mm dicken Eichenholzbrettern zugeschnitten, sämtliche Eckverbindungen werden gedübelt. Die Tischplatte besteht aus 19 mm dicker FPY-Platte und ist beidseitig furniert. Der auf Gehrung angeschnittene Anleimer ist ebenfalls aus Eichenholz.
Zu erstellen ist eine Materialliste für den Zuschnitt mit Fertigmaßen und Zuschnittmaßen.

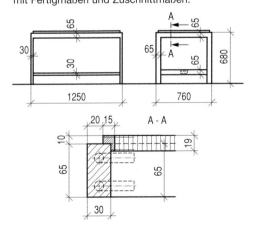

3. Für ein einflügeliges Einfachfenster (Dreh-Kipp-) werden Flügel und Rahmenholz mit einem Querschnitt von je 78 mm/56 mm aus einer 65 mm dicken Kiefernbohle zugeschnitten. Eckverbindungen: Schlitz und Zapfen.
Zu erstellen ist eine Materialliste für den Zuschnitt mit Fertigmaßen und Zuschnittmaßen.

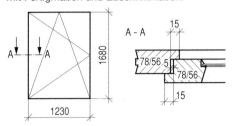

4. Es ist eine Materialliste für die Kalkulation zu erstellen. Dazu sind die Angaben der Zuschnittliste zu übernehmen. Die Summe der Materialkosten ist mit folgenden Angaben zu berechnen:
FPY, El-furniert: 15,80 €/m², 18 % Verschnittzuschlag.
FU, El-furniert: 14,70 €/m², 23 % Verschnittzuschlag.
Verschnittzuschlag als Faktor in die Materialliste (s. S. 89 f.).

Verwendung	Material	Stück	Fertigmaße		
			Länge mm	Breite mm	Dicke mm
Seiten	FPY, El-furn.	2	1650	530	19
Böden, oben, unten	FPY, El-furn.	2	870	530	19
Türen	FPY, El-furn.	2	1580	444	19
Sockel	FPY, El-furn.	1	870	70	19
Rückwand	FU, El-furn.	1	900	1550	8

5. Für eine Zimmertür in Rahmenkonstruktion ist die Materialliste für die Kalkulation mit den Angaben der Zuschnittliste zu erstellen. Die Summe der Materialkosten ist mit folgenden Angaben zu berechnen: ES, Vollholz: 935,00 €/m³; Umrechnung in €/m², 43 % Verschnittzuschlag. ES, Furnier: 5,17 €/m², 56 % Verschnittzuschlag. FPY, V 20, E 1: 3,90 €/m², 15 % Verschnittzuschlag.

Verwendung	Material	Stück	Fertigmaße			Rohdicke mm
			Länge mm	Breite mm	Dicke mm	
Fries, aufrecht	ES	2	2040	125	46	60
Fries, waagerecht						
– oben	ES	1	980	125	46	60
– unten	ES	1	980	180	46	60
Füllung	FPY	1	1765	760	13	–
Furnier	ES	2	1765	760	1,0	–

6. Zu erstellen ist für ein einflügeliges Verbundfenster
System DV 44/44 die Materialliste für
a) Zuschnitt, b) Kalkulation.
Konstruktion: Blendrahmen
92 mm/88 mm, äußerer Flügel
57 mm/44 mm, innerer Flügel
78 mm/ 44 mm.

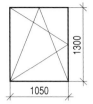

Material	Verschnitt-zuschlag in %	Preis
Kiefer	40	416,50 €/m³ in €/m² um- rechnen für be- nötigte Rohholz- dicke
Floatglas, 5 mm	20	41,90 €/m²
Verbundbeschlag	–	4,25 €/Paar
Wetterschutzschiene	–	5,80 €/m
Einhanddreh-kippbeschlag	–	61,50 €/Stück

7. Es ist für ein Zweifüllungstürblatt mit Keilzapfen
die Materialliste für die Kalkulation aufzustellen.
Konstruktion: Rahmenfriese 36 mm dick; 12 mm
dicke Füllung aus Furniersperrholz, 15 mm tief
eingenutet; Eckverbindungen Schlitz und Zapfen.

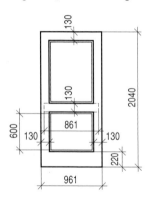

Material	Verschnitt-zuschlag in %	Preis
Fichte	30	344,00 €/m³ in €/m² um- rechnen für Holz- dicke 40 mm
FU, 12 mm, OKU	15	9,28 €/m²
Zimmertürband für Falztür, CuZn	–	20,88 €/Stück
Zimmertürdrücker-garnitur, CuZn	–	58,60 €/Stück

8. Für eine Haustür in Lärche mit Sprossen und einfacher Verglasung ist die Materialliste für die Kalkulation zu erstellen.
Konstruktion: Blockrahmen 100 mm/70 mm; Türblatt Rahmenfriese 140 mm/45 mm, Sockelfries
180 mm/45 mm, Mittelfries 120 mm/45 mm; Wet-
terschenkel 55 mm/65 mm und Sprossen 30 mm/
45 mm; Eckverbindungen Schlitz und Zapfen.

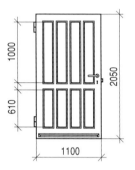

Material	Verschnitt-zuschlag in %	Preis
Lärche	55	492,00 €/m³ in €/m² um- rechnen für die benötigten Rohdicken
Rohglas, 7 mm, weiß	30	53,40 €/m²
Haustürband für Falztür	–	24,25 €/Stück
Haustür-Wechselgarnitur	–	92,50 €/Stück

9. Es soll ein Schränkchen in Nussbaum mit Drehtüren hergestellt werden.
Material: Korpus 19 mm FPY-Plattte; Drehtüren
16 mm STAE-Platte; Zargen, Füße von außen
sichtbarer Anleimer und Außenfurnier Nussbaum;
Aufdopplung, Innenfurnier und Furnier für die
6 mm dicke Rückwand aus FU-Platte Sapelli-
Mahagoni.
Beschläge: Möbelband Kröpfung D 7,5 mm.
Konstruktion: Korpus mit eingeschobener Furnier-
sperrholzfeder auf Gehrung gefedert, Türüber-
schlag als Haarfuge ausgebildet, Füße und Zargen
gedübelt.
Zu erstellen ist die Materialliste für die Kalkulation
bei folgenden Verschnittzuschlägen: Furnier 50 %,
Platten 15 %, Vollholz 40 %.
Den Berechnungen liegen folgende Materialpreise
zugrunde.
Nussbaum: Furnier 17,70 €/m^2, Vollholz
2491,00 €/m^3; Sapelli-Mahagoni: Furnier
4,03 €/m^2, Vollholz 836,40 €/m^3; FPY-Platte
19 mm 4,13 €/m^2; STAE-Platte 16 mm 14,77 €/m^2;
FU-Platte 6 mm 9,72 €/m^2; Möbelband Kröpfung
D 7,5 4,58 €/Stück; Drehstangenschloss mit Zylinder 18,85 €/Stück.

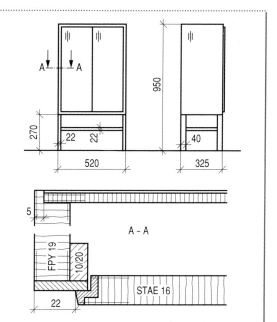

8.2 Lohnberechnungen

Zeitlohn

Zeitlohn ist die Vergütung der Zeit, die ein Arbeitnehmer am Arbeitsplatz verbringt. Er ist das Produkt aus der Arbeitszeit in Stunden (üblich), Tagen, Wochen oder Monaten und dem Lohn je Zeiteinheit (Tariflohn).

Zeitlohn = Arbeitszeit · Tariflohn/Zeiteinheit

Tariflohn ist die von den Tarifpartnern ausgehandelte, vertraglich festgelegte und gestaffelte Höhe des Lohnes. Er beträgt als Grund- oder Ecklohn 100 %. In Lohngruppen eingeteilt (z. B. 1 ... 7) kann die Lohnhöhe zwischen 85 % und 125 % liegen.

Ein Arbeitnehmer arbeitet 37,5 Stunden für einen Tariflohn von 11,10 €/h.
Wie viel € beträgt der gesamte Zeitlohn?

Lösung:
Zeitlohn = Arbeitszeit · Tariflohn
= 37,5 h · 11,10 €/h = 416,25 €

Einem Arbeitnehmer wird in Lohngruppe 6 115 % des Ecklohns von 11,85 €/h bezahlt.
Wie viel €/h beträgt der Zeitlohn?

Lösung:
Zeitlohn = Ecklohn · 1,15
= 11,85 €/h · 1,15 = 13,63 €/h

Leistungslohn (Akkordlohn)

Leistungslohn wird für messbare Leistungen bezahlt, die über dem normalen Standard liegen.

Der **Zeitakkordlohn** hängt ab von:
- Vorgabezeit,
- Geld-(Minuten-)faktor,
- Stückzahl.

Die Vorgabezeit ist der Quotient aus 60 Minuten und der in dieser Zeit erarbeiteten Stückzahl.

Vorgabezeit = $\dfrac{60\ \text{Minuten}}{\text{Stückzahl}}$

Der **Geld-(Minuten-)faktor** ist von den Tarifpartnern im Manteltarifvertrag festgelegt und wird in Cent/min angegeben. Er ist der 60. Teil des Akkordrichtsatzes, der mit 15 % Akkordzuschlag über dem Tariflohn liegt.

Geldfaktor = $\dfrac{\text{Tariflohn} + 15\ \%\ \text{Zuschlag}}{60\ \text{Minuten}}$ · 100 Cent/€

Der **Zeitakkordlohn** ist das Produkt aus Vorgabezeit, Geldfaktor und Stückzahl.

Zeitakkordlohn = Vorgabezeit · Geldfaktor · Stückzahl

Der Tariflohn beträgt 13,70 €/h. In einer Stunde werden 16 Stück gefertigt.
Zu berechnen ist der Zeitakkordlohn in €/h.

Lösung:
Vorgabezeit
$= \dfrac{60\ \text{min}}{16\ \text{Stück}} = 3,7\ \dfrac{\text{min}}{\text{Stück}}$

Geldfaktor
$= \dfrac{13,70\ €/h + 15\ \%\ \text{von}\ 13,70\ €/h}{60\ \text{min}} \cdot 100\ \text{Cent/€}$

$= \dfrac{13,70\ € + 2,06\ €}{60\ \text{min}} \cdot 100\ \text{Cent/€}$

$= 26,27\ \text{Cent/min}$

Zeitakkordlohn
$= \dfrac{3,75\ \text{min} \cdot 26,27\ \text{Cent} \cdot 16\ \text{Stück}}{\text{Stück} \cdot \text{min}}$

$= 1576,2\ \text{Cent} = 15,76\ €$

Der **Geldakkordlohn** hängt ab von:
- Geldakkordsatz,
- Produktionsmenge.

Der **Geldakkordsatz** ist der Tariflohn einschl. Zuschlag dividiert durch die pro Stunde zu erzielende Produktionsmenge.

Geldakkordsatz = $\dfrac{\text{Tariflohn/Std. + Zuschlag}}{\text{Produktionsmenge/Std.}}$

Der **Geldakkordlohn** ist das Produkt aus dem Geldakkordsatz und der Produktionsmenge.

Geldakkordlohn = Geldakkordsatz · Produktionsmenge

Bei einem Tariflohn von 10,64 €/h werden in einem Konstruktionsteil 7 Beschläge in einer Stunde eingelassen.
a) Wie viel € beträgt der Geldakkordsatz?
b) Wie hoch ist der Geldakkordlohn bei einer Produktionsmenge von 52 Stück?

Lösung:

a) Geldakkordsatz $= \dfrac{\text{Tariflohn/Std.} \cdot 1{,}15}{7/\text{Std.}}$

$= \dfrac{10{,}64 \ \text{€/h} \cdot 1{,}15}{7/\text{Std.}} = 1{,}75 \ \text{€}$

b) Geldakkordlohn = Geldakkordsatz · Produktionsmenge
$= 1{,}75 \ \text{€} \cdot 52 = 91{,}00 \ \text{€}$

Lohnzuschläge

Lohnzuschläge werden prozentual vom Tariflohn berechnet und diesem zugeschlagen für:
- Mehrarbeitsstunden → 25 % bis 60 %,
- Nachtarbeit → 25 %,
- Samstagsarbeit → 25 %, 50 % oder 100 %,
- Sonntags- und Feiertagsarbeit → 50 % bis 100 %.

Der **Lohnzuschlag** ist das Produkt aus Tariflohn und Zuschlag in %, bezogen auf 100 %.

Lohnzuschlag = $\dfrac{\text{Tariflohn} \cdot \text{Zuschlagssatz in \%}}{100 \ \%}$

Zulagen sind einmalige Zuwendungen für bestimmte Zeitabschnitte und werden mit dem Lohn ausbezahlt als:
- Weihnachtsgratifikation,
- Urlaubsgeld,
- Erschwerniszulage,
- Jubiläumszulage.

Ein Arbeitnehmer verdient im Zeitlohn 2108,40 €. Als Weihnachtsgratifikation erhält er 70 % seines Zeitlohns. Wie viel € betrug die Gratifikation?

Lösung:

Lohnzuschlag $= \dfrac{\text{Tariflohn} \cdot \text{Zuschlagssatz in \%}}{100 \ \%}$

$= \dfrac{2108{,}40 \ \text{€} \cdot 70 \ \%}{100 \ \%}$

$= 1475{,}88 \ \text{€}$

Lohnabzüge

Bruttolohn ist der verdiente Lohn ohne Abzüge. Mit ihm wird in der Kalkulation gerechnet.

Nettolohn ist der vom Arbeitgeber an den Arbeitnehmer ausbezahlte Lohn mit Abzügen für:
- Lohn- und Kirchensteuer,
- Sozialversicherung =
  Arbeitslosenversicherung +
  Krankenversicherung   +
  Pflegeversicherung   +
  Rentenversicherung   +
  Unfallversicherung   .

Nettolohn = Bruttolohn – gesetzliche Abzüge

Abzüge vom Bruttolohn

Abzüge	Berechnung/Ermittlung
Lohnsteuer (Klassen I,II,III,IV,V)	nach Lohnsteuer-tabelle (s. S. 219)
Solidaritätszuschlag	5,5 % der Lohnsteuer
Kirchensteuer	8 % der Lohnsteuer
Krankenversicherung*	ca. 6,8 % vom Bruttolohn
Pflegeversicherung*	ca. 1,7 % vom Bruttolohn
Rentenversicherung*	ca. 10,2 % vom Bruttolohn
Arbeitslosenversicherung*	ca. 6,5 % vom Bruttolohn
*Arbeitnehmeranteile	

Prämienlohn

Prämien als Sonderzulage werden bezahlt für:
- Materialersparnis (geringer Verschnitt),
- gute Qualität (keine Nacharbeit),
- Einhalten von Terminen (zufriedene Kunden),
- Ausnutzung der Betriebsmittel und Maschinen (Stillstand bringt Verluste).

Prämienlohn = Zeit- oder Akkordlohn + Prämie

Arbeitswertlohn

Werden an den Arbeitnehmer höhere Anforderungen gestellt (besseres fachliches Können, höhere geistige und körperliche Arbeitsleistungen), oder zum Ausgleich schädlicher Umwelteinflüsse (Staub, Lärm) können zum Lohn prozentuale oder feste Zuschläge gezahlt werden. Dazu muss ergänzend zum Tariflohn ein System von Vergleichszahlen ausgewiesen werden.

Bruttolohn
= Zeit- oder Akkordlohn + prozentualer oder fester Zuschlag

Ein Arbeitnehmer hat in 52 Stunden gute Qualitätsarbeit geleistet und keine Nacharbeit verursacht. Sein Zeitlohn beträgt 13,44 €/h. Als Prämie wurden 1,73 €/h festgelegt.
Wie hoch ist der Prämienlohn?

Lösung:
Prämienlohn = Arbeitszeit · (Tariflohn + Prämie)
= 52 h · (13,44 €/h + 1,73 €/h)
= 788,84 €

Auszug aus der Lohnsteuertabelle vom 1. 1. 2002
Monatliche Lohnsteuer in Euro bei den üblichen Steuerklassen I/IV, III

Monats- lohn bis	Steuerklasse I/IV	III	Monats- lohn bis	Steuerklasse I/IV	III	Monats- lohn bis	Steuerklasse I/IV	III	Monats- lohn bis	Steuerklasse I/IV	III
1757,99	222,66	22,50	1940,99	274,83	55,00	2123,99	329,25	92,00	2306,99	385,91	134,50
1760,99	223,50	23,83	1943,99	275,75	55,00	2126,99	330,16	92,00	2309,99	386,91	134,50
1763,99	224,33	23,83	1946,99	276,58	56,33	2129,99	331,08	93,50	2312,99	387,83	136,00
1766,99	225,16	25,16	1949,99	277,50	56,33	2132,99	332,00	93,50	2315,99	388,75	136,00
1769,99	226,00	25,16	1952,99	278,33	56,33	2135,99	332,91	94,83	2318,99	389,75	137,33
1772,99	226,83	25,16	1955,99	279,25	57,66	2138,99	333,83	94,83	2321,99	390,66	137,33
1775,99	227,66	26,33	1958,99	280,08	57,66	2141,99	334,75	96,33	2324,99	391,66	138,83
1778,99	228,50	26,33	1961,99	281,00	59,00	2144,99	335,66	96,33	2327,99	392,58	138,83
1781,99	229,33	27,66	1964,99	281,83	59,00	2147,99	336,58	97,66	2330,99	393,50	140,33
1784,99	230,25	27,66	1967,99	282,75	59,00	2150,99	337,50	97,66	2333,99	394,50	140,33
1787,99	231,08	27,66	1970,99	283,58	60,33	2153,99	338,41	99,00	2336,99	395,41	141,66
1790,99	231,91	28,83	1973,99	284,50	60,33	2156,99	339,33	99,00	2339,99	396,41	141,66
1793,99	232,75	28,83	1976,99	285,33	61,66	2159,99	340,25	100,50	2342,99	397,33	143,16
1796,99	233,58	30,16	1979,99	286,25	61,66	2162,99	341,16	100,50	2345,99	398,33	143,16
1799,99	234,41	30,16	1982,99	287,16	61,66	2165,99	342,08	101,83	2348,99	399,25	144,50
1802,99	235,25	30,16	1985,99	288,00	63,16	2168,99	343,00	101,83	2351,99	400,25	144,50
1805,99	236,16	31,50	1988,99	288,91	63,16	2171,99	343,91	103,33	2354,99	401,16	146,00
1808,99	237,00	31,50	1991,99	289,75	64,50	2174,99	344,83	103,33	2357,99	402,08	146,00
1811,99	237,83	32,66	1994,99	290,66	64,50	2177,99	345,75	104,66	2360,99	403,08	146,00
1814,99	238,66	32,66	1997,99	291,58	64,50	2180,99	346,66	104,66	2363,99	404,00	147,50
1817,99	239,50	32,66	2000,99	292,41	65,83	2183,99	347,58	106,16	2366,99	405,00	147,50
1820,99	240,33	34,00	2003,99	293,33	65,83	2186,99	348,50	106,16	2369,99	406,00	148,83
1823,99	241,25	34,00	2006,99	294,25	67,16	2189,99	349,41	107,15	2372,99	406,91	148,83
1826,99	242,08	35,33	2009,99	295,08	67,16	2192,99	350,33	107,50	2375,99	407,91	150,33
1829,99	242,91	35,33	2012,99	296,00	67,16	2195,99	351,33	108,83	2378,99	408,83	150,33
1832,99	243,75	35,33	2015,99	296,91	68,50	2198,99	352,25	108,83	2381,99	409,83	151,83
1835,99	244,58	36,66	2018,99	297,75	68,50	2201,99	353,16	110,33	2384,99	410,75	151,83
1838,99	245,50	36,66	2021,99	298,66	70,00	2204,99	354,08	110,33	2387,99	411,75	153,33
1841,99	246,33	37,83	2024,99	299,58	70,00	2207,99	355,00	111,66	2390,99	412,66	153,33
1844,99	247,16	37,83	2027,99	300,41	70,00	2210,99	355,91	111,66	2393,99	413,66	154,66
1847,99	248,00	37,83	2030,99	301,33	71,33	2213,99	356,83	111,66	2396,99	415,58	156,16
1850,99	248,91	39,16	2033,99	302,25	71,33	2216,99	357,75	113,16	2399,99	415,58	156,16
1853,99	249,75	39,16	2036,99	303,08	72,66	2219,99	358,75	113,16	2402,99	416,58	156,16
1856,99	250,58	40,50	2039,99	304,00	72,66	2222,99	359,66	114,50	2405,99	417,50	157,66
1859,99	251,50	40,50	2042,99	304,91	74,00	2225,99	360,58	114,50	2408,99	418,50	157,66
1862,99	252,33	40,50	2045,99	305,83	74,00	2228,99	361,50	116,00	2411,99	419,41	159,00
1865,99	253,16	41,83	2048,99	306,66	75,33	2231,99	362,41	116,00	2414,99	420,41	159,00
1868,99	254,00	41,83	2051,99	307,58	75,33	2234,99	363,33	117,33	2417,99	421,41	160,50
1871,99	254,91	43,16	2054,99	308,50	76,83	2237,99	364,33	117,33	2420,99	422,33	160,50
1874,99	255,75	43,16	2057,99	309,41	76,83	2240,99	365,25	118,83	2423,99	423,33	162,00
1877,99	256,58	43,16	2060,99	310,25	76,83	2243,99	366,16	118,83	2426,99	424,33	162,00
1880,99	257,50	44,33	2063,99	311,16	78,16	2246,99	367,08	120,16	2429,99	425,25	163,50
1883,99	258,33	44,33	2066,99	312,08	78,16	2249,99	368,08	120,16	2432,99	426,25	163,50
1886,99	259,16	45,66	2069,99	313,00	79,50	2252,99	369,00	121,66	2435,99	427,25	164,83
1889,99	260,08	45,66	2072,99	313,83	79,50	2255,99	369,91	121,66	2438,99	428,16	164,83
1892,99	260,91	45,66	2075,99	314,75	80,83	2258,99	370,83	123,16	2441,99	429,16	166,33
1895,99	261,83	47,00	2078,99	315,66	80,83	2261,99	371,75	123,16	2444,99	430,16	166,33
1898,99	262,66	47,00	2081,99	316,58	82,33	2264,99	372,75	124,50	2447,99	431,08	167,83
1901,99	263,50	48,33	2084,99	317,50	82,33	2267,99	373,66	124,50	2450,99	432,08	167,83
1904,99	264,41	48,33	2087,99	318,,41	83,66	2270,99	374,58	126,00	2453,99	433,08	169,33
1907,99	265,26	48,33	2090,99	319,25	83,66	2273,99	375,58	126,00	2456,99	434,08	169,33
1910,99	266,16	49,66	2093,99	320,16	85,00	2276,99	376,50	127,33	2459,99	435,00	170,66
1913,99	267,00	49,66	2096,99	321,08	85,00	2279,99	377,41	127,33	2462,99	436,00	170,66
1916,99	267,83	51,00	2099,99	322,00	86,50	2282,99	378,33	128,83	2465,99	437,00	172,16
1919,99	268,75	51,00	2102,99	322,91	86,50	2285,99	379,33	128,83	2468,99	438,00	172,16
1922,99	269,58	51,00	2105,99	323,83	87,83	2288,99	380,25	130,16	2471,99	438,91	173,66
1925,99	270,50	52,33	2108,99	324,75	87,83	2291,99	381,16	130,16	2474,99	439,91	173,66
1928,99	271,33	52,33	2111,99	325,66	89,33	2294,99	382,16	131,66			
1931,99	272,25	53,66	2114,99	326,50	89,33	2297,99	383,08	131,66			
1934,99	273,08	53,66	2117,99	327,41	90,66	2300,99	384,00	133,16			
1937,99	274,00	53,66	2120,99	328,33	90,66	2303,99	385,00	133,16			

Aufgaben

1. Die Sozialpartner einigten sich, den Ecklohn von 10,05 € auf 10,39 € zu erhöhen. Wie viel Prozent betrug die Lohnerhöhung?

2. Für hochwertige Facharbeit (Lohngruppe 7) werden 125 %, für Arbeiten mit geringer Belastung (Lohngruppe 2) 88 % des Ecklohns in Höhe von 10,91 € bezahlt.
   Zu berechnen ist die Lohnhöhe in € für:
   a) Lohngruppe 7,
   b) Lohngruppe 2.

3. Nach der Lohntabelle werden für Zeitlohnarbeit (Tariflohn + 10% Zeitlohnzuschlag) 9,25 € bezahlt, als Akkordrichtsatz (Tariflohn + 15 % Akkordzuschlag) gilt der Wert 9,72 €.
   Zu berechnen ist die Lohndifferenz in Prozent.

4. Der Tariflohn (Grundlohn) in Lohngruppe 5 beträgt für 18-jährige und ältere Arbeitnehmer 10,65 €. Für Arbeitnehmer unter 18 Jahren beträgt der Tariflohn in der gleichen Lohngruppe jedoch 9,52 €.
   Um wie viel Prozent ist der Tariflohn der Arbeitnehmer unter 18 Jahren niedriger als der Tariflohn der Arbeitnehmer über 18 Jahren?

5. Gemäß Lohntabelle wird der Tariflohn der Lohngruppe 5 in Höhe von 11,42 € als Ecklohn mit 100 % angesetzt.
   Zu berechnen ist die prozentuale Differenz im Verhältnis zum Ecklohn, wenn a) 10,04 €, b) 9,57 €, c) 9,29 €, d) 8,50 € verrechnet werden.

6. Wie hoch ist der Tariflohn eines 18-jährigen, angelernten Arbeitnehmers, der in Lohngruppe 4 eingestuft ist und deshalb 4,46 % weniger verdient als sein gleichaltriger Kollege, der nach Lohngruppe 5 9,35 € verdient?

7. Für einen jungen Arbeitnehmer, der schwierige und verantwortungsvolle Facharbeiten ausführt und deshalb in Lohngruppe 6 eingestuft ist, ist der Zeitlohn zu berechnen. Wegen der Einstufung in die höhere Lohngruppe werden dem Ecklohn von 12,15 € 15 % zugeschlagen; außerdem wird dem Arbeitnehmer ein 10 %iger Zuschlag als Zeitlohnzulage zuerkannt.

8. Bei industrieller Serienfertigung werden als Normalleistung 26 Teile in der Stunde hergestellt. Für die Stückpreisermittlung wird mit einem Ecklohn von 11,13 € und einem Akkordzuschlag von 15 % gerechnet.
   Zu berechnen sind:
   a) Stückpreis bei Normalleistung,
   b) Bruttolohn eines Arbeitnehmers bei der Fertigung von 216 Teilen.

9. Bei der Berechnung des Nettolohnes im Geldakkord liegen folgende Angaben zugrunde: Normalleistung 13 Teile/h, Ecklohn 10,95 €; Akkordzuschlag 15 %. Der Arbeitnehmer fertigt in einer Woche 592 Teile. Abzüge vom Bruttomonatslohn, zu deren Einzug der Arbeitgeber verpflichtet ist: Lohnsteuer nach Steuerklasse I (s. Tab. S. 219), Krankenversicherung 6,8 %, Rentenversicherung 10,2 %, Arbeitslosenversicherung 3,25 %, Pflegeversicherung 1,7 %. Zu berechnen sind:
   a) Wochenbruttolohn (Geldakkord),
   b) Monatsnettolohn.

10. In einer Tariftabelle sind unter der Rubrik „Akkordrichtsätze" für die Lohngruppe 5 folgende Werte angegeben: Tariflohn einschließlich 15 %igem Akkordzuschlag 10,25 €, Geldfaktor 17,1 Cent. Stimmt der Geldfaktor?

11. Zu berechnen sind die Geldfaktoren für folgende Tariflöhne zuzüglich 15 % Akkordzuschlag: a) 10,82 €, b) 10,40 €, c) 9,80 €.

12. In einem Industriebetrieb wird im Zeitakkord gearbeitet. Die Normalleistung umfasst die Fertigung von 23 Teilen je Stunde; es wird mit einem Ecklohn von 8,92 € je Stunde und einem Akkordzuschlag von 15 % gerechnet. Ein Arbeitnehmer fertigt in der Woche 1040 Teile. Zu berechnen sind:
    a) Vorgabezeit je Teil in Minuten,
    b) Geldfaktor in Cent,
    c) Bruttozeitakkordlohn.

13. Ein verheirateter Arbeitnehmer arbeitet im Monat Februar 158 Stunden im Zeitlohn. Er ist in Lohngruppe 6 eingestuft und erhält einen Grundlohn von 12,35 € sowie einen Zeitlohnzuschlag von 10 %. Der Arbeitgeber muss folgende Beträge einbehalten und an die zuständigen Stellen abführen: Lohnsteuer (s. Tab. S. 219), Kirchensteuer = 8 % der Lohnsteuer; Krankenversicherung 6,8 %, Rentenversicherung 10,2 %, Arbeitslosenversicherung 3,25% und Pflegeversicherung 1,7 %.
    Wie viel beträgt der Nettolohn im Monat Februar?

14. Ein 24-jähriger, unverheirateter Arbeitnehmer arbeitet im Monat September an 20 Arbeitstagen die tariflich festgelegten 7,6 Stunden/Tag und macht zusätzlich an 5 Tagen je 2,5 Überstunden sowie an einem Sonntag 8 Überstunden. Der Grundlohn in Lohngruppe 6 beträgt je Stunde 11,25 € (Lohnzuschläge s. S. 218). An Abzügen werden einbehalten: Lohnsteuer (s. Tab. S. 219), Krankenversicherung 6,8 %, Rentenversicherung 10,2 %, Arbeitslosenversicherung 3,25 % und Pflegeversicherung 1,7 %.
    Zu berechnen ist der Monatsnettolohn des Arbeitnehmers, wenn die Überstunden nicht versteuert werden.

8.3 Gemeinkosten und Maschinenkosten

Gemeinkosten

Allgemeine Kosten, die aufgewendet werden müssen, um einen Betrieb produktions- und lebensfähig zu erhalten nennt man Gemeinkosten.

Der **prozentuale Gemeinkostensatz** errechnet sich aus dem Quotienten von Gemeinkosten und Fertigungslöhnen.

$$\text{Gemein-} \atop \text{kostensatz} = \frac{\text{(Jahres-)Gemeinkosten}}{\text{(Jahres-)Fertigungslöhne}} \cdot 100\ \%$$

Prozentuale Gemeinkostensätze werden bei der Kalkulation jeweils auf ein Kalenderjahr bezogen, weil sich Gemeinkosten und Fertigungslöhne von Jahr zu Jahr ändern können.

Der **Gemeinkostensatz** kann verschiedenen Kostengruppen zugeordnet werden als:
- Fertigungslohngemeinkostensatz,
- Maschinengemeinkostensatz,
- Maschinenraumgemeinkostensatz,
- Bankraumgemeinkostensatz,
- Materialgemeinkostensatz.

Der **Fertigungslohn** ist in der Kalkulation der unmittelbar verrechenbare Lohn, der bei der Fertigung z. B. beim Zuschneiden, Furnieren, Verglasen oder Spritzen entsteht.

$$\text{Fertigungslohn-} \atop \text{gemeinkostensatz} = \frac{\text{Jahreslohngemeinkosten}}{\text{Jahresfertigungslöhne}} \cdot 100\ \%$$

$$\text{Maschinen-} \atop \text{gemein-} \atop \text{kostensatz} = \frac{\text{Jahresmaschinengemeinkosten}}{\text{Jahresmaschinenfertigungslöhne}} \cdot 100\%$$

Die **Maschinenraum- und Bankraumgemeinkosten** sind verschieden hoch und werden getrennt errechnet.

$$\text{Maschinenraum-} \atop \text{gemeinkostensatz} = \frac{\text{Jahresmaschinenraum-} \atop \text{gemeinkosten}}{\text{Jahresmaschinenraum-} \atop \text{fertigungslöhne}} \cdot 100\ \%$$

$$\text{Bankraum-} \atop \text{gemeinkostensatz} = \frac{\text{Jahresbankraum-} \atop \text{gemeinkosten}}{\text{Jahresbankraum-} \atop \text{fertigungslöhne}} \cdot 100\ \%$$

Gemeinkosten

- Miete, Pacht, Verzinsung und Abschreibung bei Produktions- und Büroräumen, Lagerplätzen, Maschinen und Einrichtungen,
- Gemeinkostenlöhne, die nicht unmittelbar mit der Fertigung zu tun haben (indirekte Löhne), z. B. Löhne für Hilfsarbeiter, die Nebenarbeiten verrichten, für Unternehmer, Bürokräfte, technische Zeichner,
- Ausgaben für Energie und Verbrauchsstoffe (Schmiermittel, Reinigungsmittel usw.),
- Verzinsung des Umlaufvermögens (Fertigungsmaterial, Lagerbestände),
- gesetzliche und freiwillige Sozialleistungen, Arbeitgeberanteil am Sozialversicherungsbeitrag,
- Kosten für Büro und Verwaltung,
- Gewerbe- und Grundsteuer,
- Beiträge für Berufsorganisationen,
- Ausgaben für Fachliteratur.

Ein Betrieb hatte in einem Jahr für Fertigungslöhne einen Aufwand von 78 320,00 €. Im gleichen Zeitraum entstanden 141 000 € Gemeinkosten.
Wie viel Prozent beträgt der Gemeinkostensatz?

Lösung:

$$\text{Gemeinkostensatz} = \frac{\text{(Jahres-)Gemeinkosten}}{\text{(Jahres-)Fertigungslöhne}} \cdot 100\ \%$$

$$\text{Gemeinkostensatz} = \frac{141\ 000\ €}{78\ 320\ €} \cdot 100\ \% = \underline{180\ \%}$$

Eine Handwerkerrechnung weist einen Verrechnungslohn von 80,50 €/h aus. Der Kunde reklamiert, weil der Tariflohn 27,30 €/h beträgt.
Wie viel % beträgt der Gemeinkostensatz des Betriebes?

Lösung:
Gemeinkosten = Verrechnungslohn − Tariflohn
Gemeinkosten = 80,50 €/h − 27,30 €/h
$\qquad\qquad\quad = \underline{53,20\ €/h}$

$$\text{Gemeinkostensatz} = \frac{\text{(Jahres-)Gemeinkosten}}{\text{(Jahres-)Fertigungslöhne}} \cdot 100\ \%$$

$$\text{Gemeinkostensatz} = \frac{53,20\ €/h}{27,30\ €/h} \cdot 100\ \% = \underline{\underline{194,87\ \%}}$$

Materialgemeinkosten entstehen durch:
- Materialbeschaffung, z. B. Bestellung, Einkauf, Transport,
- Materiallagerung, z. B. Abschreibung des Lagerraumes, Miete, Heizung, Beleuchtung, Zinsverlust, Materialverlust durch unsachgemäße Lagerung,
- Materialverwaltung, z. B. Löhne für Abeitskräfte in der Lagerhaltung und Materialausgabe.

$$\text{Materialgemein-}\atop\text{kostensatz} = \frac{\text{Jahresmaterialgemeinkosten}}{\text{Jahresfertigungsmaterialkosten}} \cdot 100\ \%$$

Maschinenkosten

Abschreibung bedeutet, dass die Anlagekosten für Maschinen, Werkzeuge, Einrichtungen, Gebäude usw. auf mehrere Jahre – je nach Lebensdauer des Anlagegutes – verteilt werden und in dieser Zeit als Teil der Gemeinkosten – vom Kunden bezahlt – wieder dem Betrieb zufließen.

Bei der **linearen Abschreibung** wird der Abschreibungsbetrag vom Anschaffungswert berechnet. Er wird jährlich in gleicher Höhe vom Restwert (Buch- oder Zeitwert) abgezogen und bei den Gemeinkosten verrechnet.

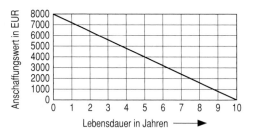

Bei der **degressiven Abschreibung** werden die Abschreibungsbeträge jährlich vom jeweiligen Restwert berechnet und von diesem abgezogen. Die jährlichen Abschreibungsbeträge sind also verschieden groß. Die Wertverluste sind erfahrungsgemäß in den ersten Jahren höher als in den folgenden.

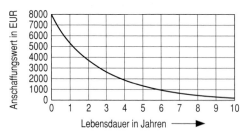

Der Anschaffungswert einer Maschine beträgt 4000 €, die geschätzte Lebensdauer ist 10 Jahre. Zu berechnen sind:
a) Jahresbetrag in € bei linearer Abschreibung,
b) Wert der Maschine nach 4-jähriger Benutzung.

Lösung:
a) Anschaffungswert   4000,00 €
   jährlicher Abschreibungsbetrag
   10 % von 4000,00 €   __400,00 €__

b) Anschaffungswert   4000,00 €
   Restwert nach 1 Jahr
   4000,00 € – 400,00 €   = 3600,00 €
   nach 2 Jahren
   3600,00 € – 400,00 €   = 3200,00 €
   nach 3 Jahren
   3200,00 € – 400,00 €   = 2800,00 €
   nach 4 Jahren
   2800,00 € – 400,00 €   = 2600,00 €

Zum Vergleich: Der Anschaffungswert einer Maschine beträgt 4000 €.
Zu berechnen ist der Maschinenwert bei degressiver Abschreibung nach 4 Jahren, wenn jährlich 30 % vom Restwert abgezogen werden.

Lösung:
Anschaffungswert   4000,00 €
   Abschreibungsbetrag nach 1 Jahr
   30 % von 4000,00 €   1200,00 €
Restwert nach 1 Jahr   2800,00 €
   Abschreibungsbetrag nach 2 Jahren
   30 % von 2800,00 €   840,00 €
Restwert nach 2 Jahren   1960,00 €
   Abschreibungsbetrag nach 3 Jahren
   30 % von 1960,00 €   588,00 €
Restwert nach 3 Jahren   1372,00 €
   Abschreibungsbetrag nach 4 Jahren
   30 % von 1372,00 €   411,60 €

Restwert nach 4 Jahren   960,40 €

Bei den **Jahresbetriebskosten** sind zu unterscheiden:
* fixe (feste) Kosten, die unabhängig von der Betriebsdauer entstehen → Abschreibung und Verzinsung, Gemeinkosten für Miete, Gewerbesteuer, Gebäudebrandversicherung, Elektrogrundgebühren, Wartung und Reparatur (berechnet mit einem Prozentsatz der Anschaffungskosten);
* variable (bewegliche) Kosten, die von der Betriebsdauer abhängen → Betriebsstoffe (Elektrizität, Gas, Öl usw.), Reparaturen, Werkzeugverschleiß, Unfallschutzvorrichtungen, Beleuchtung, Heizung, Lohn- und Gemeinkosten für Maschinenarbeiter.

Die **Maschinenkosten je Stunde** errechnen sich aus den (fixen und variablen) Jahresbetriebskosten der Maschine dividiert durch die jährliche Nutzungsdauer in Stunden.

$$\text{Maschinenkosten/Std.} = \frac{\text{Jahresbetriebskosten der Maschine}}{\text{jährliche Nutzungsdauer der Maschine}}$$

Die **Maschinenkosten je Stück** sind der Quotient aus den Jahresbetriebskosten der Maschine und der Anzahl der gefertigten Werkstücke.

$$\text{Maschinenkosten/Stück} = \frac{\text{Jahresbetriebskosten der Maschine}}{\text{Anzahl der gefertigten Werkstücke}}$$

Für eine Holzbearbeitungsmaschine zum Anschaffungspreis von 3 500 € sind die Maschinenkosten/Std. zu berechnen.

Kosten in €/Std.	Nutzungsdauer pro Woche in h				
	1	4	8	16	32
fixe Kosten	17,00	4,75	2,30	1,25	0,65
variable Kosten	9,00	8,50	8,50	8,50	8,50
Maschinenkosten	26,00	13,25	10,80	9,75	9,15

Für eine Kleinmaschine (Anschaffungswert 600 €) beträgt die jährliche, lineare Abschreibung 20 %, die Verzinsung 5 %; für Instandhaltung werden 3 % vom Anschaffungwert berechnet. Der monatliche Grundpreis für elektrische Energie beträgt 7,10 €. Für Schmier- und Putzmittel werden im Jahr 15,00 €, für Ersatzteile 85,00 € aufgewendet. Die jährliche Nutzungsdauer der Maschine betrug 680 Stunden. Die Kosten für elektrische Energie betrugen für den 1,85-kW-Motor 7,8 Cent je kWh.
Zu berechnen sind:
a) Jahresbetriebskosten in €,
b) Maschinenkosten je Stunde in €.

Lösung:
a) Abschreibung 20 % von 600,00 €   120,00 €
   Verzinsung 5 % von 600,00 €   30,00 €
   Instandhaltung 3 % von 600,00 €   18,00 €
   Grundpreis für elektrische Energie
   12 · 7,10 €   85,20 €

   fixe Kosten   253,20 €

   Schmier- und Putzmittel   15,00 €
   Ersatzteile   85,00 €
   Elektrische Energie
   680 h · 1,85 kW · 78 €/kWh   98,13 €
   variable Kosten   198,13 €

   Jahresbetriebskosten   451,33 €

b) $\text{Maschinenkosten/Std.} = \dfrac{\text{Jahresbetriebskosten der Maschine}}{\text{jährliche Nutzungsdauer der Maschine}}$

$$= \frac{451,33 \ €}{680 \ h} = 0,66 \ €/h$$

Aufgaben

1. Ein Unternehmer berechnet für seinen Betrieb den Fertigungslohngemeinkostensatz für das nächste Geschäftsjahr. Die Jahresfertigungslöhne betrugen 134 258,00 €, die Jahreslohngemeinkosten 230 085,00 €.
Welchen Lohngemeinkostenzuschlag muss der Unternehmer bei kalkulatorischen Berechnungen im kommenden Jahr einsetzen?

2. Wie hoch ist der Lohngemeinkostensatz, wenn im vorausgehenden Kalenderjahr gemäß der Buchführung folgende Aufwendungen entstanden sind? Im Bankraum: für Jahresfertigungslöhne 48 800,00 €, für Jahreslohngemeinkosten 55 200,00 €.
Im Maschinenraum: für Jahresfertigungslöhne 18 400,00 €, für Jahreslohngemeinkosten 74 000,00 €.

3. Zu ermitteln ist der Fertigungslohngemeinkostensatz für einen kleinen Holzbearbeitungsbetrieb bei einem Aufwand für Jahresfertigungslöhne von 113 920,00 € und für Jahreslohngemeinkosten von 208 048,00 €.

4. Für einen Holzbearbeitungsbetrieb mit 12 Arbeitnehmern ergaben sich aufgrund der Nachkalkulation innerhalb eines Geschäftsjahres 22 083 Arbeitsstunden. Der durchschnittliche Stundenlohn betrug 11,75 €. Im Bank- und Maschinenraum entstanden im gleichen Zeitraum Aufwendungen in Höhe von 335 720,73 € für die Jahreslohngemeinkosten.
Zu berechnen ist der Fertigungslohngemeinkostensatz.

5. Welchen Stundensatz kann ein Unternehmer einem Kunden für Reparaturarbeiten berechnen, wenn der Geselle einen Stundenlohn von 12,20 € erhält? Der Unternehmer rechnet für Reparaturarbeiten mit einem Fertigungslohngemeinkostensatz von 180 % zuzüglich 15 % für Wagnis und Gewinn und 16 % Mehrwertsteuer.

6. Es entstanden folgende Aufwendungen:
Fertigungsmaterial   1 130,00 €,
Fertigungslöhne   2 675,00 €,
Selbstkosten   9 205,00 €.
Der Gemeinkostensatz (s. S. 221) ist zu berechnen.

7. Ein Holzverarbeitungsbetrieb berechnet zu Beginn eines neuen Geschäftsjahres die Gemeinkostensätze aufgrund folgender Werte:

	Jahresferti-gungslöhne	Jahreslohn-gemeinkosten
Montage	76 433,00 €	138 400,00 €
Maschinenraum	91 650,00 €	256 500,00 €
Bankraum	276 000,00 €	394 310,00 €

Wie groß sind die Gemeinkostensätze für a) Montage, b) Maschinenraum, c) Bankraum?

8. Ein Holzverarbeitungsbetrieb kaufte am 28. September 1999 eine Bandschleifmaschine für 18 250,00 €. Die jährliche, lineare Abschreibung beträgt 12 %.
Welchen Buchwert hat die Maschine am 31. Dezember 2001?

9. Der Anschaffungspreis einer Tischfräsmaschine mit Werkzeug und Ausstattung beträgt 11 440,00 €. Es wird mit einer Lebensdauer von 8 Jahren gerechnet.
Zu ermitteln ist der Buchwert der Maschine nach 5 Jahren Laufzeit bei:
a) linearer Abschreibung,
b) degressiver Abschreibung (30 %).

10. Der Anschaffungspreis einer Dickenhobelmaschine beträgt 14 400,00 €. Die jährliche, lineare Abschreibung wird auf 10 % festgelegt, die Verzinsung beträgt 4,5 %. Für Instandhaltung werden 2,5 % vom Anschaffungspreis berechnet.
Der monatliche Grundpreis des Elektrizitäts-Versorgungs-Unternehmens (EVU) beträgt 38,10 €. Die Jahreskosten für Reinigung und Wartung belaufen sich auf 239,00 €, für Reparaturen auf 43,40 €. Die Elektromotoren mit einer Leistungsaufnahme von insgesamt 5,37 kW sind im Berechnungsjahr 870 Stunden (jährliche Nutzungsdauer) gelaufen. 1 kWh kostet 9,3 Cent. Zu berechnen sind:
a) fixe Kosten im 1. Jahr nach Anschaffung der Maschine in €,
b) variable Kosten im gleichen Zeitraum in €,
c) Betriebskosten je Stunde in €.

11. Eine Kleinmaschine kostete bei der Anschaffung 953,00 €. Die lineare Abschreibung beträgt 12 %, die Verzinsung 5 %. Für Instandhaltung werden 2,5 % vom Anschaffungspreis angesetzt. Bei einer durchschnittlichen monatlichen Nutzungsdauer von 67 Stunden, einer Leistung von 0,85 kW bei einem Energiepreis von 7,8 Cent je kWh und einem Grundpreis für elektr. Energie von 14,85 € sind die Betriebskosten für eine Stunde zu berechnen.

12. Eine Format-Tischkreissägemaschine mit einer Motorleistung von 4,65 kW kostete bei der Anschaffung 12 400,00 €. Der Unternehmer setzt bei der Berechnung der kalkulatorischen Kosten einen Abschreibungssatz von 10 % ein; für Verzinsung werden 6 %, für Instandsetzung 3 % berechnet. Die Maschine läuft an 283 Arbeitstagen im Jahr täglich 3,4 Stunden. Das EVU berechnet einen monatlichen Grundpreis von 56,00 €; der Energiepreis je kWh beträgt 9,3 Cent.
Zu berechnen sind:
a) fixe Kosten je Arbeitsstunde in €,
b) variable Kosten je Arbeitsstunde in €,
c) Betriebskosten je Arbeitsstunde in €,
d) Kosten für 1 Maschinenstunde (ohne Lohngemeinkosten) bei einem Stundenlohn des Maschinenarbeiters von 13,25 €.

13. Ein Unternehmer möchte die Produktion durch Herstellung von Einbauschränken erweitern. Dazu ist die Anschaffung einer elektrisch beheizten, hydraulischen Presse zum Preis von 19 260,00 € notwendig. Bei der vorausgehenden Berechnung der Maschinenkosten werden folgende Werte berücksichtigt:

Degressive Abschreibung jährlich 30 %, Verzinsung 5 %, Instandhaltung 2 %, wöchentliche Nutzungsdauer 2,5 Stunden bei 47 Arbeitswochen im Jahr. Die durchschnittliche Leistungsaufnahme beträgt 23 kW. Das EVU berechnet für 1 kWh 0,093 € und einen monatlichen Grundpreis von 248,40 €.

Zu berechnen sind die Betriebskosten je Stunde nach a) 1-jähriger, b) 2-jähriger, c) 3-jähriger Benutzung.

14. Eine elektronisch gesteuerte Holzbearbeitungsmaschine kostet 52 150,00 €. Für den Einsatz der Maschine müssen die Kosten pro Betriebsstunde berechnet werden. Folgende Angaben sind bei der Berechnung zu berücksichtigen:

monatliche betriebliche Arbeitszeit 154 h, jährliche Auslastung der Maschine 60 %, lineare Abschreibung 10 %, Verzinsung vom Neuwert 7,5 %, Aufwand für Wartung und Reparatur 6 %. Die Maschine besitzt einen 380-V-Drehstrommotor mit einer Stromaufnahme von 16 A, $\cos \varphi = 0,85$. Der Energiepreis je kWh beträgt 9,3 Cent. Der Maschinenfacharbeiter, der die Maschine bedient, erhält einen Stundenlohn von 13,15 €; die kalkulatorischen Lohngemeinkosten betragen 135 %.

Zu berechnen sind:
a) fixe Kosten pro Jahr,
b) variable Kosten pro Jahr,
c) Kosten je Betriebsstunde in €.

15. Ein Leichttransporter mit Holzpritsche hatte einen Anschaffungspreis von 19 500,00 €. Die degressive Abschreibung beträgt 30 %, die Verzinsung des Anschaffungspreises 6 %. Der Unternehmer zahlt jährlich für Kfz-Steuer 175,00 €, für Haftpflicht 237,00 €. Der Transporter fährt im Berechnungsjahr 22 718 km; je Kilometer werden für Reifenverschleiß 2,5 Cent berechnet, für Wartung und Reparatur 5,6 Cent und für Ölverbrauch 0,9 Cent. Die Garagenmiete beträgt monatlich 32,00 €. Der Benzinverbrauch je 100 km liegt im Durchschnitt bei 10,8 Liter, der Benzinpreis je Liter beträgt 0,84 €.

Zu berechnen sind:
a) fixe Kosten im 3. Jahr nach der Anschaffung in €,
b) variable Kosten in €,
c) Kosten je Kilometer Fahrtstrecke im 3. Jahr nach der Anschaffung in €.

8.4 Durchführung einer Kalkulation

Begriffe

Die **Kalkulation** (Kostenrechnung) erfasst systematisch alle Kosten, die bei der Produktion oder Reparatur von Erzeugnissen entstehen. Sie bildet die Grundlage für die Betriebsführung und ermöglicht die Kontrolle der Wirtschaftlichkeit und betrieblichen Leistungsfähigkeit ($\rightarrow$ Arbeitsabläufe, Transportwege, Einsatz von Betriebsmitteln).

In der **Vorkalkulation** wird vor der Herstellung eines Erzeugnisses der Angebots-(Verkaufs-)preis möglichst genau ermittelt. Mit Hilfe von Zeichnungen werden Materiallisten erstellt und die Werkstoffkosten genau errechnet. Die Fertigungslöhne müssen geschätzt werden (Erfahrungswerte).

Die **Zwischenkalkulation** ermöglicht während längerfristiger Fertigungen etwaige Kostenkorrekturen und sichert die Einhaltung von Terminen.

In der **Nachkalkulation** werden nach Fertigstellung eines Auftrages mit genau erstellten Unterlagen (Material- und Stundenzettel) die Vorgaben der Vorkalkulation überprüft. Die Ergebnisse sind Erfahrungswerte für neue, ähnliche Vorkalkulationen. Sie geben auch Aufschluss über Gewinn und Verlust.

Kosten in der Kalkulation

Arbeitskraft	$\rightarrow$ Lohnkosten
Werkstoffe	$\rightarrow$ Materialkosten
Betriebsmittel	$\rightarrow$ Gemeinkosten

Zeitlicher Einsatz der Kalkulation

Vorkalkulation	$\rightarrow$ Angebotspreis
Zwischenkalkulation	$\rightarrow$ Kontrolle
Nachkalkulation	$\rightarrow$ Erfahrungswerte, Gewinn und Verlust

Zuschlagskalkulation – Durchführung

Die Zuschlagskalkulation wird vorwiegend im Handwerk angewendet, weil die herzustellenden Produkte verschiedenartig sind und unterschiedliche Kosten verursachen. Bei jedem Auftrag werden:
- Einzelkosten für Material und Lohn direkt verrechnet,
- Gemeinkosten den Einzelkosten prozentual zugeschlagen.

Die **Fertigungslohnkosten** werden als Einzelkosten unterschieden nach:
- Bankraum,
- Maschinenraum,
- Montage.

Fertigungsmaterial

+	Fertigungslöhne

+	Gemeinkosten

+	Sonderkosten Fertigung

=	Selbstkosten (Herstellungskosten)

+	Wagnis und Gewinn

+	Sonderposten Vertrieb

=	Nettopreis

+	MwSt.

=	Bruttopreis

Die **Fertigungsmaterialkosten** sind Einzelkosten. Man unterscheidet:
- Hauptmaterialien, z. B. Vollholz, Platten, Furniere, Glas, Kunststoffe,
- Hilfswerkstoffe, z. B. Beschläge, Leim, Schrauben, Dichtungsmittel, Oberflächenmaterialien,
- Halbfabrikate,
- Fremdleistungen, z. B. Glasschiebetüren.

Gemeinkosten sind nicht direkt verrechenbar. Sie werden prozentual zugeschlagen auf:
- Fertigungsmaterial,
- Bankraumlöhne,
- Maschinenraumlöhne,
- Montagelöhne.

Die **Selbstkosten (Herstellungskosten)** ergeben sich aus der Addition von Fertigungsmaterialkosten, Fertigungslohnkosten (Sonderkosten der Fertigung) und Gemeinkosten.

Sonderkosten der Fertigung als Zuschlag für Überstunden und Baustunden entstehen nicht bei jedem Auftrag und bleiben bei den folgenden Beispielen unberücksichtigt.

Wagnis und Gewinn werden als Rücklage für den Betrieb den Selbstkosten prozentual zugeschlagen.

Sonderkosten des Vertriebs für Verpackung, Fracht und Versicherung bleiben hier ebenfalls unberücksichtigt.

Der **Nettopreis** setzt sich aus den Selbstkosten, den Zuschlägen für Wagnis und Gewinn und den Vertriebskosten zusammen.

Die **Mehrwertsteuer** wird als prozentualer Zuschlag auf den Nettopreis berechnet.

Ein Kalkulationsschema, das übersichtlich gestaltet ist und leicht ausgefüllt und gelesen werden kann, ist bei der Zuschlagskalkulation unentbehrlich. In der Schule kann vereinfacht wie im Beispiel verfahren werden.

Bei der Herstellung eines Werkstücks sind die folgenden Kosten entstanden:
1. Materialkosten lt. Materialliste für Holzwerkstoffe 165,70 €; für Oberflächenmaterial 12,10 € und für Beschläge 16,43 €.
2. Lohnkosten je Std. 12,50 €; Fertigungszeiten im Bankraum 15,3 Stunden, im Maschinenraum 4,2 Stunden.

Berechnet werden für Lohngemeinkostenzuschläge im Bankraum 140 %, im Maschinenraum 270 % sowie für Wagnis und Gewinn 15 %. Die Mehrwertsteuer beträgt 16 %.

Der Bruttopreis ist ohne Benutzung eines Kalkulationsvordrucks zu berechnen.

Lösung:

Fertigungsmaterial

Holzwerkstoffe lt. Materialliste		165,70 €
Hilfswerkstoffe lt. Beschlagliste		16,43 €
Oberflächenmaterial		12,10 €
Fertigungsmaterial-gemeinkostenzuschlag		–
		194,23 €

Fertigungslöhne

Masch.-raum	4,2 Std. je 12,50 €	52,50 €	
Bankraum	15,3 Std. je 12,50 €	191,25 €	
			243,75 €

Lohngemeinkostenzuschlag

270 % auf Maschinenraumlöhne von 52,50 €	141,75 €	
140 % auf Bankraumlöhne von 191,25 €	267,75 €	409,50 €
Selbstkosten		653,25 €

Wagnis und Gewinn 15 %

15 % von 653,25 €	97,99 €
Nettopreis	751,24 €

Mehrwertsteuer (MwSt.) 15 %

16 % von 751,24 €	120,20 €
Bruttopreis	**871,44 €**

Die **Zuschlagskalkulation mit einem Formblatt** wird
in Vor- und Nachkalkulation – wie in Betrieben üblich –
am Beispiel einer Haustür vorgestellt.

Auftrag Nr.	123/90	

Auftraggeber **N. Neumann**

VOR- UND NACHKALKULATION

Auftrag **Haustür**

Materialart **Eiche**   Oberfläche **DD-Lack**

Skizze, Maße, Zeichnungs-Nr.
2215
1550

❶ Fertigungsmaterial	Vorkalkulation €	%	Nachkalkulation €	%
Übertrag	1254,40	31	2526,64	31

❷ Fertigungslöhne

	Vor.-K.	Nach.-K.		Vorkalk. €	Nachkalk. €
Masch'raum	19	17,2	Std. à 13,00	247,00	223,60
Bankraum	60	64,3	Std. à 13,00	780,00	835,90
Montage	10	8,6	Std. à 13,00	130,00	111,80
			Std. à		
				1157,00 22	1171,30 22

❸ Gemeinkosten

		Vorkalk. €	Nachkalk. €
10	% auf die Materialkosten	125,44	125,44
280	% auf Maschinenraum-Löhne	691,60	628,08
180	% auf Bankraum-Löhne	1404,00	1504,62
180	% auf Montage-Löhne	234,00	201,24
	% auf		
		2329,60 47	2331,94 47

❹ Sonderkosten d. Fertigung

Zuschläge
auf   Baustunden à
auf   Überstunden à
auf
     % lohngeb. Gemeink. auf Zuschl.
Gerätevorhaltung

Selbstkosten (Herstellkosten) (1 + 2 + 3 + 4)	4741,00 100	4757,64 100

❺ Wagnis + Gewinn

Vor- Kalkulation 15 %	Nach - Kalkulation 15 % der Selbstkosten	711,15	713,65

❻ Sonderkosten d. Vertriebs

Ausgangsfrachten
Provisionsverpflichtungen

Summe	5452,15	5471,29
Netto-Preis	5452,15	5471,29

~~Gewinn~~/Verlust	19,14

Hauptwerkstoffe

	Vorkalkulation €	Nachkalkulation €
lt. Materialliste	701,75	

Hilfswerkstoffe

Beschläge	je Einheit		
lt. Beschlagliste		472,00	
Leim (Kleber) B4; 0,8 kg	7,40	5,92	
Schrauben Stück			
Schleifmittel, Kleinmaterial		14,50	
Dichtungsmaterial 2 Kartuschen Montagesch.	6,75	13,50	
Oberflächenmaterial			
DD-Lack, 3,5 kg	7,50	26,25	

Halbfabrikate Fremdleistungen

PVC-Profil, 10,5 m	1,95	20,48	
Fertigungsmaterial		1254,40	

Tag **28.09.20..**   Zeichen **Kd**

Fertigungsmaterial 1254,40

Mehrwertsteuer bei der Angebotsabgabe, bzw. bei der Rechnungsstellung, nicht vergessen!

Bei der **Zuschlagskalkulation mit Datenverarbeitung** werden lediglich die Material- und Lohnkosten in das Kalkulationsschema eingetragen. Das Computerprogramm berechnet aus diesen Daten bei gegebenen Zuschlagssätzen die Selbstkosten, den Netto- und den Bruttopreis.

1 Mit PC erstellt.
2

Zuschlagskalkulation

3 Berechnung erfolgt wie bei der Materialliste durch Spalten und Zeilen!
4
5
6
7
8

Auftrag Nr.: ....
Zeichnung Nr.: ....
Holzliste Nr.: ....

Gegenstand: .... Auftraggeber: ....
Holzart: .... Angebot: .... Lieferung: ....
Oberfläche: .... Bestellung: .... Rechnung: ....
bearbeitet: .... den

9	B		C	D	E	F	G	H		I	J	K	L
10	Zusammenstellung/Werkstoffe				€	€						€	€
11													
12	laut Materialliste				370,00			**Werkstoffkosten**				398,53	398,53
13								.... % Materialgemeinkosten					
14													
15								**Sonderkosten der Fertigung**					
16													
17								**Fertigungslöhne**	Std.	Lohn			
18								Maschinenarbeit	14,5	13,00	188,50		
19						370,00		Handarbeit	23,7	12,25	290,33		
20	Beschläge		Einheit	Preis je				Oberfläche					478,83
21			Anzahl	Einheit									
22								**Gemeinkosten**					
23								270 % aus Maschine			508,95		
24								140 % aus Handarbeit			406,46		
25								.... % aus Oberfläche					
26								**Gemeinkosten**				915,41	
27										**Herstellkosten**		1792,76	
28													
29								.... % Verwaltungsgemeinkosten					
30								.... % Vertriebsgemeinkosten					
31										**Selbstkosten**		1792,76	
32													
33								**Wagnis und Gewinn**					
34													
35	Hilfswerkstoffe		Menge		16,43			15 % von Selbstkosten			....		268,91
36													
37	Leim												
38	Furnierleim (m²)							**Sonstige Aufwendungen**					
39													
40	Schleifmittel							Zuschläge: Montagestd. je					
41	Schrauben, Nägel							Überstd. je					
42	Kleinmaterial												
43	Oberflächen-Material				12,10								
44	Grund- u. Deck-												
45	lack (m²)												
46								**Sonderkosten des Vertriebs**					
47													
48								Verpackung, Fracht, Transport					
49						28,53	28,53						
50								Nettopreis					2061,67
51	Halbfabrikat-Fremdleistung							**Mehrwertsteuer**		16 %			329,87
52													
53								**Kalkulierter Preis**					2391,54
54													

Angeboten/Berechnet
Auswertung:

Werkstoffkosten 398,53

Aufgaben

1. Eine Nachkalkulation ergibt Aufwendungen für:
   Fertigungsmaterial: Platten 147,36 €, Beschläge 20,85 €, Oberflächenmaterial 13,36 €;
   Fertigungszeiten: Maschinenraum 2,4 Std., Bankraum 11,5 Std., Fertigungslohnkosten je Stunde 13,10 €. Kalkuliert wird mit Lohngemeinkostenzuschlägen auf Bankraumlöhne von 160 %, auf Maschinenraumlöhne von 250 %. Wagnis und Gewinn 15 %; MwSt. 16 %.
   Zu berechnen ist der Bruttopreis in €.

2. Für eine Reparaturarbeit entsteht folgender Aufwand:
   1. Fertigungsmaterial 76,86 €, Beschläge und Schrauben 12,68 €.
   2. An direkt zu verrechender Arbeitszeit werden für die Tätigkeiten im Maschinenraum 1,7 Stunden und für die Arbeiten im Bankraum 6,3 Stunden notiert. Fertigungslohnkosten je Stunde 13,00 €. Der Kalkulation liegen Lohngemeinkostenzuschläge für den Maschinenraum von 280 % und für den Bankraum von 150 % zugrunde. Wie hoch ist der Bruttopreis für die Reparatur bei 12 % Zuschlag für Wagnis und Gewinn sowie 16 % Mehrwertsteuer?

3. Die Nachkalkulation für einen Schrank ergab folgende Materialkosten: Spanplatten 255,50 €, Furnier 123,00 €, KUF-Leim 27,60 €, Beschläge und Hilfswerkstoffe 31,75 €, Oberflächenmaterial 48,30 €. Der Zeitaufwand für Maschinenarbeit betrug 9,6 Stunden, für Bankarbeit 34,8 Stunden bei einem Stundenlohn von 12,90 €. Die betrieblichen Gemeinkostenzuschläge belaufen sich beim Maschinenraum auf 280 %, beim Bankraum auf 140 %.
   Zu berechnen ist nach dem Schema (s. S. 227) der Bruttopreis in €, wenn für Wagnis und Gewinn 15 % und für Mehrwertsteuer 16 % zugeschlagen werden.

4. Für einen Wohnungsumbau werden 5 gleichartige Zimmertüren hergestellt und eingebaut. Für das Angebot wird eine Vorkalkulation aufgestellt, bei der je Zimmertür folgende Aufwendungen zugrunde gelegt werden:
   Fertigungsmaterial lt. Materiallisten für Vollholz und Platten 593,50 €, für Beschläge und Zubehör 246,50 €, für KUF-Leim und DD-Lack 48,80 €. Als Zeitaufwand für Maschinenarbeit werden 4,5 Stunden, für Bankarbeit und Montage 24 Stunden geschätzt. Der Stundenlohn beträgt 13,05 €. Für die Lohngemeinkostenzuschläge wird im Bankraum mit 150 %, im Maschinenraum mit 270 % gerechnet. Wagnis und Gewinn betragen 12 %, Mehrwertsteuer 16 %.
   Zu berechnen ist der Bruttopreis in € für alle 5 Türen.

5. Einem Unternehmer entstanden bei der Herstellung eines Tisches in Kirschbaum gemäß der Nachkalkulation folgende Kosten:
   Holz lt. Materialliste 430,50 €, Oberflächenmaterial 8,75 €. Den Arbeitszetteln entnahm er für den Zeitaufwand im Maschinenraum 1,3 Stunden, im Bankraum 9,5 Stunden. Der bisherige Stundenlohn in Höhe von 11,80 € wird um 4,3 % erhöht. Die Gemeinkostenzuschläge betragen: für Fertigungsmaterial 10 %, für Maschinenraumlöhne 280 %, für Bankraumlöhne 150 %.
   Welchen Bruttopreis ergibt die Nachkalkulation bei 15 % Zuschlag für Wagnis und Gewinn und 16 % Mehrwertsteuer?

6. Für ein einflügeliges Dreh-Kipp-Verbundfenster in Kiefer mit Blendrahmenaußenmaßen von 1430 mm/1570 mm wurden bei der Nachkalkulation folgende Aufwendungen ermittelt:
   Fertigungsmaterial lt. Materialliste 83,10 €; Beschläge einschließlich Dreh-Kipp-Beschlag mit oberer Eckumlenkung sowie senkrechtem und waagerechtem Verschluss und Wetterschutzschiene mit zusätzlicher Dichtung 317,00 €; Holzimprägnierung und -grundierung 32,45 €; Fensterglas für Innen- und Außenflügel einschließlich Versiegelung 179,40 €; Maschinenarbeitszeit für Hobeln, Profilieren und Eckverbindungen 135 Minuten, Handarbeitszeit 108 Minuten bei einem Stundenlohn von je 13,00 €.
   Der Lohnkostenaufwand für Montage belief sich auf 81,70 €. Der Lohngemeinkostenzuschlag für Maschinenarbeit wird mit 260%, für Handarbeit mit 140 % und für Montage mit 180% angesetzt.
   Zu berechnen ist der Angebotspreis ohne Mehrwertsteuer bei 15 % Zuschlag für Wagnis und Gewinn.

7. Für den Angebotspreis eines Einbauschrankes wird eine Vorkalkulation aufgestellt. Die gesamten Kosten für das Fertigungsmaterial belaufen sich auf 1 216,00 €. Der Stundenlohn beträgt 25,81 € und wird für 12,5 Stunden Maschinenarbeit und 22,5 Stunden Bankarbeit berechnet. Die Lohngemeinkostenzuschläge für Maschinenarbeit werden mit 280 %, für Bankarbeit mit 140 % angesetzt. 18 % für Wagnis und Gewinn sowie 16 % für Mehrwertsteuer werden zugeschlagen.
   Zu berechnen sind:
   a) Bruttopreis in €,
   b) tatsächlicher prozentualer Zuschlag für Wagnis und Gewinn, da der Kunde wegen verspäteter Lieferung und Einbau des Schrankes nur 3 400,00 € bezahlte. Die Nachkalkulation ergab einen Selbstkostenpreis von 2 650,00 €.

8. Eine Holzdecke mit den Maßen 5,17 m/6,31 m wird mit einem m^2-Preis von 263,00 € angeboten. In einer Nachkalkulation ist zu berechnen, ob die Vorkalkulation gestimmt hat.
Bei der Nachkalkulation haben sich ergeben: Fertigmenge an Vollholz Fl 1,235 m^3 zum Preis von 342,50 €/m^3, Verschnittzuschlag 30 %. Hilfswerkstoffe 57,50 €, Lack 37,50 €.
Im Bankraum und auf Montage wurden zusammen 144 Stunden gearbeitet, im Maschinenraum 26 Stunden. Der Stundenlohn beträgt 13,25 €.
Lohngemeinkostenzuschläge für Bankraum 135 %, für Maschinenraum 270 %. Wagnis und Gewinn 15 %, ebenso auch Mehrwertsteuer.

9. Ein Kunde bestellt eine größere Anzahl von Büroschränken und bezahlt je Schrank netto 1 625,00 €.
Zu berechnen ist der Gewinn des Unternehmers in € und in Prozent je Schrank, wenn mit folgenden Werten kalkuliert wird:
Fertigungsmaterialkosten: Vollholz, FPY-Platten 133,70 €, Furnier 41,50 €, KPVAC-Leim, DD-Lack, Schleifmittel 38,10 €, Beschläge 74,10 €.
Fertigungslohnkosten: Maschinenraum 5,34 Stunden à 12,42 €, Bankraum 34,50 Stunden à 12,25 €.
Gemeinkostenzuschläge: Maschinenraum 280 %, Bankraum 150 %.

10. Eine Innenausbauarbeit kostet einschließlich Mehrwertsteuer 4 125,00 €. Die Nachkalkulation ergab folgende Werte: Vollholz, Platten und Furniere 913,80 €, Beschläge 127,50 €, Oberflächenmaterial 93,70 €. Zeitaufwand im Bankraum 45,4 Stunden, im Maschinenraum 25,3 Stunden; der Stundenlohn beträgt 12,30 €. Gemeinkostensätze für Fertigungsmaterialien 10 %, Bankraumlöhne 160 %, Maschinenraumlöhne 300 %.
Zu berechnen ist der vom Unternehmer erzielte Gewinn in %.

11. Ein Geselle verdient 12,75 € in der Stunde. 30 % seiner Arbeitszeit ist er im Maschinenraum beschäftigt, den Rest im Bankraum. Im Maschinenraum wird mit einem Gemeinkostensatz von 280 %, im Bankraum mit 140 % gerechnet. Der Unternehmer rechnet mit 12 % für Wagnis und Gewinn, an das Finanzamt müssen 16 % Mehrwertsteuer abgeführt werden.
Zu berechnen ist der Stundenlohnverrechnungssatz in €.

12. Fünfzehn Tischplatten mit den Maßen 1650 mm/800 mm werden beidseitig furniert und lackiert. Trägermaterial FPY-Platte, 28 mm dick, Preis = 6,75 €/m^2, 15 % Verschnittzuschlag, Deckfurnier Oberseite kostet 9,20 €/m^2, Deckfurnier Unterseite 2,85 €/m^2, jeweils mit 40 % Verschnittzuschlag. Leimkosten je m^2 = 0,38 €, Lackkosten je m^2 = 1,17 €. Maschinenarbeit 6,0 Stunden, Bankarbeit 11,5 Stunden. Stundenlohn = 11,90 €, Gemeinkostenzuschläge auf Bankarbeit = 180 %, auf Maschinenarbeit = 250 %.
Zu berechnen ist der Herstellungspreis für 1 m^2 fertige Tischplatte in €.

13. Ein Fensterbaubetrieb kalkuliert ein einflügeliges Einfachfenster mit Isolierverglasung, System IV 56, mit Rahmen- und Flügelholzquerschnitten von 78 mm/56 mm und Rahmenaußenmaßen von 1330 mm/1520 mm. Bei einem m^3-Preis von 382,50 € belaufen sich einschließlich 60 % Verschnittzuschlag die Kosten für 1 m Fensterholzquerschnitt mit Rahmen, Flügelholz und Glasleiste auf 9,38 €; außerdem entstehen bei der Herstellung für 1 m dieses Querschnitts im Maschinenraum ein Zeitaufwand von 12,5 Minuten mit einem Minutenfaktor von 0,47 € und im Bankraum ein Zeitaufwand von 6,3 Minuten mit einem Minutenfaktor von 0,42 €, jeweils einschließlich des Lohngemeinkostenzuschlags. Für die Eckverbindungen des einflügeligen Fensters werden noch 10,90 € zugeschlagen. Der Dreh-Kipp-Beschlag einschließlich Einbau kostet 74,15 €, die Wetterschutzschiene 4,92 €. Das Isolierglas mit Bestellmaßen von 111 cm/131 cm wird mit 65,40 €/m^2 berechnet zuzüglich 5,62 €/m^2 für Einsetzkosten und Versiegelung. Für die Montage berechnet der Unternehmer 64,75 €.
Zu berechnen ist der Bruttopreis des eingesetzten Fensters bei 15 % Zuschlag für Wagnis und Gewinn sowie 16 % Mehrwertsteuer.

Sinus 45° ... 90° — **Cosinus 0° ... 45°**

Grad (Min.)	60'	50'	40'	30'	20'	10'	0'	Min./Grad	Grad/Min.
44	0,7193	0,7173	0,7153	0,7133	0,7112	0,7092	0,7071	45	89
43	0,7314	0,7294	0,7274	0,7254	0,7234	0,7214	0,7193	46	88
42	0,7431	0,7412	0,7392	0,7373	0,7353	0,7333	0,7314	47	87
41	0,7547	0,7528	0,7509	0,7490	0,7470	0,7451	0,7431	48	86
40	0,7660	0,7642	0,7623	0,7604	0,7585	0,7566	0,7547	49	85
39	0,7771	0,7753	0,7735	0,7716	0,7698	0,7679	0,7660	50	84
38	0,7880	0,7862	0,7844	0,7826	0,7808	0,7790	0,7771	51	83
37	0,7986	0,7969	0,7951	0,7934	0,7916	0,7898	0,7880	52	82
36	0,8090	0,8073	0,8056	0,8039	0,8021	0,8004	0,7986	53	81
35	0,8192	0,8175	0,8158	0,8141	0,8124	0,8107	0,8090	54	80
34	0,8290	0,8274	0,8258	0,8241	0,8225	0,8208	0,8192	55	79
33	0,8387	0,8371	0,8355	0,8339	0,8323	0,8307	0,8290	56	78
32	0,8480	0,8465	0,8450	0,8434	0,8418	0,8403	0,8387	57	77
31	0,8572	0,8557	0,8542	0,8526	0,8511	0,8496	0,8480	58	76
30	0,8660	0,8646	0,8631	0,8616	0,8601	0,8587	0,8572	59	75
29	0,8746	0,8732	0,8718	0,8704	0,8689	0,8675	0,8660	60	74
28	0,8829	0,8816	0,8802	0,8788	0,8774	0,8760	0,8746	61	73
27	0,8910	0,8897	0,8884	0,8870	0,8857	0,8843	0,8829	62	72
26	0,8988	0,8975	0,8962	0,8949	0,8936	0,8923	0,8910	63	71
25	0,9063	0,9051	0,9038	0,9026	0,9013	0,9001	0,8988	64	70
24	0,9135	0,9124	0,9112	0,9100	0,9088	0,9075	0,9063	65	69
23	0,9205	0,9194	0,9182	0,9171	0,9159	0,9147	0,9135	66	68
22	0,9272	0,9261	0,9250	0,9239	0,9228	0,9216	0,9205	67	67
21	0,9336	0,9325	0,9315	0,9304	0,9293	0,9283	0,9272	68	66
20	0,9397	0,9387	0,9377	0,9367	0,9356	0,9346	0,9336	69	65
19	0,9455	0,9446	0,9436	0,9426	0,9417	0,9407	0,9397	70	64
18	0,9511	0,9502	0,9492	0,9483	0,9474	0,9465	0,9455	71	63
17	0,9563	0,9555	0,9546	0,9537	0,9528	0,9520	0,9511	72	62
16	0,9613	0,9605	0,9596	0,9588	0,9580	0,9572	0,9563	73	61
15	0,9659	0,9652	0,9644	0,9636	0,9628	0,9621	0,9613	74	60
14	0,9703	0,9696	0,9689	0,9681	0,9674	0,9667	0,9659	75	59
13	0,9744	0,9737	0,9730	0,9724	0,9717	0,9710	0,9703	76	58
12	0,9781	0,9775	0,9769	0,9763	0,9757	0,9750	0,9744	77	57
11	0,9816	0,9811	0,9805	0,9799	0,9793	0,9787	0,9781	78	56
10	0,9848	0,9843	0,9838	0,9833	0,9827	0,9822	0,9816	79	55
9	0,9877	0,9872	0,9868	0,9863	0,9858	0,9853	0,9848	80	54
8	0,9903	0,9899	0,9894	0,9890	0,9886	0,9881	0,9877	81	53
7	0,9925	0,9922	0,9918	0,9914	0,9911	0,9907	0,9903	82	52
6	0,9945	0,9942	0,9939	0,9936	0,9932	0,9929	0,9925	83	51
5	0,9962	0,9959	0,9957	0,9954	0,9951	0,9948	0,9945	84	50
4	0,9976	0,9974	0,9971	0,9969	0,9967	0,9964	0,9962	85	49
3	0,9986	0,9985	0,9983	0,9981	0,9980	0,9978	0,9976	86	48
2	0,9994	0,9993	0,9992	0,9990	0,9989	0,9988	0,9986	87	47
1	0,99985	0,9998	0,9997	0,9997	0,9996	0,9995	0,9994	88	46
0	1,0000	0,99999	0,99998	0,99997	0,99993	0,99989	0,99985	89	45

Min.: 0' · 10' · 20' · 30' · 40' · 50' · 60'

Cosinus 0° ... 45°

Sinus 0° ... 45° — **Cosinus 45° ... 90°**

Grad (Min.)	0'	10'	20'	30'	40'	50'	60'	Min./Grad
0	0,0000	0,0029	0,0058	0,0087	0,0116	0,0145	0,0175	89
1	0,0175	0,0204	0,0233	0,0262	0,0291	0,0320	0,0349	88
2	0,0349	0,0378	0,0407	0,0436	0,0465	0,0494	0,0523	87
3	0,0523	0,0552	0,0581	0,0610	0,0640	0,0669	0,0698	86
4	0,0698	0,0727	0,0756	0,0785	0,0814	0,0843	0,0872	85
5	0,0872	0,0901	0,0929	0,0958	0,0987	0,1016	0,1045	84
6	0,1045	0,1074	0,1103	0,1132	0,1161	0,1190	0,1219	83
7	0,1219	0,1248	0,1276	0,1305	0,1334	0,1363	0,1392	82
8	0,1392	0,1421	0,1449	0,1478	0,1507	0,1536	0,1564	81
9	0,1564	0,1593	0,1622	0,1650	0,1679	0,1708	0,1736	80
10	0,1736	0,1765	0,1794	0,1822	0,1851	0,1880	0,1908	79
11	0,1908	0,1937	0,1965	0,1994	0,2022	0,2051	0,2079	78
12	0,2079	0,2108	0,2136	0,2164	0,2193	0,2221	0,2250	77
13	0,2250	0,2278	0,2306	0,2334	0,2363	0,2391	0,2419	76
14	0,2419	0,2447	0,2476	0,2504	0,2532	0,2560	0,2588	75
15	0,2588	0,2616	0,2644	0,2672	0,2700	0,2728	0,2756	74
16	0,2756	0,2784	0,2812	0,2840	0,2868	0,2896	0,2924	73
17	0,2924	0,2952	0,2979	0,3007	0,3035	0,3062	0,3090	72
18	0,3090	0,3118	0,3145	0,3173	0,3201	0,3228	0,3256	71
19	0,3256	0,3283	0,3311	0,3338	0,3365	0,3393	0,3420	70
20	0,3420	0,3448	0,3475	0,3502	0,3529	0,3557	0,3584	69
21	0,3584	0,3611	0,3638	0,3665	0,3692	0,3719	0,3746	68
22	0,3746	0,3773	0,3800	0,3827	0,3854	0,3881	0,3907	67
23	0,3907	0,3934	0,3961	0,3987	0,4014	0,4041	0,4067	66
24	0,4067	0,4094	0,4120	0,4147	0,4173	0,4200	0,4226	65
25	0,4226	0,4253	0,4279	0,4305	0,4331	0,4358	0,4384	64
26	0,4384	0,4410	0,4436	0,4462	0,4488	0,4514	0,4540	63
27	0,4540	0,4566	0,4592	0,4617	0,4643	0,4669	0,4695	62
28	0,4695	0,4720	0,4746	0,4772	0,4797	0,4823	0,4848	61
29	0,4848	0,4874	0,4899	0,4924	0,4950	0,4975	0,5000	60
30	0,5000	0,5025	0,5050	0,5075	0,5100	0,5125	0,5150	59
31	0,5150	0,5175	0,5200	0,5225	0,5250	0,5275	0,5299	58
32	0,5299	0,5324	0,5348	0,5373	0,5398	0,5422	0,5446	57
33	0,5446	0,5471	0,5495	0,5519	0,5544	0,5568	0,5592	56
34	0,5592	0,5616	0,5640	0,5664	0,5688	0,5712	0,5736	55
35	0,5736	0,5760	0,5783	0,5807	0,5831	0,5854	0,5878	54
36	0,5878	0,5901	0,5925	0,5948	0,5972	0,5995	0,6018	53
37	0,6018	0,6041	0,6065	0,6088	0,6111	0,6134	0,6157	52
38	0,6157	0,6180	0,6202	0,6225	0,6248	0,6271	0,6293	51
39	0,6293	0,6316	0,6338	0,6361	0,6383	0,6406	0,6428	50
40	0,6428	0,6450	0,6472	0,6494	0,6517	0,6539	0,6561	49
41	0,6561	0,6583	0,6604	0,6626	0,6648	0,6670	0,6691	48
42	0,6691	0,6713	0,6734	0,6756	0,6777	0,6799	0,6820	47
43	0,6820	0,6841	0,6862	0,6884	0,6905	0,6926	0,6947	46
44	0,6947	0,6967	0,6988	0,7009	0,7030	0,7050	0,7071	45

Min.: 60' · 50' · 40' · 30' · 20' · 10' · 0'

Cosinus 45° ... 90°

Tangens 45° ... 90° — Cotangens 0° ... 45°

Grad	0'	10'	20'	30'	40'	50'	60'	Grad
45	1,0000	1,0058	1,0117	1,0176	1,0235	1,0295	1,0355	44
46	1,0355	1,0416	1,0477	1,0538	1,0599	1,0661	1,0724	43
47	1,0724	1,0786	1,0850	1,0913	1,0977	1,1041	1,1106	42
48	1,1106	1,1171	1,1237	1,1303	1,1369	1,1436	1,1504	41
49	1,1504	1,1571	1,1640	1,1708	1,1778	1,1847	1,1918	40
50	1,1918	1,1988	1,2059	1,2131	1,2203	1,2276	1,2349	39
51	1,2349	1,2423	1,2497	1,2572	1,2647	1,2723	1,2799	38
52	1,2799	1,2876	1,2954	1,3032	1,3111	1,3190	1,3270	37
53	1,3270	1,3351	1,3432	1,3514	1,3597	1,3680	1,3764	36
54	1,3764	1,3848	1,3934	1,4019	1,4106	1,4193	1,4281	35
55	1,4281	1,4370	1,4460	1,4550	1,4641	1,4733	1,4826	34
56	1,4826	1,4919	1,5013	1,5108	1,5204	1,5301	1,5399	33
57	1,5399	1,5497	1,5597	1,5696	1,5798	1,5900	1,6003	32
58	1,6003	1,6107	1,6213	1,6318	1,6426	1,6534	1,6643	31
59	1,6643	1,6753	1,6864	1,6977	1,7090	1,7205	1,7321	30
60	1,7321	1,7438	1,7556	1,7675	1,7796	1,7917	1,8041	29
61	1,8041	1,8165	1,8291	1,8418	1,8546	1,8676	1,8807	28
62	1,8807	1,8940	1,9074	1,9210	1,9347	1,9486	1,9626	27
63	1,9626	1,9768	1,9912	2,0057	2,0204	2,0353	2,0503	26
64	2,0503	2,0655	2,0809	2,0965	2,1123	2,1283	2,1445	25
65	2,1445	2,1609	2,1775	2,1943	2,2113	2,2286	2,2460	24
66	2,2460	2,2637	2,2817	2,2998	2,3183	2,3369	2,3558	23
67	2,3558	2,3750	2,3945	2,4142	2,4342	2,4545	2,4751	22
68	2,4751	2,4960	2,5172	2,5387	2,5605	2,5826	2,6051	21
69	2,6051	2,6279	2,6511	2,6746	2,6985	2,7228	2,7475	20
70	2,7475	2,7725	2,7980	2,8239	2,8502	2,8770	2,9042	19
71	2,9042	2,9319	2,9600	2,9887	3,0178	3,0475	3,0777	18
72	3,0777	3,1084	3,1397	3,1716	3,2041	3,2371	3,2709	17
73	3,2709	3,3052	3,3402	3,3759	3,4124	3,4495	3,4874	16
74	3,4874	3,5261	3,5656	3,6059	3,6470	3,6891	3,7321	15
75	3,7321	3,7760	3,8208	3,8667	3,9136	3,9617	4,0108	14
76	4,0108	4,0611	4,1126	4,1653	4,2193	4,2747	4,3315	13
77	4,3315	4,3897	4,4494	4,5107	4,5736	4,6383	4,7046	12
78	4,7046	4,7729	4,8430	4,9152	4,9894	5,0658	5,1446	11
79	5,1446	5,2257	5,3093	5,3955	5,4845	5,5764	5,6713	10
80	5,6713	5,7694	5,8708	5,9758	6,0844	6,1970	6,3138	9
81	6,3138	6,4348	6,5605	6,6912	6,8269	6,9682	7,1154	8
82	7,1154	7,2687	7,4287	7,5958	7,7704	7,9530	8,1444	7
83	8,1444	8,3450	8,5556	8,7769	9,0098	9,2553	9,5144	6
84	9,5144	9,7882	10,0780	10,3854	10,7119	11,0594	11,4301	5
85	11,4301	11,8262	12,2505	12,7062	13,1969	13,7267	14,3007	4
86	14,3007	14,9244	15,6048	16,3499	17,1693	18,0750	19,0811	3
87	19,0811	20,2056	21,4704	22,9038	24,5418	26,4316	28,6363	2
88	28,6363	31,2416	34,3678	38,1885	42,9641	49,1039	57,2900	1
89	57,2900	68,7501	85,9398	114,5887	171,885	343,774	∞	0

For Cotangens 0° ... 45° (right Grad column), read columns right-to-left: 0', 10', 20', 30', 40', 50', 60'.

Tangens 0° ... 45° — Cotangens 45° ... 90°

Grad	0'	10'	20'	30'	40'	50'	60'	Grad
0	0,0000	0,0029	0,0058	0,0087	0,0116	0,0145	0,0175	89
1	0,0175	0,0204	0,0233	0,0262	0,0291	0,0320	0,0349	88
2	0,0349	0,0378	0,0407	0,0437	0,0466	0,0495	0,0524	87
3	0,0524	0,0553	0,0582	0,0612	0,0641	0,0670	0,0699	86
4	0,0699	0,0729	0,0758	0,0787	0,0816	0,0846	0,0875	85
5	0,0875	0,0904	0,0934	0,0963	0,0992	0,1022	0,1051	84
6	0,1051	0,1080	0,1110	0,1139	0,1169	0,1198	0,1228	83
7	0,1228	0,1257	0,1287	0,1317	0,1346	0,1376	0,1405	82
8	0,1405	0,1435	0,1465	0,1495	0,1524	0,1554	0,1584	81
9	0,1584	0,1614	0,1644	0,1673	0,1703	0,1733	0,1763	80
10	0,1763	0,1793	0,1823	0,1853	0,1883	0,1914	0,1944	79
11	0,1944	0,1974	0,2004	0,2035	0,2065	0,2095	0,2126	78
12	0,2126	0,2156	0,2186	0,2217	0,2247	0,2278	0,2309	77
13	0,2309	0,2339	0,2370	0,2401	0,2432	0,2462	0,2493	76
14	0,2493	0,2524	0,2555	0,2586	0,2617	0,2648	0,2679	75
15	0,2679	0,2711	0,2742	0,2773	0,2805	0,2836	0,2867	74
16	0,2867	0,2899	0,2931	0,2962	0,2994	0,3026	0,3057	73
17	0,3057	0,3089	0,3121	0,3153	0,3185	0,3217	0,3249	72
18	0,3249	0,3281	0,3314	0,3346	0,3378	0,3411	0,3443	71
19	0,3443	0,3476	0,3508	0,3541	0,3574	0,3607	0,3640	70
20	0,3640	0,3673	0,3706	0,3739	0,3772	0,3805	0,3839	69
21	0,3839	0,3872	0,3906	0,3939	0,3973	0,4006	0,4040	68
22	0,4040	0,4074	0,4108	0,4142	0,4176	0,4210	0,4245	67
23	0,4245	0,4279	0,4314	0,4348	0,4383	0,4417	0,4452	66
24	0,4452	0,4487	0,4522	0,4557	0,4592	0,4628	0,4663	65
25	0,4663	0,4699	0,4734	0,4770	0,4806	0,4841	0,4877	64
26	0,4877	0,4913	0,4950	0,4986	0,5022	0,5059	0,5095	63
27	0,5095	0,5132	0,5169	0,5206	0,5243	0,5280	0,5317	62
28	0,5317	0,5354	0,5392	0,5430	0,5467	0,5505	0,5543	61
29	0,5543	0,5581	0,5619	0,5658	0,5696	0,5735	0,5774	60
30	0,5774	0,5812	0,5851	0,5890	0,5930	0,5969	0,6009	59
31	0,6009	0,6048	0,6088	0,6128	0,6168	0,6208	0,6249	58
32	0,6249	0,6289	0,6330	0,6371	0,6412	0,6453	0,6494	57
33	0,6494	0,6536	0,6577	0,6619	0,6661	0,6703	0,6745	56
34	0,6745	0,6787	0,6830	0,6873	0,6916	0,6959	0,7002	55
35	0,7002	0,7046	0,7089	0,7133	0,7177	0,7221	0,7265	54
36	0,7265	0,7310	0,7355	0,7400	0,7445	0,7490	0,7536	53
37	0,7536	0,7581	0,7627	0,7673	0,7720	0,7766	0,7813	52
38	0,7813	0,7860	0,7907	0,7954	0,8002	0,8050	0,8098	51
39	0,8098	0,8146	0,8195	0,8243	0,8292	0,8342	0,8391	50
40	0,8391	0,8441	0,8491	0,8541	0,8591	0,8642	0,8693	49
41	0,8693	0,8744	0,8796	0,8847	0,8899	0,8952	0,9004	48
42	0,9004	0,9057	0,9110	0,9163	0,9217	0,9271	0,9325	47
43	0,9325	0,9380	0,9435	0,9490	0,9545	0,9601	0,9657	46
44	0,9657	0,9713	0,9770	0,9827	0,9884	0,9942	1,0000	45

For Cotangens 45° ... 90° (right Grad column), read columns right-to-left: 60', 50', 40', 30', 20', 10', 0'.

Stichwortverzeichnis